YOUJI SHUCAI
FANJIJIE
ZAIPEI JISHU

有机蔬菜
反季节栽培技术

徐卫红 主编
李文一 王宏信 熊世娟 副主编

化学工业出版社
·北京·

本书上篇系统介绍了有机蔬菜反季节栽培基础知识，包括有机蔬菜反季节栽培概述、生产基本要求及技术关键、合理施肥技术、病虫草害防治和采收及采后处理技术等；下篇详细介绍了叶菜类、茄果类、瓜类、根茎类、豆类及葱蒜类6类28种反季节有机蔬菜的栽培环境要求、品种选择、栽培方式与季节、播种育苗、田间管理、施肥与病虫防治等技术要点和具体方法。

全书具有突出的实用性、科学性，技术规范、通俗易懂，配有实拍图片，具有较强的指导性和可操作性，既可作为高等农林院校的农学、园艺等专业的教科书或教学参考书，也可作为农业实用技术培训教材，还可供农业科技人员及菜农阅读参考。

图书在版编目（CIP）数据

有机蔬菜反季节栽培技术/徐卫红主编. —北京：化学工业出版社，2018.10（2025.2重印）
ISBN 978-7-122-32750-5

Ⅰ.①有… Ⅱ.①徐… Ⅲ.①蔬菜园艺-无污染技术 Ⅳ.①S63

中国版本图书馆CIP数据核字（2018）第172656号

责任编辑：张林爽　邵桂林　　文字编辑：王　琪
责任校对：边　涛　　装帧设计：张　辉

出版发行：化学工业出版社
（北京市东城区青年湖南街13号　邮政编码100011）
印　　装：北京建宏印刷有限公司
850mm×1168mm　1/32　印张10¾　彩插1　字数292千字
2025年2月北京第1版第7次印刷

购书咨询：010-64518888
售后服务：010-64518899
网　　址：http://www.cip.com.cn
凡购买本书，如有缺损质量问题，本社销售中心负责调换。

定　　价：45.00元　

前言

随着社会条件的不断改善，人们在习惯了一年四季都能吃得到新鲜蔬菜后，对蔬菜的季节性概念越来越淡化。由于蔬菜种植技术水平的不断提高和温室、大棚蔬菜栽培设施的大量出现，即使在寒冷的冬季，我们的餐桌上也从不缺各种各样的新鲜蔬菜，青椒、豆角、番茄、黄瓜这些过去只能在夏秋季节吃到的蔬菜，已经出现在了冬季和春季市场上，这都是因为反季节蔬菜生产技术的发展。同时，安全、令人放心的蔬菜越来越成为人们的追求。有机蔬菜反季节生产保证了人们一年四季都能吃到新鲜、无污染、高品质、营养丰富的蔬菜。有机的生产方式减少了化肥、农药的施用量，保护了农业生态环境，同时，反季节有机蔬菜的价格比一般蔬菜高若干倍，农户可以从中获得较高的利润，实现了农户增收。因此，国内市场前景非常乐观。

本书以科学、实用、可操作为编写原则，上篇系统介绍了有机蔬菜反季节栽培基础知识，包括有机蔬菜反季节栽培概述、生产基本要求及技术关键、合理施肥技术、病虫草害防治和采收及采后处理技术等；下篇为有机蔬菜反季节栽培新技术，详细介绍了甘蓝、大白菜、生菜、花椰菜、芹菜等叶菜类，茄子、番茄、辣椒等茄果类，黄瓜、丝瓜、冬瓜、南瓜、西葫芦等瓜类，白萝卜、胡萝卜、榨菜、大头菜、马铃薯等根茎类，四季豆、豇豆、豌豆、扁豆、刀豆等豆类，以及大葱、韭菜、大蒜、洋葱、蒜薹等葱蒜类6类28种反季节有机蔬菜生产的品种选择、栽培管理要点、施肥及病虫草害防治具体方法等现代实用技术。书中既展现有机蔬菜反季节栽培的基本知识，又有实用的研究成果和新的应用技术，在编写中广泛搜集了国内外有关资料，注意由浅入深，程度适中，配有直观的图表，方便学习理解，对相关领域科技人员及农林院校师生具有一定参考和指导价值。

本书上篇第一章由徐卫红撰写，第二章由李文一撰写，第三章由王宏信撰写，第四章由马冠华撰写，第五章由熊世娟撰写。下篇第一章由王卫中撰写，第二章由陈永勤撰写，第三章由迟荪琳撰写，第四章由陈序根撰写，第五章由赵婉伊撰写，第六章由秦余丽撰写。

在本书编写中，编者力求各章内容的准确和协调，但书中难免还有疏漏或不妥之处，尚祈有关专家惠予指正，欢迎广大读者提出宝贵意见。

编　者

2018年9月

目录

上篇　有机蔬菜反季节栽培基础知识

下篇　有机蔬菜反季节栽培新技术

上篇　有机蔬菜反季节栽培基础知识

第一章　概　述

第一节　有机蔬菜反季节栽培的概念与特征

所谓有机蔬菜反季节栽培是指在整个的生产过程中都必须按照有机农业的生产方式进行，即生产过程中完全不使用任何化学合成的农药、化肥、生长调节剂等化学物质，不使用转基因工程技术，通过一定的农业工程设施控制自然界不利气候条件，使植物地上部和根系生长环境得到优化，按照人们的需要，有计划地生产出优质、高产、高效而无污染的有机蔬菜（图1-1-1）。其实质就是对自然资源的有效利用、合理配置和可持续化发展，同时，按照有机食品的生产环境质量要求和生产技术规范来生产，以保证蔬菜的无污染、富营养和高质量的特点。因此，有机蔬菜反季节栽培成为蔬菜生产中最具活力的新产业，成为集约型农业、都市型农业、持续化农业和三高农业的优选项目。

冬季生产是保证蔬菜供应的有效途径之一，主要是指春夏蔬菜秋季延后及春季提前生产，种植时必须采取防寒措施，以达到提早上市目的，是保证蔬菜周年供应的有效途径之一（图1-1-2）。北方地区则根据当地冬春季节日照充足、气温适宜的特点，大面积发展

图 1-1-1　有机蔬菜反季节栽培

图 1-1-2　反季节有机蔬菜

节能日光温室、塑料拱棚等保护性设施。在冬春季节进行反季节蔬菜生产，种植各类蔬菜，解决冬春淡季蔬菜供应，现已成为北方地区反季节蔬菜生产的主要形式。夏季7～9月，是南方地区高温、干旱、多台风暴雨季节，平原地区多数不能生产果菜和豆类蔬菜，针对这种情况，利用高山地区气温相对较低、水源丰富的特点发展反季节蔬菜生产，如种植番茄、茄子、辣椒、豆角、西葫芦等多种蔬菜供应市场，缓解了当地淡季蔬菜供应问题。

第二节　有机蔬菜反季节栽培的类型

蔬菜反季节栽培是利用保护性设施或特殊的地理环境，在不适宜蔬菜生长发育的寒冷或炎热的季节，播种改良品种或利用专门的保温防寒或保温防热设施，人为地创造适宜蔬菜生长发育的小气候条件进行生产，使其提前或延后上市供应市场，从而达到周年生产、均衡供应的目的。其栽培季节主要是在冬、早春、秋以及夏、

图 1-1-3　高山地区反季节有机蔬菜生产

秋蔬菜淡季，供应大量的新鲜蔬菜或调剂蔬菜种类、品种。

目前，反季节蔬菜生产有三种类型，简单介绍如下。

第一种是利用山区立体气候资源，进行夏秋季反季节蔬菜生产。比如，我国的东北部山区和其他高寒山区，夏秋季节利用高山地区自然凉爽的气候资源和昼夜温差大的特点发展反季节蔬菜生产（图 1-1-3）。

第二种是利用冬春温暖小气候进行冬季反季节蔬菜生产。粤西的湛江、茂名等地区，冬春气候温暖，几乎无霜冻出现，是冬季自然“大温室”，有充足的光热资源，是发展反季节蔬菜的良好地方。

第三种是利用保护性、半保护性设施进行反季节栽培。蔬菜保护性设施栽培（图 1-1-4）是一种利用玻璃、塑料薄膜或遮阳网等材料覆盖的温室或大棚来调节蔬菜生产的小环境条件，以在一定范围内抵御不利的自然条件而使蔬菜生产能够顺利进行并取得一定产量的方法。这种方法不受海拔高度和纬度的限制，可以在任何地方进行。

图 1-1-4　日光温室反季节有机蔬菜栽培

蔬菜保护地的生产设施包括风障、荫障、荫棚、薄膜覆盖、阳畦、温床、塑料薄膜大棚及中棚和小棚、温室、软化室（窖）或其他遮光设施等。

生产的方式为早熟栽培、延后栽培、越冬及冬季促成栽培、地膜及简易覆盖栽培、软化栽培、假植栽培以及炎夏采用降温、防雨措施的炎夏栽培，其他如无土栽培（水培、沙培、雾培、岩棉栽培）等。

一、简易栽培设施

（一）风障

风障是一种比较简单的保护性设施，由篱笆、披风草和土背组成（图 1-1-5）。主要依靠其挡风，从而使风障前向阳地面温度提高，使早春油菜、芹菜、小萝卜、茼蒿等绿叶菜能提早上市。

图 1-1-5 风障

（二）阳畦

阳畦（又称为冷床）是由风障、畦（床）框、覆盖物三部分构成（图 1-1-6）。近年来塑料薄膜改良阳畦在生产中广泛应用，其北侧为高 1 米的土墙或砖墙，跨度 2～3 米，棚架用细竹竿或毛竹片搭建，相互间距 0.3～0.6 米，其上覆盖薄膜，夜间加盖草帘。主要用于冬季生产芹菜、韭菜、香菜、油菜等耐寒性蔬菜。

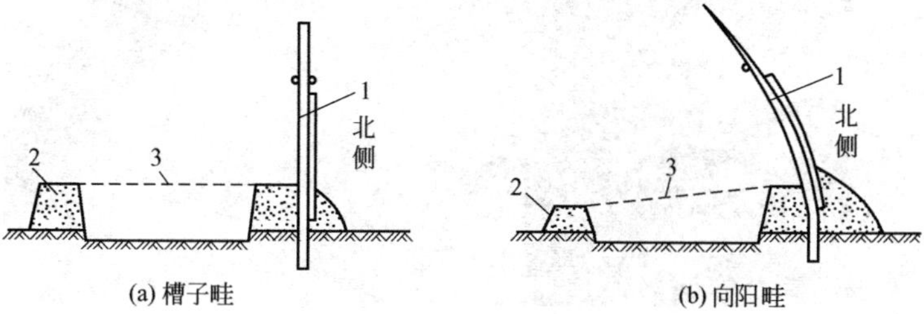

图 1-1-6　阳畦

1—风障；2—床框；3—透明覆盖物

二、塑料拱棚

（一）小拱棚

一般宽度 1.2～2.5 米，中高 0.8～1.4 米，长度 20～50 米。小拱棚顶盖塑料薄膜，还可加盖草帘保温，也可不加盖草帘（图 1-1-7）。一般用毛竹片制成。冬季大多用于韭菜、芹菜、菠菜、平菇等蔬菜的生产；春季主要用于瓜果类和豆类等蔬菜的早熟栽培；还可以在冬春季节作为温室或大棚内的多层覆盖栽培或育苗使用。

（二）中拱棚

一般宽度 2.5～4.5 米，中高 1.4～1.8 米，长度 30～50 米。一般用竹木或钢材作为支架，做成单柱、双柱或无柱拱棚（图 1-1-8）。拱圆形中拱棚是用竹节、竹片或钢材做成拱圆形结构，棚外可加盖草帘等覆盖物，一般不使用加温设施。秋冬季进行韭菜、青蒜、芹菜等耐寒性蔬菜栽培，秋季进行茄果类蔬菜延后栽培，冬季进行平菇、香菇和双孢蘑菇等食用菌生产，春季进行瓜类、豆类、茄果类

图 1-1-7　小拱棚

图 1-1-8　中拱棚

蔬菜提早栽培，还有瓜类、还类等蔬菜育苗。

(三) 大棚

一般分为单栋和连栋两种类型：单栋大棚一般宽度 6～12 米，中高 1.8～2.2 米，长度 30～50 米；连栋大棚一般宽度 12～18 米，中高 2.5～3.5 米，长度 30～50 米。用竹木、水泥柱、钢材等做成拱圆形结构，一般带有立柱，塑料棚膜内外可以增加覆盖物（图 1-1-9）。主要用于茄果类、瓜类和豆类等蔬菜春早熟栽培，茄果类蔬菜秋延后栽培，绿叶菜、食用菌和瓜类等蔬菜越冬栽培，甘蓝、大白菜等蔬菜越夏栽培，秋冬季和夏秋季蔬菜育苗生产等。

图 1-1-9　拱圆形大棚

图 1-1-10　日光温室

三、日光温室

目前，生产上采用最多的是日光温室，是以日光作为能源的不加温温室。日光温室一般棚内跨度为 6～8 米，最高处 2.5～3.0 米，三面围墙，墙厚 0.6～1.0 米（图 1-1-10）。薄膜外覆盖草帘等覆盖物。主要应用于瓜类等蔬菜冬季栽培。

不同类型大棚的使用是根据当地的气候条件、经济实力和栽培方式来选择的，玻璃温室面积只占有大型园艺设施面积中很小的比例，塑料大棚设施面积超过了 99%。

第三节　我国有机蔬菜反季节生产现状

我国反季节蔬菜栽培已有 2000 多年的历史，早在秦汉时期就有文字记载。利用大棚进行反季节蔬菜栽培的技术在我国已推广应用了二十余年，为周年供应新鲜、多样化的蔬菜做出了突出贡献。

海拔在 1200m 以上的高海拔冷凉地区利用夏秋季节气候冷凉的优势进行蔬菜生产，为解决我国长江以南地区夏秋淡季蔬菜供应发挥了巨大作用，目前已初步形成了甘肃兰州“高原夏菜”、张北“错季蔬菜”和云（南）贵（州）“反季节蔬菜”三大基地。

反季节蔬菜栽培措施在取得了极佳的经济效益和社会效益的同时，也引发了一些诸如蔬菜安全性及土壤盐渍化等问题，尤其是 2010 年 1 月，海南豇豆被检出高毒农药水胺硫磷残留。因此反季节蔬菜更迫切需要进行有机栽培。有机的生产方式减少了化肥、农药的施用量，提高了蔬菜的安全性，使农户减少了对蔬菜生产的现金投入，反季节有机蔬菜的价格比一般蔬菜高若干倍，农户可以从中获得较高的利润，既实现了农户增收，又保护了农业生态环境。

第四节　发展反季节有机蔬菜的意义与前景

反季节有机蔬菜大量供应市场，不仅为人们提供了更丰富的菜肴，同时增加了菜农收入，从田间到餐桌的每个环节都受益匪浅。有机反季节蔬菜生产的重要意义主要表现为以下几个方面。一是有助于缓解蔬菜市场中形成的三大矛盾。分别为粮食与蔬菜争地的矛盾、蔬菜基地的征用与城市发展之间产生的矛盾及城市与农村之间产生的矛盾。二是有利于调整蔬菜市场的结构。对于有机反季节蔬菜来说，通常都是在 6 月到 10 月之间进行采收，这样一来，就能够很好地处理城市蔬菜市场在秋季和夏季出现冷淡的局面。三是有助于物资与人力资源的开发。通过发展有机反季节蔬菜，可以为更多的剩余劳动力提供新的就业途径。四是有助于生产无公害的蔬菜。比如，高原、高山地区由于自身地理环境以及自然条件的优势，它距离城市较远，自然受到废气、废水以及垃圾等污染较少。并且，高原、高山的气候也十分适合种植反季节蔬菜，蔬菜在种植的过程中使用的农药很少。

生产有机反季节蔬菜具有良好的经济效益。利用大棚、日光温室或高原、高山特殊的地形特点和自然环境，改种有机反季节蔬菜所带来的经济效益是十分可观的，为农民开辟了一条新的致富之路。有机反季节蔬菜这种种植模式的形成，可以在一定程度上缓解粮食与菜地之间相互争地的矛盾。充分利用大棚、日光温室或高原、高山地区的地形特点和气候特点，生产有机反季节蔬菜，可以有效地缓解在蔬菜淡季时人们对蔬菜的需求量。此外，高原、高山地区的昼夜温差很大，空气的湿度高，即使高原、高山地区由于长时间不下雨而导致出现干旱情况，也会通过晚间凝结的露来为蔬菜的生长提供水分，并且使蔬菜长势良好。随着城市人口不断膨胀，现在反季节有机蔬菜种植缺口较大，城乡对新鲜有机蔬菜的需求不断增长，发展反季节有机蔬菜具有很好的市场前景。

第二章　有机蔬菜反季节生产基本要求及技术关键

第一节　有机蔬菜反季节生产的基本要求

一、对生产基地的基本要求

产地生态环境条件是影响有机食品产品质量的最基础因素之一。反季节有机蔬菜生产基地应选择在远离城镇、工厂和交通干线等没有污染的地区。空气清新、水质纯净，土层深厚、肥力充足、植被覆盖良好、生物种群丰富多样，能量、水分和废弃物等在生态系统内部能够形成相对封闭的循环，那些接近天然的、生态环境良好的区域是最好的选择。

基地与外界（非有机生产地块）必须有明显的边际界限，界限的设置物可以是道路、林带、河流或围墙等有形物理障碍形成的隔离带，即缓冲带。其作用是保证基地或设施不受邻近和外界化学农业生产方式可能带来的污染。

基地中那些原本不是有机产品的，可以在一定时期内按标准要求进行转换，使其变为有机产品，这个期限即为转换期。转换期时间长短的标准是：一年生作物一般不少于24个月；多年生作物一般不少于36个月；新开荒地或撂荒多年的土地，至少也要12个月。在转换期内，所有的栽培措施必须按照有机生产要求操作，生产出的产品可以作为“有机转换产品”出售。

1. 生产基地空气要求

反季节有机蔬菜生产基地要远离废气，主风向上方无工业废气污染源，空气清新洁净，生产基地所在区域无酸雨。空气中颗粒物覆盖在植物叶片上，影响植物呼吸作用和光合作用，影响植物生长和品质，同时叶片可直接吸收其中的有害物，造成蔬菜污染。蔬菜中的大部分品种对二氧化硫敏感，二氧化硫是大气中最常见的污染物，对各种植物都会造成不同程度的伤害。空气中的氟化物能够以气态形式通过植物叶片气孔进入植物体内，也可以随颗粒物沉积到植物叶面上，多种蔬菜是对氟化物敏感的作物，受害后叶尖和叶缘坏死，使生长受到抑制，对结实也有不良影响。反季节有机蔬菜生产环境空气质量标准见表1-2-1。

表1-2-1　反季节有机蔬菜生产环境空气质量标准

（GB 3095—2012中的二级标准）

污染物项目	平均时间	浓度限制/(微克/米^3)
二氧化硫	年平均	60
	24小时平均	150
	1小时平均	500
二氧化氮	年平均	40
	24小时平均	80
	1小时平均	200
一氧化碳	24小时平均	4000
	1小时平均	10000
臭氧	日最大8小时平均	160
	1小时平均	200

续表

污染物项目	平均时间	浓度限制/(微克/米^3)
颗粒物(粒径小于等于10微米,PM10)	年平均	70
	24小时平均	150
颗粒物(粒径小于等于2.5微米,PM2.5)	年平均	35
	24小时平均	75
总悬浮颗粒物	年平均	200
	24小时平均	300
氮氧化物	年平均	50
	24小时平均	100
	1小时平均	250
铅	年平均	0.5
	季平均	1
苯并芘	年平均	0.001
	24小时平均	0.0025

2. 生产基地土壤要求

反季节有机蔬菜生产要远离废渣，要求土壤肥沃，有机质含量高，酸碱度适中，矿物质元素背景值在正常范围以内，无重金属、农药、化肥、石油类残留物、有害生物等污染。反季节有机蔬菜生产对土壤环境的质量要求见表1-2-2。

表1-2-2 反季节有机蔬菜生产对土壤环境的质量要求

(GB 15618—1995中的二级标准)

项目		pH值		
		<6.5	6.5～7.5	>7.5
镉/(毫克/千克)		≤0.3	≤0.60	≤1.0
汞/(毫克/千克)		≤0.3	≤0.60	≤1.0
砷/(毫克/千克)	水田	≤30	≤25	≤30
	旱地	≤40	≤30	≤25

续表

项目		pH 值		
		<6.5	6.5～7.5	>7.5
铜/(毫克/千克)	农田等	≤50	≤100	≤100
	果园	≤150	≤200	≤200
铅/(毫克/千克)		≤250	≤200	≤200
铬/(毫克/千克)	水田	≤250	≤300	≤350
	旱地	≤150	≤200	≤250
锌/(毫克/千克)		≤200	≤250	≤300
镍/(毫克/千克)		≤40	≤50	≤60
六六六/(毫克/千克)		≤0.50		
滴滴涕/(毫克/千克)		≤0.50		

3. 生产基地的规划要求

前期要详尽调查拟用生产基地的农业生产气候条件、土地状况、周边环境、资源状况以及社会经济条件、地区行政管理方式、有机食品生产及常规生产向有机生产转换遇到的问题。

在掌握了基地的基本状况的基础上，本着在总体设计上要以农业生态学的原则为指导，建立多层利用、多种种植、种养结合、循环再生的模式。在具体细节上要按有机农业的原理和有机食品生产标准的要求制定详细的有关生产技术和生产管理计划，制定有机生产的土壤配制、病虫害防治、轮作等方案，建立起从土地到餐桌的全过程质量控制模式。

4. 生产基地的管理要求

利用原有的农业生产技术推广体系，结合有机农业生产技术的要求，结合当地的实际情况，做好以下工作。制定当地有机生产计划，并对生产技术进行指导与咨询，监督生产计划的实施。建立有机基地的管理机制，保证基地完全按照有机农业标准进行生产，防止有机产品与常规产品相混淆，保证有机产品在加工、储存、运输和销售中不受污染。设专人管理有机食品基地，并对有机食品生产的过程建立严格的文档记录。组织选拔技术骨干充当内部的检查员和咨询员，从而保证有机生产顺利进行。

二、对蔬菜种子和种苗的要求

1. 反季节有机蔬菜种子、种苗基本要求

按照有机食品标准（GB/T 19630.1—2011）的要求，应选择有机蔬菜种子或种苗。当从市场上无法获得有机种子或种苗时，可以选用未经禁用物质处理过（如种子包衣）的常规种子或种苗，但应制定获得有机种子和种苗的计划。应选择适应当地的土壤和气候特点、对病虫害具有抗性的蔬菜种类及品种。在品种的选择中应充分考虑保护蔬菜的遗传多样性。禁止使用经禁用物质和方法处理的种子和种苗；禁止使用化学包衣种子，除非进行包衣的物质是有机蔬菜生产允许的，例如可以使用微生物包衣种子，以控制各种土传性病害及苗期病害。在种类和品种确定以后，可以进行嫁接栽培的优先使用嫁接苗。选择无病毒种苗是控制蔬菜病毒的唯一途径。不允许使用任何通过基因工程获得的种子或种苗。

值得注意的是，由于我国有机蔬菜发展时间不长，很难从外界购买到有机蔬菜种子或种苗，一些蔬菜品种不能自繁（如杂交种子），必须购买，而当地有机生产并不普及，也没有专门从事有机种子或种苗生产的单位，有些蔬菜品种如果长期靠基地自繁会产生品种退化的问题，因此必须经常交换种子。凡此种种，都造成了执行有机种子规定的难度。尽管如此，标准要求有机生产者要尽力争取使用有机种子和种苗，即使暂时做不到，也必须制定获得有机种子和种苗的计划。到有机产业发展到一定程度时，必定会要求全部使用有机种子和种苗。

2. 反季节有机蔬菜种子、种苗的选择

① 种植反季节有机蔬菜，种子选择极其重要。生产优质、富有营养的食品是有机生产的目标之一。应该根据市场需求，选择适应当地土壤与气候环境，并且品质优良、营养丰富、市场前景好、销路广的种类或品种。选择生长健壮、抗病虫、抗污染能力强、对

有害物富集量较少的种类或品种（种子）。如病虫害少的蔬菜有山药、芋头、菠菜、甜菜类、胡萝卜、水芹、香芹、芹菜、茴香、牛蒡、莴苣、紫苏、薄荷、姜、韭菜、大葱、大蒜、洋葱等。如冬春季保护地栽培番茄，应选用耐低温、耐弱光性好、抗霜霉病的品种；夏秋季种植黄瓜，应选择耐高温、结瓜性强、抗病毒病的品种。

② 不同种类的蔬菜在相同的环境条件下，对有害物质的富集特点和抗污能力有明显的差异。例如芹菜吸收重金属量较多；番茄除镉外，其他金属吸收量较少。同是叶菜类，菠菜对重金属的吸收高于甘蓝和其他青菜。一般情况下，蔬菜对镉的富集程度最高，锌、铜次之，汞中等，铅、砷、铬最低。硝酸盐富集量由高到低依次为：根菜类＞薯芋类＞绿叶蔬菜＞白菜类＞葱蒜类＞豆类＞瓜类＞茄果类。

③ 尽可能选择生长期短、成熟期早的种类或品种，适时播种，避开蔬菜病虫害发病严重时期。

④ 考虑品种的栽培目的和栽培形式。鲜食和加工对品种的要求不同，即使是兼用品种，对不同的加工制品要求也不同；不同蔬菜对栽培方式、土壤条件等要求也不同，因此应根据当地的土壤种类和特征选择合适的蔬菜种类，根据蔬菜的需求采取高畦、平畦、垄作等不同的栽培方式。

3. 反季节有机蔬菜种子、种苗的购买

有机基地在购买蔬菜种子或种苗时，由生产技术负责人按种植计划确定所需品种的数量，提前半个月以上向基地总部申购，并填写申购单，由生产技术负责人填写好需种植的蔬菜种类名称、需购买的品种名称、种子经营单位、拟种植该品种的面积、拟购买的数量，由申购人签字，报上级主管负责人签字同意后，安排采购人员进行购买，交仓库保管员保管并签字。仓库保管员还要填写有机农业生产资料使用记录表。

大面积种植时，一定要选购在当地已大面积种植成功的品种作为当家品种。此外，也可申购1～3个新品种与当家品种对比种植，但数量不宜过多，种植面积不宜过大。

应购买由蔬菜科研院所及登记注册的蔬菜种子公司培育、销售的有包装蔬菜种子，种子包装袋上应按照《种子法》要求，明确标有地方种子生产经营许可证号和地方种子检疫部门检疫合格证号，以及品种特性、栽培要点、种子质量和种子公司地址及联系方式。这样可保证购买到的蔬菜种子质量有保障，种子净度高，带菌、带虫少，并且在整个有机蔬菜生产追溯体系中，可实现有机蔬菜品种、种子有据可查。

种子数量大时，应与经销商双方封样，以免出现种子问题纠纷。大量种子购回后，要做种子发芽试验，以确保有足够的种子满足生产要求。

三、对灌溉用水的基本要求

反季节有机蔬菜生产要求远离废水，保证有良好的灌排条件和清洁的灌溉水源，灌溉用水质量稳定达标，如用江、河、湖水灌溉，则要求水源达标、输水途中无污染。当灌溉水的 pH 值小于 5.5 时，土壤硝化细菌受到抑制，硝化作用减弱，氮肥得不到充分释放，磷酸盐的肥效降低，钙、镁等易遭淋失，这也是蔬菜作物在酸性条件下普遍缺氮、磷，尤其是缺钙、镁等微量元素的原因。同时，在偏酸条件下，土壤中的重金属毒物可溶性提高，易被蔬菜吸收致害。化学需氧量是水体中有机物含量的重要指标之一，灌溉水中的化学需氧量直接影响农作物的生长与结实。大量研究成果表明，菠菜、韭菜、胡萝卜和青椒等蔬菜对汞有较强的富集能力，汞是对人和动物有蓄积作用的有毒金属元素，主要危害神经系统，会造成不可逆的危害。镉是广泛存在于自然界对生物体有蓄积作用的有毒重金属元素。镉不是植物生长的必需元素，但植物普遍具有积累镉的能力，并容易通过食物链富集，危害人体健康。砷属于对人体有蓄积作用的有毒元素，对作物生长的危害程度较高，可以通过食物链富集，危害人体健康。铬对动植物毒性大，对动物消化系统及皮肤有刺激性毒害，能引起溃疡，并能在动物体内积累而进入食物链；某些铬化合物被公认为可致肺癌。氰化物属于剧毒物，主要来源于电镀、焦化、煤气和化肥等工业排放的含氰废水，其对农业环境和地下水容易造成污染，进而进入人畜体内造成毒害。石油类苯并芘被公认为强烈的致癌物质，在水中很难溶解，随灌溉水进入土壤可能造成土壤污染，在土壤中积累并被植物根系吸收。目前，粪大肠菌群数是反映水体受粪便污染的最实用指标。反季节有机蔬菜生产对灌溉水的质量要求见表 1-2-3。

表 1-2-3 反季节有机蔬菜生产对灌溉水的质量要求（GB 5084—2005）

项目类别	蔬菜
五日生化需氧量/(毫克/升)	≤40(加工、烹调及去皮蔬菜)， ≤15(生食类蔬菜、瓜类和草本水果)
化学需氧量/(毫克/升)	≤100(加工、烹调及去皮蔬菜)， ≤60(生食类蔬菜、瓜类和草本水果)
悬浮物/(毫克/升)	≤60(加工、烹调及去皮蔬菜)， ≤15(生食类蔬菜、瓜类和草本水果)
阴离子表面活性剂/(毫克/升)	≤5
水温/℃	≤35
pH 值	≤5.5～8.5
含盐量/(毫克/升)	≤1000(非盐碱土地区)， ≤2000(盐碱土地区)
氟化物/(毫克/升)	≤350
硫化物/(毫克/升)	≤1
总汞/(毫克/升)	≤0.001
镉/(毫克/升)	≤0.01
总砷/(毫克/升)	≤0.05
铬(六价)/(毫克/升)	≤0.1
铅/(毫克/升)	≤0.2
粪大肠菌群数/(个/100 毫升)	≤1000(生食类蔬菜、瓜类和草本水果)， ≤2000(加工、烹调及去皮蔬菜)

续表

项目类别	蔬菜
蛔虫卵数/(个/升)	≤2(加工、烹调及去皮蔬菜), ≤1(生食类蔬菜、瓜类和草本水果)
铜/(毫克/升)	≤1
锌/(毫克/升)	≤2
硒/(毫克/升)	≤0.02
氟化物/(毫克/升)	≤2(一般地区),≤3(高氟区)
氰化物/(毫克/升)	≤0.5
石油类/(毫克/升)	≤1
挥发酚/(毫克/升)	≤1
苯/(毫克/升)	≤2.5
三氯乙醛/(毫克/升)	≤0.5
丙烯醛/(毫克/升)	≤0.5
硼/(毫克/升)	≤1(对硼敏感的作物,如黄瓜、豆类、马铃薯、笋瓜、洋葱等), ≤2(对硼耐受性较强的作物,如青椒、小白菜、葱等), ≤3(对硼耐受性强的作物,如萝卜、油菜、甘蓝等)

四、对养分管理的基本要求

反季节有机蔬菜生产使用的肥料必须符合作物的生长规律及土壤的理化性质，科学合理地施有机肥，充分利用作物秸秆，使足够数量的有机质返回土壤，以保持或提高土壤肥力和土壤的生物活性，提倡生产者运用秸秆覆盖或间作等方法维护和改善土壤理化性状，尽量减少水土流失的耕作与栽培措施。肥源以本系统内产生的、经过充分腐熟的有机物料（包括没有污染的绿肥和作物残体、泥炭、蒿秆、海草和类似物质以及农林业副产品），经过高温堆肥处理后不再有害虫、寄生虫、传染病菌的人粪尿和畜禽粪便等无害化处理后的有机肥为最佳肥源。天然矿物肥料和生物肥料不得作为系统中营养循环的替代物，矿物肥料只能作为长效肥料并保持其天然组分，禁止采用化学处理提高溶解性。应严格控制矿物肥料的使用，以防止土壤重金属的积累。有机肥堆制过程中只允许添加来自自然界的微生物，但禁止使用转基因生物及其产品。存在平行生产的基地，常规生产部分也不得引入或使用转基因生物及其产品。禁止使用化学合成肥料、城市污水污泥和未经堆制的腐败性废弃物。同时限制肥料的使用量，防止土壤有害物质积累。

（一）反季节有机蔬菜施肥原则

1. 营养平衡原则

众所周知，作物生长发育所需要的环境条件，除阳光、温度、氧气和水分外，最重要的就是矿物质营养。目前已经肯定作物生长发育所必需的营养元素共16种：大量元素有碳、氢、氧、氮、磷、钾、钙、镁、硫，作物对这些元素的吸收量大，在作物体内占鲜重的0.01%以上；微量元素有铁、锰、氯、硼、锌、铜、钼，作物对这类元素的吸收量小，在作物体内占鲜重的0.009%以下。植物体内正常的代谢要求各种营养元素含量保持相对平衡，不平衡就会导致代谢混乱，出现生理障碍。作物必需的各种营养元素在体内均有其特殊的营养功效，缺乏时会影响到各种生理生化过程，当缺乏某种营养元素达到一定程度，就会在外观上表现出一定的症状；反之，如果过剩也会产生特定的症状，出现不同程度的病态特征，称为生理性病害，影响产量和品质。在有机种植基地从事蔬菜生产时，上述的矿物质营养，除了碳、氢、氧主要是靠水和二氧化碳提供外，其他的营养元素则主要是靠土壤和施有机肥得以供应。土壤有机质虽然只占土壤总量的很小一部分，但它是体现土壤肥力水平的重要标志之一，其中重要的原因是土壤有机质中含有蔬菜所需的氮、磷、钾、微量元素等各种养分，随着土壤有机质的逐步分解，这些养分可不断地释放出来，供蔬菜生长所需。此外，有机质还可通过影响土壤物理、化学和生物学性质，改善土壤的透水性、蓄水性、通气性、保肥性和蔬菜根系生长的环境，进而提高土壤的肥力，改善土壤耕性。

2. 养分归还原则

养分归还学说是19世纪德国杰出的化学家李比希提出的，也称养分补偿学说。他把农业看作是人类和自然界之间物质交换的基础，也就是由植物从土壤和大气中所吸收和同化的营养物质，被人类和动物作为食物摄取和吸收，经过其自身分解和排泄的腐败分解，再重新返回到大地和大气中去，完成了物质归还。其主要论点是，由于人类在土地上种植作物并把这些产物拿走，作物从土壤中带走养分，土壤中的养分将越来越少，这就必然会使地力逐渐下降，从而土壤中所含的养分将越来越少。因此，要恢复地力，就必须归还从土壤中带走的全部东西，不然，就难以再获得过去那样高的产量。养分归还学说至今仍然作为施肥的理论基础，它改变了过去局限于低水平的生物循环，通过增施肥料，扩大了这种物质循环，从而为提高产量提供了物质基础。在有机蔬菜生产中，一方面可以通过自身系统内的种养结合，通过“养殖—沼气—种植”循环经济模式，归还土壤成分；另一方面，还可以在种植计划中设计增加豆科绿肥种植，发挥豆科作物的固氮作用，补充土壤中的有机质和氮素。

3. 综合效应原则

要充分认识到反季节有机蔬菜生产过程受各种环境因子综合影响，蔬菜的生长发育必须要有一个适宜的环境条件，如光照、温度、水分、养分、空气等。此外，还要选择适宜的品种，采取相应的耕作、栽培和植物保护等措施。有机蔬菜能否丰产，关键在于上述因子的综合作用结果，施肥只是起重要作用的一项技术措施。此外，还可充分利用因子间的交互作用，提高肥料增产效果。例如，肥料和灌溉结合的增产效果要大于二者单独效果之和，这是因为两种措施的结合不仅有它们各自的效应，而且还有两种措施相互配合的交互效应，这就是1＋1＞2的道理。此外，还必须根据每一块地的具体情况，对症下药，有针对性地采取相应措施。例如，对于常遇内涝的低洼地，必须解决水的问题，对于酸性土壤，必须施用石灰质肥料。

4. 科学培肥原则

反季节有机蔬菜基地，特别是新垦殖菜地土壤的培肥，是一项极其重要而又比较复杂的任务。反季节有机菜田土壤培肥主要可以采取以下措施。一是增施有机肥料；二是因地种菜，新改造和垦殖的有机菜田，最初要种植对水、肥条件要求比较低的蔬菜；三是合作轮作，有条件的还可以实行菜、粮、饲轮作，或者间套种短期绿肥，如紫云英、苜蓿等，可改善菜田生态条件，建立合理的物质循环体系；四是深耕改土，新改造和垦殖的有机菜田土质一般较差，耕作层仅 15 厘米左右，种植有机蔬菜茬次多、消耗大，应逐渐加深耕作层，改善其物理性质，深耕时间可安排在夏、秋蔬菜出园时，各深翻 2 次，使反季节有机蔬菜基地耕作层达 25～40 厘米。当然培肥土壤是一个长期任务，不是短期能完成的，但只要各种措施得当，效果会相当明显，各地因地制宜进行科学培肥。

5. 安全施肥原则

反季节有机蔬菜强调品质、无污染，在肥料施用时安全施肥，避免施肥造成对反季节有机蔬菜产品生产体系和产品的污染始终是必须坚持的原则。一是在反季节有机蔬菜生产中应尽量通过适当的耕作和栽培措施维持和提高土壤肥力；二是可施用有机肥以维持和提高土壤肥力、营养平衡和土壤生物活性，同时避免过度施用有机肥，造成环境污染；三是不应在叶菜类、块茎类和块根类蔬菜上施用人粪尿，在其他蔬菜作物上需要使用时，应当进行充分腐熟和无害化处理，并不得与蔬菜的食用部分接触；四是可使用溶解性小的天然矿物肥料，如磷矿石、钾矿石、硼砂、微量元素镁矿粉、硫黄、石灰石、石膏、白垩、黏土、珍珠岩、蛭石、氯化钠、石灰、窑灰、碳酸钙镁、泻盐类（含水硫酸盐）等。

（二）反季节有机蔬菜的肥料施用技术

反季节有机蔬菜生产中施用有机肥料，并不等于说只要是有机肥料就可以随意施用或越多越好。施用时也要综合考虑，科学计划。

1. 坚持合理轮作

合理轮作的目的，不仅仅是减轻病虫害的发生，还为肥料的合理施用打下基础。不同的蔬菜品种，其根系对土壤不同层次养分的利用也不同，例如南瓜、西瓜、牛蒡、山药等可利用较深层次的养分，大白菜、萝卜、番茄、辣椒等可利用较浅层次的养分，黄瓜、大蒜、菠菜、小白菜可利用的层次就更浅些。另外，不同的蔬菜品种，其对土壤中不同养分的需求利用也不同，如在轮作中安排一些芥菜、豌豆等，能吸收利用一般蔬菜所不能利用的磷、钾营养状态。另外，还可以充分利用豆科植物的固氮特性，在轮作计划中安排一季豆科蔬菜。

2. 科学耕种灌溉

菜田耕作层普遍较浅是新改造和垦殖反季节有机菜田土壤的一个问题，这必然会影响到蔬菜根系的生长发育，造成蔬菜发棵差以及早衰的不良后果，且由于耕层浅，土壤营养库及储水库容积受到限制，供肥能力和抗灾能力降低。应逐年加深耕层，直至20厘米以上，在增施有机肥条件下可隔年进行一次秋深翻，加速土壤的熟化，消灭旱地的犁底层。耕作次数及深度应因地制宜，对土层较浅的漏水漏肥地宜深耕，对肥力较高且疏松的菜田宜少耕，以减少水土流失和养分淋失。同时，在灌溉时要保证肥料施用时的肥水同步和肥料施用后最佳效果期的肥水同步，充分发挥肥水交互效应。

3. 按照蔬菜品种特性施肥

不同的蔬菜品种对不同养分的需求不同，在安排施肥时，含氮比例高、肥效较快的有机肥料如腐熟的沼液等应优先安排给叶菜类，而含钾较丰富的有机肥料如窑灰、草木灰等应优先给生长后期仍对钾需求较多的茄果类。作物在不同生长时期的需肥特性也有不同，如苗期为培育壮苗，苗床应施用含磷高的肥料；基肥一般施用养分全面、肥效稳定的肥料，但对生育期短的品种而言，还应加一些速效肥料；进入旺盛生长阶段，一般施用速效肥料，但也应有所区别，有的施用含氮高的肥料即可，有的还需要补充一定的钾养分。

4. 按照肥料品种特性施肥

有机肥料是指含有丰富有机质的肥料，大多数是由动植物残体、动物排泄物为原料堆积制成的，所以又称农家肥料。有机肥料含有丰富的有机物和各种营养元素，具有数量大、来源广、养分全面等优点，也同时存在脏、臭、不卫生、养分含量低、肥效慢、使用不方便等缺点。因此，了解常见有机肥料的特性及无害化处理方法，对于反季节有机蔬菜科学施肥至关重要。

（三）反季节有机蔬菜种植可施用的肥料

反季节有机蔬菜的栽培需要使用大量的有机肥料，以逐渐培养土壤优良的物理、化学性状，从而有利于蔬菜根系的生长以及微生物的繁殖。即在培肥土壤的基础上，通过土壤微生物的作用来供给作物养分，要求以有机肥为主，辅以生物肥料，并适当种植绿肥作物培肥土壤。

1. 土壤施肥量的确定

蔬菜作物施肥量的多少取决于蔬菜需要的养分量、土壤供肥能力、肥料利用率、蔬菜栽培要求等因素，其中根据蔬菜经济产量确定有效的施肥量，是保证反季节有机蔬菜营养平衡和持续稳产的关键（表 1-2-4）。

表 1-2-4　不同蔬菜经济产量 1000 千克的需肥量

单位：千克

蔬菜种类	氮	磷	钾
萝卜(鲜块根)	2.1～3.1	0.8～1.9	3.8～5.6
甘蓝(鲜茎叶)	3.1～4.8	0.9～1.2	4.5～5.4
菠菜(鲜茎叶)	2.1～3.5	0.6～1.1	3.0～5.3
茄子(鲜果)	2.6～3.0	0.7～1.0	3.1～5.5
胡萝卜(鲜块根)	2.4～4.3	0.7～1.7	5.7～11.7
芹菜(全株)	1.8～2.0	0.7～0.9	3.8～4.0
番茄(鲜果)	2.2～2.8	0.5～0.8	4.2～4.8
黄瓜(鲜果)	2.8～3.2	1.0	4.0

续表

蔬菜种类	氮	磷	钾
南瓜(鲜果)	3.7～4.2	1.8～2.2	6.5～7.3
甜椒(鲜果)	3.5～5.4	0.8～1.3	5.5～7.2
冬瓜(鲜果)	1.3～2.8	0.6～1.2	1.5～3.0
西瓜(鲜果)	2.5～3.3	0.8～1.3	2.9～3.7
大白菜(全株)	1.77	0.81	3.73
花椰菜(鲜花球)	7.7～10.8	2.1～3.2	9.2～12.0
架豆(鲜果)	8.1	2.3	6.8
洋葱	2.0～2.4	0.7～0.9	3.7～4.1
大葱	3.0	1.2	4.0
大蒜	4.5～5.5	1.1～1.3	4.1～4.7
韭菜	5.0	1.8～2.4	6.2～7.8
甘薯	3.93	1.07	6.2
生姜	4.5～5.5	0.9～1.3	5.0～6.2

蔬菜的营养来源于土壤矿化物的释放、上茬蔬菜有机质的分解和当茬蔬菜的肥料补充。通常，反季节有机蔬菜种植应根据蔬菜种类的目标产量及对肥料的利用率，制定合理的配方施肥方案。

2. 反季节有机蔬菜生产允许施用的肥料种类

（1）农家肥　如堆肥、厩肥、禽粪、家畜粪尿、沼气肥、作物秸秆、泥肥、沤肥、饼肥、草木灰、人粪尿（有限制使用）等。

（2）生物菌肥　如腐殖酸类肥料、酵素菌肥料、固氮菌肥料、磷细菌肥料、钾细菌肥料、复合微生物肥料等。

（3）绿肥作物　如草木樨、紫云英、田菁、柽麻、紫花苜蓿等。

（4）有机矿物质肥料　包括钾矿粉、矿质硫酸钾、磷矿粉、矿质钙镁磷肥、镁矿粉、硼酸岩、石灰、石膏、黏土（如珍珠岩、蛭石等）、氯化钙、动植物废弃物等。

（5）商品有机肥或生物有机肥　对于外购的商品有机肥或生物

有机肥，有机产品标准要求应是通过有机认证或经认证机构许可的。对于未经认证的商品有机肥或生物有机肥的使用，必须首先获得认证机构的认可。凡是N+P+K含量过高，一般情况下如果总量超过6%，特别是超过8%的，必须调查清楚其成分，尤其要了解是否是掺有化肥的有机肥。对于基地向邻近农民或养殖场购买的非商品化有机肥（农家肥或堆肥）的成分和堆制过程是否符合标准的规定，需要生产者自己注意控制。

第二节　有机蔬菜反季节生产的技术关键

反季节蔬菜是一个相对的概念，严格地讲，是指的某种类蔬菜相对于主要生产季节的提前或延后栽培。例如，重庆市的茄果类蔬菜主要生产时间是5～9月，而在每年10月以后至翌年4月之前市场供应的茄果类蔬菜，对于重庆市而言，就是反季节蔬菜。而对于这些蔬菜的产地，如海南、云南等，则并不是反季节蔬菜。实现反季节蔬菜栽培主要有两大途径：一是通过塑料棚的应用，提高栽培环境的温度，实现春季蔬菜的提早栽培；二是夏秋季节用遮阳网膜覆盖或在较高海拔的低山区域冷凉的环境，实现冬春蔬菜延后、秋冬蔬菜提前的栽培。

一、塑料棚覆盖的反季节蔬菜生产

（一）塑料棚的种类

1. 按棚的大小分类

塑料棚按棚的大小不同分为塑料小棚、塑料中棚、塑料大棚和连栋大棚。

（1）塑料小棚　塑料小棚按80～100厘米的间距插入拱架，棚高50～80厘米，棚宽130厘米左右，用竹竿纵向连接形成拱棚，在其上面覆盖塑料薄膜做成圆拱形小棚。小棚结构简单，取材方便，建造容易，但因棚矮小，升温快，降温也快，棚内的温度、湿度不易调节，主要适用于春季育苗和瓜、茄、豆类蔬菜及早春速生叶类菜的提早栽培。

(2) 塑料中棚　与小棚相似，棚高1.5米左右，棚宽4米左右，人能在棚内操作，分为圆拱形棚和半圆拱形棚。适宜于育苗及栽培，其性能优于小棚。

(3) 塑料大棚　塑料大棚长度随场地及使用面积而定，一般长20～30米，棚宽6～8米，棚架高2.2～2.8米，拱间距0.6～0.8米，拱肩高1.4～1.7米（含插入土40厘米）。塑料大棚棚体大，保温性能好，冬季可以在棚内增加保温或加温设施，人可以在棚内较方便地操作，温度、湿度的管理也比较方便，适用于蔬菜育苗、提早和延迟栽培。

(4) 连栋大棚　连栋大棚长度随使用面积而定，一般长20～30米。每栋大棚棚宽6～8米（视不同建造材料和地形而定），棚肩高1.5～3米，3～10栋大棚连成一个整体。每栋棚的建造规格与塑料大棚相似，两栋棚间的拱肩相通，构成连栋的大棚。连栋大棚面积更大，在棚内生产操作更方便，温度、湿度更稳定。

2. 按建造材料分类

塑料棚按建造材料不同分为竹木结构棚、镀锌薄壁钢架大棚和水泥架棚。

(1) 竹木结构棚　以硬头黄竹、南竹等竹子、木杆作为原材料搭建的大棚。这种棚造价低，取材方便，适合于建造小棚、中棚，但是这种棚立柱多，采光受到影响，造成遮阴，影响作物生长，拱杆易变形造成顶膜积水等，一般竹木结构棚使用期为2～3年。

(2) 镀锌薄壁钢架大棚　这种大棚骨架是工厂生产的成套产品，以镀锌薄壁钢管为原材料，拱架多由单管对接而成半圆形，拱架之间有拉杆起纵向稳定作用，使用专门制作的压膜槽、压膜卡来固定薄膜，这种大棚结构合理，抗风力强，使用寿命一般在10年以上。然而第一次资金投入较高。

(3) 水泥架棚　这种大棚采用浇铸弯曲的水泥拱架构成，每一个拱架由两块水泥预制件在棚中间对接而成。水泥架棚造价比钢架大棚低，使用寿命长，但一般周年固定在菜地，水泥架棚遮光比钢架大棚多，对蔬菜生长有一定的影响。

在生产中还有一种用水泥架做成棚肩、用竹子架成圆拱的混合型大棚，在实际生产中比较实用。

（二）塑料大棚的建造

1. 场地

大棚的建造投资较高，使用寿命长，建成后一般不进行搬迁。因此，要选好大棚的建设地址。

（1）地形选择　光照是塑料大棚获取热能的主要来源，因此，选择背风向阳、东西南三方没有建筑物或树林、地势开阔、平坦的地方，同时，还应该避免风口，防止春季大风吹垮大棚。

（2）土壤的选择　选择土层深厚、土壤肥沃、地下水位低、排水良好、保水、保肥力强的地块。

（3）水源的选择　大棚内水分供应完全依靠人工补充，因此，选择灌溉方便、距水源近的地方。

（4）建棚朝向的选择　大棚建设的朝向应该是以东西朝向、南北延长为好。

（5）位置的选择　为了避免粉尘、汽车排放的含铅废气的污染，选择远离公路200米以上的位置建大棚。

2. 大棚的建造

（1）整地　在选定的地块上平整土地，画线，按拱间距定出棚杆位置，夯实棚杆位置周围的土壤。有条件的地方，可在大棚四周夯实后修建砖或混凝土基础。理好大棚周围的排水沟。

（2）棚的跨度、高度和拱间距　大棚棚宽一般6～8米，棚高2.2～2.4米，棚肩高1～1.2米，棚杆间的距离0.8～1米。

（3）搭架　用钢管等材料制作的棚架，生产厂家在制作时已经进行了防护处理，购买后可直接按要求建造。以竹材建造大、中棚，重庆地区采用硬头黄竹作材料较多，以直径5厘米左右、长度5米、3龄以上竹子较好。建造1公顷大棚约需18000～22500千克竹竿。制作时将黄竹头端留边柱1.4米（含插入地下的30～40厘米），在1.4米和1.5米处用锯在竹的内侧锯两个小口，然后放在旺火上烤，待竹表发烫呈褐色时弯折成横架拱杆。弯折的棚杆入土深度必须一致，并且排列在一条直线上。棚杆对应交接处用铁丝固定捆紧，使棚高距地面2.3～2.5米。棚的顶部和腰部设3排纵向拉杆，纵向拉杆捆在横向棚杆的下面。棚的中部和两侧设立支柱（如跨度不大，拱间距稍密一点，也可只设中部支柱或只设两侧支柱），与每排骨架捆紧，支撑棚架不下塌，使棚架坚固、扎实、不漏水，增强抗风能力。棚的两端各设一个棚门。竹结构大棚竹竿的接头处、铁丝捆扎处和转弯处必须用旧薄膜或旧布条包扎紧实，以防划破棚膜。

（4）棚膜的制作　塑料大棚采用透光率高、膜厚度为0.08～0.12毫米的无色聚乙烯薄膜，一般每公顷用膜1800～2250千克。也可采用无滴透明膜和PE防老化膜、转光膜覆盖。

大棚塑料薄膜的长度和宽度视建造的大棚长度和跨度而定。下料时薄膜长度为棚长＋2×（棚高＋埋入土的部分约0.5米），如果棚长30米、棚高2.3米、两端入土各0.5米，那么薄膜长应为30＋2×(2.3＋0.5)＝35.6米。大棚塑料薄膜宽度应为从棚顶至大棚两端的土面加埋入土部分（两端共约1米）之和，如果是跨度6米、高度2.3米，薄膜下料5幅，每幅长36米，再将5幅粘接成一个整体，就形成了建造该塑料大棚的覆盖薄膜。然后将粘接好的塑料薄膜覆盖在大棚架上，四周盖严，拱间用尼龙绳压住薄膜，防止风吹移动。钢架大棚采用卡子固定棚膜。

（三）塑料棚生产的管理

大棚内的温度、湿度、光照等生态环境与外界明显不同，但其又随外界的变化而改变，大棚内的温度和湿度存在着明显的季节差异与日变化差异，大棚内的环境既有利于作物的生长，又容易导致病害的发生，因此，必须根据作物生长发育对环境的要求，进行合理、灵活的调节和控制，既满足作物生长发育的需要，又要避免病害的发生。

1. 大棚内温度的管理

棚内气温随外界气温变化而变化，一般的规律是：棚外气温越高，棚内增温值越大；棚外气温越低，棚内增温值越小；棚内最高气温和最低气温出现的时间比露地晚 2 小时左右。晴天日温差较大，阴雨天日温差较小；气温越高，日温差越大；气温越低，日温差越小。据测定，重庆市郊菜区塑料大棚内气温为：3 月份平均气温，白天为 20～28℃，夜间为 11～15℃，日温差为 9～13℃；4 月份平均气温，白天为 24～35℃，夜间为 13～18℃，日温差为 11～17℃；5 月份棚内最高气温可达 40～50℃。塑料大棚早熟栽培的黄瓜、番茄、菜豆和速生叶菜等生长适温，以白天 18～26℃、夜间 13～18℃为宜；辣椒、茄子等以白天 24～30℃、夜间 18～20℃为宜。

根据大棚温度变化规律和早熟栽培蔬菜品种适宜生长温度要求，加强棚内温度调节管理工作。秧苗定植之后至缓苗之前一般不通风，以提高棚内地温和气温。早春因光照弱，棚内增温效果较差，可采用大棚内再覆盖地膜加小拱棚措施，来提高增温保温效果，促进秧苗迅速返青成活和生长。随着季节的推移，气温逐渐升高，棚内温度也逐渐升高，当白天上午或中午棚内气温达 32℃以上时，敞开棚门或四周通风，当棚内温度降到 26℃左右时，关闭通风口。4～5 月更应注意温度管理，当棚内气温达 35℃以上时，加大通风量，延长通风时间，或结合施肥浇水降低棚内温度，防止秧苗徒长和灼伤。6～8 月气温高，持续时间长，一般应揭去大棚膜，或覆盖遮阳网膜遮阴降温，以利于果菜继续开花结果，增加产量。

2. 大棚内湿度的管理

塑料薄膜不透气，由于土壤水分的蒸发和作物的蒸腾作用，使棚内空气湿度增高，若不通风，棚内空气相对湿度可达 90%以上，甚至达 100%。其变化规律是：棚温升高，相对湿度降低；棚温降低，相对湿度升高；晴天、有风天相对湿度降低；阴天、雨（雾）天相对湿度增高。棚内的绝对湿度（水汽量）随棚温升高而迅速上升，甚至成倍增加。一般春季 8～9 时之后，由于土壤水分大量蒸发和作物的蒸腾作用增大，棚内水汽量迅速增加，至中午时水汽量为早晨的2～3倍；下午5～6时，由于通风和气温下降，棚内水汽量减少；夜间随着温度下降，棚内水汽量减少，但棚膜上凝结大量水珠（水滴）。

一般大棚早熟栽培蔬菜，适宜的相对湿度白天为50%～60%，夜间为80%～90%。如果棚内相对湿度过高，植株叶片的蒸腾作用就会受到抑制，土壤湿度和棚内的空气湿度增高，棚膜上凝结大量水珠，既影响作物的光合作用，不利于植株的生长发育，又利于病菌繁殖，病害流行，危害严重。因此，调节棚内温度、湿度，特别是夜间温度、湿度，是防治病害、促进作物生长发育的重要措施，应给予重视和加强。

大棚蔬菜秧苗定植后至开花前，一般不施肥水，进行蹲苗。棚内管理要提高温度，降低湿度，促进根系生长；阴天、晴天中午适当通风排湿，降低棚内空气湿度。坚持经常刮去棚膜内侧的水珠或在棚内放置一些生石灰等吸潮物质，这样，既减少病害，又有利于果菜生长发育、开花结果。速生叶菜棚内湿度可稍高一些。

3. 大棚内光照的管理

塑料薄膜透光性良好，一般透光率达70%～80%，紫外光和红外光的透过率高于玻璃。但棚内的光照强度比棚外弱，据测定，春季大棚内的光照强度为露地的50%～80%，冬季最弱，棚内约为2000勒。冬季中午短时间可达3万勒，阴雨天仅1000勒。因此，在春季大棚早熟栽培上，如何争取更多的光照尤为重要，光照是作物光合作用的基础条件，光照充足，早熟丰产就有保证。

大棚内栽培应做畦，东西向栽培。春季随气温回升，植株开展度逐渐增大，应适当稀植，叶片尽量减少重叠，扩大受光面积。早春光照不足，要提高棚温以增强光合作用。在不影响作物生长发育温度的条件下，适当早揭膜，迟盖膜，充分利用中午前后多接受光照，延长受光时间，增加光照强度。注意保持棚膜清洁，减少灰尘污染，以增加透光度。若光照严重不足，也可采用人工补光等措施，争取早春及春季增大作物受光面积，延长受光时间，增加光合强度，促进作物健壮生长，早开花，早结果，早上市。6～8月光照逐渐增强，对果菜类应揭膜、遮光，降低温度和光照强度，提高单产。

4. 大棚内栽培的肥水管理

塑料棚早熟栽培，因作物不同、生育期不同，对营养物质的需要量、需施用的肥料种类和浓度也不相同。果菜类定植后要控制肥水施用，蹲苗，促进迅速返青成活。开花前要控制施用氮肥，防止徒长，勤施清淡人畜粪水。坐果后重施追肥，促进多开花、多结果和果实迅速膨大成熟，早上市，防止早衰，提高单产。速生叶菜，返青成活后，应勤施肥水，促进叶菜生长发育，早上市。肥水施用时，与保温、通风和排湿相结合，视棚内气温、湿度、光照强度和作物生长发育状况，灵活掌握施用。

5. 大棚内栽培的病虫害管理

塑料大棚栽培，因棚内的温度较高，湿度大，很容易导致病害的发生，常见的有苗期的猝倒病、立枯病、霜霉病等，在生产管理上必须要进行苗床土的消毒，调节好棚内的温度和湿度，避免低温高湿的条件出现，防止播种过密，幼苗徒长。出现病害，尽快药剂防治。

二、高海拔地区的反季节有机蔬菜生产

（一）反季节有机蔬菜生产区域的基本条件

重庆市地形多样，且立体性强，海拔高度一般在250～1000米之间，最低的176米，最高的2000余米，海拔级差达2000米左右，地貌分为中山、低山、丘陵、平坝四大基本类型。这种地形的多样性、立体性为蔬菜生产创造了较为有利的自然立体气候，特别是低山和中山地区可以利用温度的差异生产反季节蔬菜。

1. 海拔高度

反季节有机蔬菜生产的适宜海拔高度为800～1500米，这些区域具有夏季凉爽、冬季寒冷的特点，适宜于春菜的延后栽培和秋冬菜的提早栽培。

2. 水源条件

蔬菜比一般作物栽培需要更多的水分，大部分蔬菜都不耐干旱，因此，反季节有机蔬菜生产区域必须有充足的、灌溉方便的

水源。

3. 土壤条件

一般来说，壤土、沙壤土与黏壤土都适合于蔬菜生产。大多数蔬菜以在微酸性和中性的土壤中生长为宜，pH 值在 6.5～7.5 范围内，有的山区土壤偏酸，也不适宜蔬菜生产。

(二) 反季节有机蔬菜栽培的几个技术原则

1. 选择适宜的蔬菜种类

山区一般距市场较远，运距长，适宜种植比较耐储运的瓜类、茄果类、白菜类、根菜类等蔬菜种类，不适宜选择速生叶类菜作为山区的反季节蔬菜栽培种类。

2. 选择适宜的品种

根据山区的气候特点，一般选择早熟、抗热、耐病力强、商品性稳定和耐储运的品种。

3. 严格掌握适宜的播期

根据当地的气候特点及各类蔬菜品种对环境条件的要求，严格掌握播种定植时期，将叶、茎、叶球、花球形成，开花结果（荚）及果实膨大期，安排在气候适宜的时期内，是反季节有机蔬菜栽培获得成功的关键。

4. 满足蔬菜的肥水需求

山区反季节有机蔬菜生长时期气温较高，干旱严重，要及时满足蔬菜生长的肥水需要，让作物在适宜的肥水条件下生长，保证蔬菜产品的品质，提高蔬菜产品的商品性，才能保证其有较好的销路。

第三节　有机蔬菜反季节栽培的质量管理体系及商品质量标准

一、反季节有机蔬菜的质量管理体系

(一) 反季节有机蔬菜产品质量管理

反季节有机蔬菜产品的质量是通过生产过程的严格管理来实现

的，不能单从外部形态和感官颜色上与常规产品相区别。因此，为了充分保证基地的生产完全符合反季节有机蔬菜生产的标准，保证反季节有机蔬菜在生产、收获、加工、储存、运输和销售各个环节不被混淆和污染，在基地内部要建立专门的反季节有机蔬菜质量管理体系。反季节有机蔬菜质量管理体系包括外部质量控制体系和内部质量控制体系。

1. 反季节有机蔬菜外部质量控制体系

根据有机食品的定义，未经过有机认证的产品，不能称为有机食品，也不得使用任何有机产品标志。只有获得认证的产品才可粘贴有机产品标志，所以从标志上可以看出是由哪家认证机构认证的。因此认证本身就是一个质量控制过程，而且是其中关键的一环。

外部质量控制就是通过独立的第三方（即有机食品认证机构），派遣检查员对有机生产、加工基地及操作过程进行（通知或未通知的）实地检查，审核企业的生产过程是否符合有机农业生产的标准。检查员主要通过两方面的情况作为判断的依据：一方面，通过田间地头实地考察和同生产者直接交流，了解生产者是否了解有机农业生产、加工的基本知识，同时检查生产者是否使用有机农业的违禁物；另一方面，通过审阅操作者所建立的内部质量控制体系是否健全，并通过实地考察及与管理人员和生产者进行交谈，了解其内部质量控制体系的运行情况，并评价其有效性。

2. 反季节有机蔬菜内部质量控制体系

反季节有机蔬菜内部质量控制体系就是对有机蔬菜生产、加工、贸易等各个环节进行规范约束的一整套管理系统和文件，它为消费者提供从土地到餐桌的质量保证，维护消费者对有机蔬菜食品的信任。包括反季节有机蔬菜生产、加工、经营管理场所的位置图（包括组织管理体系），有机生产、加工、经营的质量管理手册，有机生产、加工、经营的操作规程，有机生产、加工、经营的系统记录。内部质量控制是为了达到有机标准和外部质量控制的要求。

（1）组织管理体系　反季节有机蔬菜生产要设立专门的质量管

理部门或指定专人负责质量控制工作，并根据自身特点制定详细的质量管理规章制度及质量控制手册。明确生产过程中管理者、内部检查员以及其他相关人员的责任和权限，构建组织图和规程等。

种植过程包括从事反季节有机蔬菜生产的人员名单，生产管理及检查员的组织图，生产管理执行者的姓名及资格，内部检查员的姓名及资格，基地、田地、加工设施等地图，基地、田地、加工设施等的面积和配置地图，内部检查的组织图。

加工过程包括品质管理责任者、分装责任者、接受保管责任者的责任和权限（包含管理体系的设计和推进、异常情况的对策），达标执行者的责任和权限。

(2) 质量管理手册 《质量管理手册》是阐述企业质量管理方针目标、质量体系和质量活动的纲领指导性文件，对质量管理体系做出了恰当的描述，是质量体系建立和实施中所应用的主要文件，即质量管理体系运行中长期遵循的文件。《质量管理手册》的主要内容包括反季节有机蔬菜产品生产、加工和经营者的简介，有机产品生产、加工和经营方针和目标，反季节有机蔬菜生产、加工和经营的实施计划，内部检查、跟踪审查、记录管理、客户申诉和投诉的处理，有机生产过程管理人员、内部检查员以及其他相关人员的责任和权限，组织管理机构图和企业章程等。

(3) 内部规程 建立内部规程，是为了将《质量管理手册》中管理方针的程序和方法的文件具体化。内部规程必须经过组织内部的共同讨论通过并切实地实行。另外，为了确保蔬菜产品能够符合有机标准，在规程中要注明禁用物质和避免混淆的特别注意事项。内部规程的内容包括不满意意见处理和认证机构进行沟通与接受检查的规程，文件和记录的制定与管理规程，合约（或合同）的制定和实施规程，培训与教育的规程，年度栽培计划，各种蔬菜的反季节有机栽培技术规程，机械及器具类的修整、清扫规程，产品批号的制定和使用规程，蔬菜收获及收货后运输、加工、储藏等各道工序的管理规程，出货规程等。

(4) 文档记录体系 反季节有机蔬菜生产者应将其生产活动以

文字资料的形式，根据相关认证机构标准记录下来，作为从事反季节有机蔬菜生产的证据，同时也使生产出来的产品有可溯性。文档记录是获得认证的必要条件，反季节有机蔬菜生产基地必须建立文档记录体系。生产管理、出货、生产加工、原料到货、仓库保管等各种记录和票据必须是可以追踪调查的。一旦出现问题可以追查到具体的责任人。文档记录的格式因具体情况不同而有很大区别，没有适合所有基地条件的统一格式，基地必须根据自身特点设计。文档记录要保存 3 年以上，并应包括土地、蔬菜种植历史记录及最后一次使用禁用物质的时间及使用量，种子、种苗等繁殖材料的种类、来源、数量等信息，为控制病虫草害而施用的物质的名称、成分、来源、使用方法和使用量，但不限于以上内容。

（二）人员素质和培训制度

反季节有机蔬菜的生产管理包括对物和人的管理。生产者的业务水平、文化素质和对反季节有机蔬菜的认知程度将决定反季节有机蔬菜的产量和质量，因此在基地管理方案中，人的管理比物的管理更重要。

从事反季节有机蔬菜的生产和开发的管理者、具体技术的参与者、实施者，都必须了解和掌握反季节有机蔬菜生产的原理和方法，了解反季节有机蔬菜的标准，做到从思想上接受有机反季节蔬菜，在行动上自觉按照有机反季节蔬菜的技术标准实施。

对生产相关人员实行三级培训制度。首先由反季节有机蔬菜生产技术专家或专门从事反季节有机蔬菜研究的人员对基地的管理干部进行有机反季节蔬菜生产原理、标准、市场和发展概况等方面的一般性培训，使之从宏观上了解和认识有机反季节蔬菜，这是第一层次的培训。第二层次是对基地技术人员进行专业技术培训，使之掌握反季节有机蔬菜生产技术的基本原理和方法，培训内容可根据种植作物的种类和地域不同进行安排。第三层次是对反季节有机蔬菜生产的直接从事者进行实际操作技能的培训，培训以实用技术和解决问题为主，可以只教方法，不讲理论，关键在于提高实际操作能力。

二、反季节有机蔬菜的商品质量标准

有机反季节蔬菜在整个生产过程中都必须按照有机农业的生产方式进行，也就是在整个生产有机反季节蔬菜过程中必须严格遵循有机食品的生产技术标准，即生产过程中完全不使用化学合成的农药、化肥、生长调节剂等化学物质，不使用转基因工程技术，同时还必须经过独立的有机食品认证机构全过程的质量控制和审查。以保证它的无污染、富营养和高质量的特点。

蔬菜分级是发展蔬菜商品流通、提高市场竞争力的需要。主要是根据产品的品质、色泽、大小、成熟度、清洁度和损伤程度来进行分级。目前，蔬菜的分级全国尚未有统一的标准，都是根据不同的消费习惯和市场需要来决定。常见反季节有机蔬菜分级标准见表1-2-5。

表 1-2-5　常见反季节有机蔬菜分级标准

作物种类	商品性状基本要求	大小规格	特级标准	一级标准	二级标准
长茄	具本品种的基本特征，新鲜，表皮无皱缩，无腐烂，无严重机械损伤，具商品价值	长度：大30～35厘米，中25～30厘米，小20～25厘米	无机械损伤，无病斑，无虫眼。皮润光亮。弯曲度在1厘米之内。果柄长1～2厘米。粗细均匀，幼嫩。果萼带幼刺，且无病斑、虫口	无虫害，允许有1～2处干疤点。皮润光亮。弯曲度1～2厘米。果柄长1～2厘米。粗细基本均匀，幼嫩。果萼带幼刺，允许有少量病斑	允许有少量干疤点。允许弯曲。带果柄。粗细可不均匀，尚幼嫩
老南瓜	具本品种的基本特征，无腐烂，具商品价值	单果重：大1300～1500克，中1100～1300克，小800～1100克	果形端正。无病斑，无虫害，无机械损伤。色泽光亮，着色均匀。果柄长2厘米	果形端正或较端正。无机械损伤，瓜上可有1～2处微小干疤或白斑。色泽光亮，着色较均匀。果柄长2厘米	果形允许不够端正。瓜上允许有干疤点或白斑。色泽较光亮。带果柄

续表

作物种类	商品性状基本要求	大小规格	特级标准	一级标准	二级标准
水果黄瓜	具本品种的基本特征，无畸形，无严重损伤，无腐烂，果顶不变色转淡，具有商品价值	长度：大10～12厘米，中8～10厘米，小6～8厘米	果形端正，果直，粗细均匀。果刺完整、幼嫩。色泽鲜嫩。带花。果柄长2厘米	果形较端正，弯曲度0.5～1厘米，粗细均匀。带刺，果刺幼嫩。果刺允许有少量不完整。色泽鲜嫩。可有1～2处微小疵点。带花。果柄长2厘米	果形一般。刺瘤允许不完整。色泽一般。可有干疤或少量虫眼。允许弯曲，粗细不太均匀。允许不带花。大部分带果柄

第三章　有机蔬菜反季节栽培的合理施肥技术

第一节　反季节有机蔬菜的需肥特点

反季节有机蔬菜的种类、品种繁多，生长特性、食用部位各异，对肥料的要求也各不相同。

一、反季节有机蔬菜吸收养分的特性

（一）反季节有机蔬菜种类不同，对氮、磷、钾等营养元素吸收量不同

果菜类蔬菜以磷、钾肥为主，叶菜类蔬菜以氮吸收量较多，吸收磷、钾次之。生长期长短不同，需肥量不同，一般生长期长、产量高的反季节有机蔬菜对肥料吸收量大，生长期短的反季节有机蔬菜需肥量较少，但在单位时间内吸收肥料多。

（二）反季节有机蔬菜的根系入土深浅不同，对肥效期长短要求不同

生长期长、根系入土深、吸收能力强的蔬菜，如冬瓜、南瓜等，要求肥效释放期长的肥料；根系较浅、吸收能力弱的反季节有机蔬菜，如速生叶类菜，要求肥效释放较快的肥料。

（三）反季节有机蔬菜生育期不同，对肥料的要求不同

发芽期主要利用种子中储藏的养分，不必施用肥料；幼苗期根系少，吸收量小，应施用营养全面、肥效释放较快的肥料；结果期及叶类菜结球期对各种营养元素吸收量大，需要充足的肥料，满足结果、果实膨大及结球的需要。

二、不同反季节有机蔬菜对主要营养元素的吸收特点

（一）茄果类反季节有机蔬菜

茄果类蔬菜需肥较多，吸收主要肥料元素的比例是钾＞氮＞钙＞磷＞镁，如果钾氮比低于1.8，番茄和辣椒的青枯病等病害发病率将上升。茄果类蔬菜生长期较长，食用部分为果实，苗期需氮较多，需磷、钾较少，开花结果期需磷、钾较多，因此这类蔬菜要求施用肥效长的肥料，特别要重视施用钾肥，控制氮肥的施用量。

（二）瓜类有机反季节蔬菜

瓜类蔬菜吸收肥料元素的比例是钾＞氮＞磷。黄瓜的根系浅，结果期长，对土壤养分的吸收能力弱，不能施用浓度过高的肥料，应施用营养全面、肥效期长的肥料；南瓜、冬瓜等其他瓜类根系较深，耐肥力较强，要求施用肥效较长，氮、磷、钾的比例适当的肥料。如果氮肥施用过多，不仅会导致营养生长过旺，还会导致瓜类蔬菜落花、落果、枯萎病等病害的发生。

（三）豆类有机反季节蔬菜

豆类蔬菜吸收肥料元素的比例是氮＞钾＞磷。豆类蔬菜根系强大，分布深而广，吸收能力强，根上可形成根瘤菌，可固定利用空气中的氮。蔓生菜豆、豇豆生长发育比较缓慢，大量吸收养分的时间开始也较迟，从嫩荚伸长起才开始大量吸收营养，生长后期仍需吸收大量的氮肥，因此，应注意施用肥效较长的肥料，以保证生长发育后期肥料的供应，防止早衰，延长结果期。

（四）根菜类有机反季节蔬菜

根菜类蔬菜吸收肥料元素的比例是氮＞钾＞磷。根菜类蔬菜的生长盛期在收获前的30～60天，所以，生长初期和中期营养水平

很重要。后期主要是促进植物体内积累的物质向根部运转，促使根部迅速膨大。根菜类蔬菜在不同生长期对营养元素的吸收能力不同，以肉质根开始膨大及膨大盛期吸收量最大，幼苗期和莲座期需氮比磷、钾多，肉质根膨大盛期磷、钾需要量增多，尤其以钾最多。所以，根菜类蔬菜施肥应注意长效肥料与速效肥料相结合施用。

(五）叶菜类有机反季节蔬菜

叶菜类蔬菜的根系较浅，生长迅速，且种植密度很大，因此，其对肥水条件的要求往往很高。它的营养特性是氮素充足时，叶片柔嫩多汁而纤维少；氮素不足时，植株矮小且纤维多，不仅叶面积小，而且色黄、粗糙，失去食用价值。例如白菜类蔬菜一般都有很大的叶面积。由于这类蔬菜是靠增加叶片数量和叶面积来提高产量，因此，在其生产中，供给充足的氮素尤为重要。如结球白菜在结球期间氮素供应不足，就会对产量和品质产生极大的不良影响。实践证明，保证全生长期供应充足的氮素是结球白菜丰收的关键。氮素供应不足时，结球白菜表现为植株矮小，叶片小，茎基部叶片易枯黄脱落，组织粗硬；氮素供应过多时，则组织含水高，不耐储存，且易遭受病害。结球白菜生长后期磷、钾供应不足时，往往不易结球。

第二节　反季节有机蔬菜施肥现状及存在的问题

一、反季节有机蔬菜施肥现状

目前反季节有机蔬菜生产中施用的有机肥包括八类。一是粪尿肥类，包括人粪尿、家畜粪尿、禽粪。二是堆沤肥类，包括堆肥、沤肥、秸秆还田及沼气肥等。三是绿肥类，按来源分为野生绿肥和栽培绿肥；按植物学分为豆科绿肥和非豆科绿肥；按栽培季节分为早春绿肥、夏季绿肥和冬季绿肥；按生长年限分为一年生绿肥和多年生绿肥；按栽培方式分为单作绿肥、套作绿肥、混播绿肥和插种绿肥等；按用途和利用方式分为专用绿肥（稻田绿肥、棉田绿肥、桑果茶园绿肥）、兼用绿肥（粮肥兼用、菜肥兼用等）。四是饼肥类，包括大豆饼、花生饼、菜籽饼和茶籽饼等。五是泥炭类，又称草炭，含有较多的腐殖酸，可用于制造腐殖酸铵、硝基腐殖酸铵、腐殖酸钠等腐殖酸肥料。六是泥土类，包括塘泥、湖泥、河泥、老墙土、熏土、坑土。七是城镇废弃物类，包括生活污水、工业污水、屠宰场废弃物、垃圾和各种有机废弃物等。八是杂肥类，包括皮屑、蹄角、海肥、蚕粪等。

目前的反季节有机蔬菜生产过程中，在实际施肥时，一般都是结合蔬菜的生长期、收获位置等进行判定，将处于腐熟状态的有机肥，在创建大棚一个月前当作基肥施加到种植蔬菜的位置，以后逐步对土壤实施深耕，使耕作层的厚度增加，让肥料充分融入到土壤中，以使土壤更加适合蔬菜的生长。

二、存在问题

（一）施用未腐熟的有机肥

施用农家肥、有机肥的时候对肥料不沤制、不腐熟、不掺混、施生肥，会造成诸多方面危害。例如用生鸡粪作为基肥，烧苗率为50％～60％，作追肥烧秧率为30％～40％，烧棵死苗率在25％左右。

1. 未腐熟的有机肥释放有毒有害气体

未经发酵腐熟的生鸡粪等农家肥施入封闭的棚田土壤后，在发酵分解过程中，释放出大量二氧化硫、氨气等有害气体，这些有害气体在相对封闭的环境中越聚越多，不仅污染环境，严重的会把菜秧叶片熏坏，造成落花落果，减产减收。

2. 未腐熟的有机肥带菌多

施用未腐熟的有机肥容易使蔬菜感染病害。由于农家肥中有许多蔬菜等作物的病残体，若未经沤制发酵消毒就施入棚内，会导致菌核病、各种根腐病、疫病、枯黄萎病等多种土传病害的严重发生。

3. 未腐熟的有机肥中带有虫害

反季节有机蔬菜生产中发生虫害的部分原因是由于使用了未经沤制发酵的有机肥，其中带有线虫、螨类等多种害虫和虫卵，将这些有机肥施入棚内，势必会使棚田发生多种虫害。

4. 未腐熟的有机肥肥效迟缓

未腐熟的有机肥施入棚田后，需经历腐熟发酵分解过程，肥效迟缓，导致养分供应不及时和不足，直接影响反季节蔬菜前期正常生长和前期产量的提高。

(二) 施肥不平衡

有机反季节蔬菜种植过程中大量存在偏施重施氮肥、钾肥，而忽视钙肥、镁肥、锌肥等微肥的施用现象。氮肥、钾肥使用量过多，会抑制作物对镁、锌等元素的吸收，造成蔬菜缺素症状日益加重。而有些蔬菜对镁的需要量非常大，例如西葫芦对镁肥的需要与氮肥相当，如果镁元素缺乏，直接导致下部叶片变黄，严重影响产量。黄瓜、番茄、辣椒对钙肥的需求量与氮肥相当，而如果忽视了钙肥的施用，就会导致黄瓜烂头顶和番茄、辣椒脐腐病等生理性病害，影响作物正常生长。

(三) 过量施用有机肥

有机肥养分含量低，对有机反季节蔬菜生长影响不明显，不像化肥那样容易烧苗，而且聚集在土壤中有明显的改良土壤作用。有些人会错误地认为有机肥使用越多越好，实际上过量地施用有机肥同化肥一样，也会产生危害。过量施用有机肥，导致烧苗。大量施用有机肥，导致土壤中磷、钾等养分大量积聚，造成土壤养分不平衡。大量施用有机肥，土壤中硝酸根离子积聚，致使作物硝酸盐含量超标。

第三节　反季节有机蔬菜科学施肥技术

反季节有机蔬菜生产过程中应严格按照有机产品标准 GB/T 19630.1—2011 的规定要求不得施用化学合成的肥料，为确保有机种植基地蔬菜作物的稳产高产和高品质，就应采取适宜当地条件的耕作与栽培措施补充土壤有机质和养分，保持和提高土壤肥力。

一、坚持合理轮作

一般而言，蔬菜根系发达，要求有深厚的耕层。大田蔬菜种植过程中，由于坚硬的犁底层阻碍水分的下渗，常造成土壤上层滞水，致使蔬菜根系受害。另外，由于施入土壤中的有机肥料的利用效果受到耕作方式的影响，因此可根据不同蔬菜品种的特性和季节来安排耕作方式，如可适当加大深根品种的耕作深度，而适当放浅浅根品种的耕深。坚持不同蔬菜作物进行合理轮作、复种和间套作，不但可以改变农田生态条件，改善土壤理化特性，而且可以增加生物多样性，预防和减轻病虫害的发生。在向反季节有机蔬菜转化过程中，轮作是首先要解决的问题。从土壤及植物营养学的角度看，轮作可均衡利用土壤中的营养元素，把用地和养地结合起来。如豆类作物能够固氮，既可作蔬菜（幼嫩的芽），又可作饲料，还可直接还田当肥料，是培肥地力的先锋作物，可与其他需肥量较多的蔬菜间种或倒茬。而块根、块茎类作物多为垄作，喜疏松土壤，刨收后能使土壤疏松熟化，是许多蔬菜的好前茬。在蔬菜的组配中必须考虑植株高矮、根系深浅、生长期长短、生长速度快慢、喜光耐阴因素的互补性，选择能充分利用地上空间、地下各个土层和营养元素的作物间套作。不同的蔬菜品种，其根系对土壤不同层次养分的利用也不同，例如南瓜、西瓜、牛蒡、山药等可利用较深层次的养分，大白菜、萝卜、番茄、青椒等可利用较浅层次的养分，黄瓜、大蒜、菠菜、小白菜可利用的层次就更浅些。另外，不同的蔬菜品种，其对土壤中不同养分的需求利用也不同，如在轮作中安排一些芥菜、豌豆等，能吸收利用一般蔬菜所不能利用的磷、钾营养状态。另外，还可充分利用豆科植物的固氮特性，在轮作计划中安排一季豆科蔬菜。

此外，在蔬菜的组配中还必须注意种间的生化互感作用。蔬菜在生长过程中，根系常向土壤中排出一些分泌物，如氨基酸、矿物质、中间代谢产物及代谢的最终产物等。由于不同种类蔬菜的根系分泌物存在差异，对蔬菜的作用效果也不同，因而注意蔬菜间的生化互感效应，尽量做到趋利避害。

二、科学耕作灌溉

耕作层普遍较浅是新改造和垦殖有机菜田土壤的一个问题，这必然会影响到蔬菜根系的生长发育，造成蔬菜发棵差以及早衰的不良后果，且由于耕作层浅，土壤营养库及储水库容积受到限制，供肥能力和抗灾能力降低。应逐年加深耕作层，直至 20 厘米以上，在增施有机肥条件下可隔年进行一次深秋翻，加速土壤的熟化，消灭旱地的犁底层，当然耕作次数及深度还应因地制宜，对土层较浅的漏水漏肥地宜深耕，对肥力较高且土壤疏松的菜田宜少耕，以减少水土流失和养分淋失。同时，在灌溉时要保证与肥料施用的肥水同步和肥料施用后最佳效果期的肥水同步，充分发挥肥水交互效应。

三、按照蔬菜品种特性施肥

不同的蔬菜品种对不同养分的需求不同，在安排施肥时，含氮比例高、肥效较快的有机肥料如腐熟的沼液等应优先安排给叶菜类，而含钾较丰富的有机肥料如窑灰、草木灰等应优先安排给生长后期仍对钾需求较多的茄果类。作物在不同生长时期的需肥特性也有不同，如苗期为培育壮苗，苗床应施用含磷高的肥料；基肥一般施用养分全面、肥效稳定的肥料，但对生育期短的品种而言，还应加一些速效肥料；进入旺盛生长阶段，一般施用速效肥料，但也应有所区别，有的施用含氮高的肥料即可，有的还需要补充一定的钾养分。

四、按照肥料品种特性施肥

有机肥料是指含有丰富有机质的肥料，大多数是由动植物残体、动物排泄物为原料堆积制成的，所以又称农家肥料。有机肥料含有丰富的有机物和各种营养元素，具有数量大、来源广、养分全面等优点，也同时存在脏、臭、不卫生，养分含量低、肥效慢、使用不方便等缺点，因此了解常见有机肥料的特性及无害化处理方法对于反季节有机蔬菜科学施肥至关重要。常见有机肥料的品种特性如下。

1. 人粪尿

(1) 人粪尿的成分和性质　人粪尿是一种以氮为主的速效有机肥。有机物约占20%，主要是纤维素、脂肪酸、氨基酸和酶类等，还含有少量吲哚、硫化氢、丁酸等臭味物质；约5%的灰分，主要是钙、镁、钾、钠等；70%～80%的水分。通常含氮较多，而磷、钾较少，常可用作速效氮肥。人粪尿须腐熟后，或与厩肥、秸秆等一起堆制成堆肥，然后作基肥施用。

(2) 人粪尿的储存　人粪尿的储存过程就是人粪尿的发酵腐熟过程。人粪尿腐熟，尿液夏季2～3天，冬季10天，由清亮变浑浊，由黄褐色变成暗绿色；人粪尿混存，夏季1周，冬季10～20天，以烂浆状流体或半流体为准。储存要求是减少氨的挥发和肥分渗漏，既要卫生又要保肥。主要方法有水储法和干储法。水储法是添加3%～5%过磷酸钙或石膏等保氮剂或者添加泥炭、干细土等吸收剂，以防止氨的挥发损失，也可在建储粪池时遮阴加盖，防止日晒雨淋，避免氨的挥发。干储法是添加干细土或草炭、风化煤等吸收剂，均可防止氨的挥发损失。人尿单存尿量大、成分简单、腐熟快、无病菌、无虫卵等。

(3) 人粪尿的无害化处理　新鲜人粪尿中常含有多种寄生虫卵、病菌和病毒，是痢疾、伤寒、肝炎和血吸虫病等多种疾病的主要传染源，必须经无害化处理。无害化处理即是杀死粪便中的寄生虫卵、病菌和病毒的过程，可防止蚊蝇滋生，防止污染环境、水源和土壤，促进腐熟，防止养分损失，提高肥效。

(4) 人粪尿的施用　人粪尿对一般作物均有良好的效果，施用前应进行无害化处理，以免污染环境和产品。不能与碱性肥料（草木灰、石灰）混用；每次用量不宜过多；旱地应加水稀释，施用后覆土；水田应结合耕田，浅水匀泼，以免挥发、流失和使作物徒长。由于人粪尿中含有大量的盐分，不宜过多施于烟草、马铃薯、甘薯、甜菜、瓜果、生姜等忌氯作物上，以免影响品质。此外，应注意不应在叶菜类、块茎类和块根类蔬菜上施用。人粪尿可作基肥和追肥施用，作基肥时用量一般为 7500～15000 千克/公顷，人粪尿因磷、钾含量低，施用时应注意配合其他有机肥。作追肥时，因人粪尿中含无机盐类较多，施用前必须加水稀释，尤其在幼苗期施用，应增加稀释倍数。此外，腐熟的人尿可作速效氮肥施用，还可用于浸种等，用新鲜人尿浸种可使幼苗健壮、根系发达，有增产效果。

2. 畜禽粪尿

随着我国畜禽养殖业的迅速发展，畜禽粪便排放不断增加，农业面源污染及环境治理的压力也日益加剧，加强畜禽粪便的管理和资源化利用是解决畜禽粪便污染的主要手段，也是发展有机种植业有机肥料的主要来源。

(1) 畜禽粪尿的性质与成分

① 家畜粪　其中，骡马粪、羊粪分解快，发热量高，为热性肥料；牛粪、猪粪分解慢，发热量低，为凉性肥料。家畜粪成分复杂，主要有纤维素、半纤维素、木质素、蛋白质、氨基酸、脂肪类、有机酸、酶和无机盐类，有机质含量高，为 15%～30%。其中氮素大部分呈有机态，须经缓慢分解后才能被作物吸收，属于迟效肥料。但腐熟后，形成的腐殖质多，阳离子交换量大，改土效果好。畜粪中的磷素，一部分呈有机态，另一部分是无机磷酸盐，两者与其他物质共同存在，可以减少被土壤所固定，肥效较高，畜粪中所含钾素，大部分是水溶性的，肥效也较高。

② 家畜尿　家畜尿成分简单，主要有尿素、尿酸、马尿酸及钾、钠、钙、镁等无机盐类，含有较多的水溶性氮，主要形态为尿素、马尿酸及尿素态氮。马尿、羊尿主要为尿素态氮，而猪尿、牛尿含尿素态氮较少，牛尿含马尿酸较多，分解较慢，必须充分腐熟后才能施用，猪尿含有多种形态的氮素，分解速度居中，肥效比牛

尿快，且含有较多的磷素。畜尿含钾量比畜粪高，钾的形态为碳酸钾和有机酸钾，呈碱性反应，能溶于水，易被作物吸收利用。

③ 家禽粪　家禽粪的各种养分含量均比家畜粪尿高，家禽粪中氮素主要为尿酸盐，分解快，发热量高，属于热性肥料，但必须经腐熟后才可施用，以免烧伤作物。

(2) 畜禽粪尿的积存方法

① 垫圈法　在畜禽舍内垫上大量的秸秆、杂草、泥炭、细土等，既吸收尿液、保存肥分，又有利于畜禽舍的卫生和保暖。

② 冲圈法　适宜于集约化饲养的畜群，畜舍内地面用水泥或砖砌成，并向一侧倾斜，以利于尿液流入舍外所设的粪池，每日用水冲洗畜舍，让粪尿流入沤粪池泡沤，制成水粪施用。

(3) 畜禽粪尿的施用　畜禽粪尿的施用方法与人粪尿相似，畜尿宜作追肥，畜禽粪宜作基肥，但必须经过腐熟后才可施用，而且施用时必须依据土壤质地和作物种类而定。对黏重土壤和生育期较短的作物，应选择腐熟度较高的粪肥；而对沙质土壤和生育期较长的作物，则可施用腐熟度较低的厩肥。猪粪和猪厩肥为中性肥料，适用于各种土壤和作物。牛粪和牛厩肥属冷性肥料，有利于改良有机质少的轻质土壤。马粪和马厩肥属热性肥料，可用于改良质地黏重土壤。羊粪和羊厩肥属热性肥料，是优质有机肥，适用于各种土壤和作物。

3. 堆肥

(1) 堆肥制造的影响因素

① 水分　水分是微生物活动的必要条件，堆肥的适宜含水量一般为原材料的 60%～75%，水分的过多或过少均不利于堆肥的熟化，一般堆肥腐熟不好，多数是由于堆制过程中，堆肥温度升高，水分大量蒸发，没有及时补充所致。

② 温度　多数微生物适宜的温度为 20～40℃，而纤维素分解细菌的适宜温度为 50～60℃，为此，在堆积初期可在堆肥材料中加入马粪、羊粪、禽粪等热性肥料，以便提高纤维分解细菌的活力，促进纤维素的分解。

③ 通气　通气状况直接影响堆内微生物的活动，通气好，有机质分解快，养分损失大，腐殖质积累少；反之，通气差，有机质分解缓慢，养分损失少，腐殖质积累多，为此在堆积初期应以通气为主，后期应以嫌气为主。

④ 碳氮比　微生物的繁殖和活动，需要一定数量的碳水化合物作为能量来源，也需要一定的氮素营养构成自己的躯体，其对碳氮的吸收是按比例进行的，其碳氮比为25∶1，然而，禾本科茎秆的碳氮比为（60～100）∶1，不利于微生物的活动，通常是加入适量的人畜粪尿，也可配合用些碳氮比较小的材料如豆科绿肥等来调节碳氮比，使碳氮比在（40～50）∶1比较适宜。

⑤ pH值　多数微生物活动的适宜pH值为6.8～7.6，过酸或过碱均不利于微生物的生存，因此，应添加2%～3%的石灰或草木灰等碱性物质，中和微生物分解过程中产生的有机酸，调节堆肥的酸碱度，以利于分解腐熟。

（2）堆肥腐熟程度的检查标准　堆肥腐熟的好坏，是鉴别堆肥质量的一个综合指标。可以根据其颜色、气味、秸秆硬度、堆肥浸出液、堆肥体积、碳氮比及腐殖化系数（指单位质量的植物性物质经分解后残留的有机质数量）来判断。一是从颜色、气味看。腐熟堆肥的秸秆变成褐色或黑褐色，有黑色汁液，具有氨臭味，用铵试剂速测，其铵态氮含量显著增加。二是看秸秆硬度。用手握堆肥，湿时柔软而有弹性；干时很脆，易破碎，有机质失去弹性。三是看堆肥浸出液。取腐熟堆肥，加清水搅拌后，其浸出液呈淡黄色。四是看堆肥体积，比刚堆时缩小1/2～2/3。五是看碳氮比，一般为（20～30）∶1。六是看腐殖化系数，在30%左右。

（3）堆肥的施用　堆肥是一种含有机质和各种营养物质的完全肥料，长期施用堆肥可以起到培肥改土的作用。蔬菜作物由于生长期短，需肥快，应施用腐熟堆肥。在不同土壤上施用堆肥的方法也不相同，黏重土壤应施用腐熟的堆肥，沙质土壤则施用中等腐熟的堆肥（或半腐熟的堆肥）。堆肥一般用作基肥施用，可结合翻地时施入，并与土壤充分混匀，做到土肥相融。

4. 沤肥

沤肥是南方重要的积肥方式，各地叫法不一。在湖北、广西称为挡肥，在湖南称为函肥，在江西、安徽称为窖肥等，其材料与堆肥差异不大。与堆肥不同的是，沤肥是在淹水条件下，由微生物进行厌气分解，所以堆制场地、技术条件、分解和腐熟过程有所不同。

(1) 沤肥的沤制场地　一般在距水源近的场地，如田头地角、村边住宅旁，挖坑1米深，放入沤制材料灌粪水、污水。

(2) 沤肥的沤制条件

① 浅水沤制　保持4～6厘米浅水，有机物处于低温厌气条件下分解，如果水层太深，温度低，不易分解。坑内更不应时干时湿，易生成硝态氮而遭受淋洗或反硝化脱氮。

② 材料合理配比　因在厌气条件下分解，材料碳氮比适宜容易分解。如果碳氮比大，对于秸秆、杂草等应加入适量人粪尿或化学氮肥，pH值为6～7。

③ 定期翻堆　每半个月翻一次，主要使上下物料受热一致，分解均匀。

(3) 沤肥的分解和腐熟过程　沤肥是在淹水厌气条件下，由厌气微生物群落为主进行矿物质化和腐殖质化的过程，温度变化比较平稳，一般为10～20℃，pH值变化也平稳，pH值为6.0～7.0，氧化还原电位在60mV左右，分解和腐熟时间较堆肥长，腐殖质累积多，养分损失少。

(4) 沤肥的沤制方法　沤肥因地区、材料不同而制法不同。现以草塘泥为例，说明沤肥的制法。草塘泥的沤制材料以塘泥为主，搭配稻草、绿肥和猪厩肥，塘泥占65%～70%，稻草占2%～3%，豆科绿肥占10%～15%，猪厩肥占20%左右，有时也可加入脱谷场上的有机废弃物等。具体制法是在冬、春季节取河塘泥，拌入切成0.2～0.3米长的稻草，堆放在田边或河边，风化一段时间。在田边、地角挖塘，塘的大小和深度根据需要而定，挖出的泥做成塘埂，增大塘的容积，并防止肥液外流或雨水流入。塘底及土埂要夯实防漏。经风化的稻草、河泥按比例加入绿肥或猪厩肥等材料，于3～4月间运到塘中沤制，混合物上要保持浅水层。经过1～2个月后，当塘的水层由浅色变成红棕色并有臭味时，说明沤制的肥料已经腐熟，即可以施用。

(5) 沤肥的成分、性质和施用　腐熟的沤肥，颜色黑绿，质地松软，有臭气，肥效持久。沤肥的养分含量因材料种类和配比不同，变幅较大，用绿肥沤制比草皮沤制的养分含量高。沤肥大都用作基肥，也可同速效肥料混合，作追肥施用。沤肥多用于水田（水生蔬菜等）作基肥，每亩（667平方米）用量2500～4000千克，最好随挑、随翻耕、随灌水避免养分损失，也可在旱地施用。

5. 饼肥

饼肥又称油饼或油枯，是油料作物的种子经榨油后剩下的残渣。一般呈饼状。饼肥的种类很多，其中主要的有豆饼、菜籽饼、麻籽饼、棉籽饼、花生饼、桐籽饼、茶籽饼等。

(1) 饼肥的成分和性质　饼肥富含氮、磷、钾，但不同饼肥的养分含量不尽相同。饼肥中的氮、磷多呈有机态。氮以蛋白质形态为主，磷以植素、卵磷脂为主，钾大都是水溶性的，用热水浸提可提取油饼中96％以上的钾。此外，饼肥含有一定的油脂和脂肪酸化合物，吸水较慢。所以饼肥是一种迟效性有机肥，必须经过微生物的发酵分解后，才能更好地发挥肥效。

(2) 饼肥的施用　饼肥是一种养分丰富的有机肥料，含氮较多，含磷、钾较少。可直接作肥料施用。由于大多含有优质的蛋白质和油脂，也是良好的饲料。最好是先以油饼作饲料喂家畜，再以家畜粪尿作肥料，比直接施用更为经济。有些饼肥含有毒物质，不宜作饲料。如茶籽饼含有13.8％的皂素，在工业上可作为洗涤剂和农药的湿润剂，应先提取皂素后再作肥料。饼肥肥效高而持久，可作基肥和追肥，适用于各种土壤和作物，一般多施在蔬菜、花卉、果树等附加值高的园艺作物上。饼肥可与堆肥、厩肥混合后作基肥，也可单独作追肥。

6. 沼气肥

（1）沼气肥的成分和性质　沼气肥是在密封的沼气池中，有机物腐解产生沼气后的副产物，包括沼气液和残渣。沼气肥除了含有丰富的氮、磷、钾等大量元素外，还含有对蔬菜生长起重要作用的硼、铜、铁、锰、钙、锌等微量元素，以及大量有机质、多种氨基酸和维生素等。它具有原料来源广、成本低、养分全、肥效长等特点。有机菜园施用沼肥，能满足蔬菜生长所需养分，且养分容易被吸收利用，还可增加土壤中的有机质，连年使用能改善土壤结构，提高土壤的保水保肥抗旱能力，增强抗逆性，使病虫害明显减少，减轻病虫害防治压力，不但提高了蔬菜产量，降低了生产成本，而且蔬菜品质也大大提高。

（2）沼气肥的施用　沼气发酵池的残渣和发酵液可分别施用，也可混合施用，作基肥和追肥均可，发酵液适宜作追肥。二者混合物作基肥时，每亩用量 1600 千克，作追肥时每亩 1200 千克，发酵液作追肥时每亩用量 2000 千克。沼气肥应深施覆土，不宜浅施，更不要施于地表，深施 6～10 厘米效果最好。沼气肥的肥效优于沤肥，除提供养分外，还有明显的培肥改土效果。在施肥量相同的条件下，深施比浅施可增产 10%～12%，比地表施增产 20%。实践证明，在栽培条件相同的情况下，施用沼气肥的蔬菜作物比施用普通粪肥增产幅度在 10%以上，而且还可减少病虫害的发生，蔬菜无污染，此项施肥技术可以大力推广应用。

沼气肥是养分齐全、迟效与速效结合的优质复合肥料，不能误认为烧了沼气，沼气肥就不肥了，因而不施沼气肥或滥施沼气肥。在施用上，要注意以下几点。

① 出池后不要立即施用，沼气肥的还原性强，出池后若立即施用，会与作物争夺土壤中的氧气，影响种子发芽和根系发育，导致作物叶片发黄、凋萎，因此，沼气肥出池后，一般先在储粪池中存放 5～7 天后施用。

② 沼液不能直接追施，沼液不兑水直接施在作物上，尤其是用来追施幼苗，会使作物出现灼伤现象，作追肥时，要先兑水，一

般兑水量为沼液的一半。

③ 不要表土撒施，提倡深施，施后覆土，水田应开沟深施使泥肥混合，旱作可用沟施或穴施，以防肥效损失。

④ 不要过量施用，施用沼肥的量不能太多，一般要少于普通猪粪肥，若盲目大量施用，会导致作物徒长，行间荫蔽，造成减产。

⑤ 不能与草木灰、碳酸钙镁、石灰等碱性肥料混施，否则会造成氮肥的损失，降低肥效。

7. 绿肥

凡是利用植物的绿色体作为肥料的，均称为绿肥。

(1) 绿肥的施用方式

① 直接翻耕　绿肥直接翻耕以作基肥为主，间、套种的绿肥也可就地掩埋作为主作物的追肥。翻耕前最好将绿肥切短，稍经曝晒，让其萎蔫，然后翻耕。先将绿肥茎叶切成10～20厘米长，然后撒在地面或施在沟里，随后翻耕入土壤中，一般入土10～20厘米深，沙质土可深些，黏质土可浅些。

② 堆沤后施用　堆沤可加速绿肥分解，提高其肥效，可把绿肥作为堆沤肥原料，既可避免碳氮比值小的易分解绿肥在分解初期有效氮骤增而使作物疯长，又可防止绿肥分解中产生有害物质的为害。

③ 过腹还田　绿肥也可先作饲料，然后利用家畜、家禽、家鱼的排泄物作肥料，这种绿肥“过腹还田”的利用方式，是提高绿肥经济效益的有效途径，绿肥牧草还可用于青饲料储存或调制成干草、干草粉。

(2) 绿肥的收割与翻耕适期　多年生绿肥作物一年可割几次，翻耕适期应掌握在鲜草产量最高和肥分含量最高时进行。过早，虽易腐烂，但产量低，肥分总量也低；过迟，腐烂分解困难。一般豆科绿肥植株适宜的翻压时间为盛花期至谢花期，禾本科绿肥植株最好在抽穗期翻压，十字花科绿肥植株最好在上花下荚期翻压。间、套种绿肥作物的翻压时期，应与后茬作物需肥规律相吻合。

（3）绿肥的翻埋深度与施肥量　绿肥分解主要靠微生物活动。因此耕翻深度应考虑微生物在土壤中旺盛活动的范围，一般以耕翻入土 10～20 厘米较好，旱地 15 厘米，水田 10～15 厘米，盖土要严，翻后耙匀，并在后茬作物播种前 15～30 天进行。还应考虑气候、土壤、绿肥品种及其组织老嫩程度等因素。土壤水分较少、质地较轻、气温较低、植株较嫩时，耕翻宜深；反之则宜浅些。决定绿肥施用量时要综合考虑作物产量、作物种类品种耐肥性、绿肥含肥分量和土壤肥力等因素。一般每亩施 1000～1500 千克鲜苗基本能满足作物的需要，施用量过大，可能造成作物后期贪青迟熟。

第四章　有机蔬菜反季节生产的病虫草害防治

有机蔬菜反季节生产中，由于大棚内温度高、湿度大，有些种类的病虫草害仍然发生较重。为了追求经济效益，少数菜农就会施用有毒农药，或在运输过程中使用保鲜剂，导致蔬菜不安全。为进一步提高蔬菜的安全性和品质、降低农药的使用量，必须加强物理和生物防治措施，减少病虫草害的发生，同时，适量施用生物农药，进一步加强绿色防控体系，保证有机反季节蔬菜食用安全。

第一节　反季节有机蔬菜病虫草害防治原则

反季节有机蔬菜病虫草害防治就是采取各种有效措施，使病虫草害可能造成的损失低于经济损害水平，力求防治费用最低、经济效益最大、可能产生的对植物和环境的不良影响最小，既有效地预防或控制有害生物的发生与发展，实现高产、稳产和增收的目的，又能保障农业生态系统安全。

“预防为主，综合防治”是反季节有机蔬菜种植过程中病虫草害防治的基本原则。预防为主就是在病虫草害发生之前或初发阶段采取措施，严格控制其发生程度以及可能造成的损失。综合防治就是从农业生产全局和农业生态系统的总体观点出发，以预防为主，充分利用各种手段（因素），创造不利于病虫草害发生而有利于作物及有益生物生长繁殖的环境条件。同时，在建立单项防治措施的基础上，因地、因时、因病虫草害制宜地综合运用各种必要措施，协调起来，取长补短地发挥各项措施的积极作用。并且按照经济、安全、有效的原则对有害生物进行综合控制，达到农业生产的可持续发展。

对具体的病害、虫害和草害防治提出的原则，就是要根据具体的病害、虫害和草害的发生与发展规律来考虑，找出薄弱环节，采取相应措施。

一、病害防治的原则

（一）非侵染性病害

蔬菜非侵染性病害（生理性病害）是由不良环境条件影响引起的。因此，防治措施提出的原则是消除或降低不良环境条件的影响，或增强蔬菜对不良环境条件的抵抗能力。

（二）侵染性病害

蔬菜侵染性病害是蔬菜在一定环境条件下受病原物侵染而发生的。防治原则主要考虑：培育和选用抗病品种，或提高蔬菜对病害的抵抗力；防止新的病原物传入；对本地的病原物消灭其越冬来源，或切断其传播途径，或防止其侵入和扩展；通过科学合理的栽培管理创造一个有利于蔬菜生长发育而不利于病原物生长发育和扩散的环境条件。

二、虫害防治的原则

一种害虫的大量发生和严重为害，一定要有大量害虫来源，有适宜的寄主和适合的环境条件。制定害虫防治措施的原则是防止外来新害虫的侵入，对本地害虫或压低虫源基数，或采取有效措施把害虫消灭于严重为害之前；培育和种植抗虫品种，调节蔬菜生育期以躲避害虫为害盛期；改善菜田生态系统和改变菜田生物群落，恶化害虫的生活环境。

三、草害防治的原则

菜田营养丰富，肥水充足，有些蔬菜苗期生长缓慢，地面裸露时间较长，极易滋生杂草，生产上多以化学除草方法消灭杂草。但有机蔬菜的生产过程中禁止使用任何除草剂。因此，除草应以农业方法和物理方法为主，如播种或移栽前，通过改善土壤湿度，创造有利于杂草快速萌发的条件，使杂草在较短时间内萌发，结合整地消灭杂草；田间使用有色地膜覆盖，不利于杂草种子萌发；蔬菜生长过程中及时拔除杂草，或结合中耕消灭杂草。

第二节　反季节有机蔬菜病虫草害防治现状及存在的问题

一、反季节有机蔬菜病虫草害防治现状

由于反季节有机蔬菜多采用设施栽培，周年生产、多年连作，病虫草害越冬难度低，种群数量逐年积累，加之冬、春季节设施环境低温、高湿和寡照的特点，一方面为病虫草的生长、增殖和传播创造了有利条件，另一方面却不利于蔬菜作物生长，导致蔬菜生长势弱、抗性差。所以有机反季节蔬菜病虫草害发生日趋严重和复杂，已成为制约反季节有机蔬菜产业发展的瓶颈。

当前我国反季节有机蔬菜生产者整体上技术水平还不高，对蔬菜病虫草害发生规律、病虫草害与环境和蔬菜生长状况的关系以及农药作用机理和科学使用等相关知识了解不多，因此不科学防治病虫草害的现象屡见不鲜，不仅未达到预期防治目标，还浪费人力、物力和财力，并导致环境和产品污染，使病虫草害防治陷入越治越重的恶性循环。

二、反季节有机蔬菜病虫草害防治存在的问题

（一）病虫草害识别和诊断水平有待提高

准确诊断蔬菜病虫草害是科学防治的先决条件。由于有机反季节蔬菜生产环境错综复杂，蔬菜不同品种和生育期的抗性千差万别，有的病菌生理小种多样，所以蔬菜病虫草害症状也各不相同，同种病虫草害在不同蔬菜品种、不同生育期或不同环境条件下可能迥然有异，而不同病虫草害在某些时候也可能会表现出相似症状，给蔬菜病虫草害准确诊断带来一定难度。

对于有经验的生产者来说，常见病虫草害的典型症状一般都能正确识别，但对于某些病虫草害初期症状的诊断往往似是而非。而生产上对蔬菜病虫草害早期症状的准确诊断往往更为重要，因为只有及早防治，才能达到事半功倍的效果。一旦到了病虫草害盛发期，错过最佳防治时期，不仅增加防治成本和难度，也难以取得应有的防治效果。

（二）对病虫草害重视治，忽视防

由于许多反季节有机蔬菜生产者对蔬菜病虫草害防治基础知识了解不深，没有意识到“预防”在病虫草害防治中的重要地位，等到病虫草害严重发生时才进行防治，很难收到满意效果。

病虫草害预防在反季节有机蔬菜病虫草害防治体系中起到举足轻重的作用。例如，系统性侵染病害、土传病害和某些种传的病害（如枯萎病和某些病毒病），只有在定植前，甚至是播种之前就预防，才有可能取得良好效果。如果种苗带病或定植地块病原物大量积累，一旦发病基本上没有什么好的防治措施，甚至有些病虫草害当前也没有什么特效药（如病毒病）。某些低温高湿环境易发病害（如灰霉病、晚疫病等），如不在连续阴天前采取预防措施，连续阴天期间一旦发病就很难防治。

（三）重视侵染性病虫草害，忽视生理性病害

由于反季节有机蔬菜多为大棚、日光温室等设施栽培，环境条件不适合蔬菜生长的情况司空见惯，加上长期连作，导致土壤盐渍

化和营养失衡等原因，蔬菜生理性病害时有发生。一般说来，侵染性病害尚能够为生产者所重视，而生理性病害往往易被人忽视。而实际上不少生理性病害的为害程度比一些侵染性病虫草害还要严重得多，而且有些生理性病害造成的为害是不可逆，甚至是无法挽救的。

(四) 重视生物农药防治，忽视综合治理

反季节有机蔬菜生产中当前存在两个极端：一个是过度依赖生物农药；另一个则是形式上完全排斥生物农药。不可否认，生物农药在反季节有机蔬菜病虫草害防治中，有时确实起着不可替代的作用，但生物农药防治也只能是蔬菜病虫草害综合治理体系中的措施之一，甚至是最后的选择。以栽培措施为中心的农业防治和以环境调控为中心的生态防治等，往往具有化学防治所不可比拟的效果和优势。在生物农药防治之前（或同时），结合及时清除病残体、加强通风透光、创造利于植株生长而不利于病菌繁殖和传播的环境条件等手段，切实贯彻实行“综合防治”的策略，比单纯生物农药防治效果更佳。

(五) 反季节有机蔬菜病虫草害防治技术不科学

主要表现在以下几个方面。第一，农药选用不对。第二，用药时期不准确，关键期未适时施药。第三，不注意合理轮换用药。长期连续使用某一种农药，导致靶标耐药性迅速产生，造成“道高一尺，魔高一丈”，越治越难和越治越重的恶性循环。第四，农药乱混乱配和随意加大用量的现象严重。第五，施药质量不过关。目前农民使用最多的施药器械仍然是背负式手动喷雾器，“跑、冒、滴、漏”现象还普遍存在，这在很大程度上影响着施药质量。同时，由于一些农民对蔬菜病虫草害的知识了解不多，找不准施药靶标，也在很大程度上降低了防治效果。

第三节　反季节有机蔬菜病虫草害防治的基本方法

反季节有机蔬菜有害生物综合治理的具体方法可因作物或有害

生物种类不同而异。总的来说，具体方法可归纳为农业防治、物理防治、生物防治和生态控制等。

一、反季节有机蔬菜病虫草害的农业防治

农业防治就是利用农业生产过程中的各种技术环节，创造有利于反季节有机蔬菜生长发育而不利于病虫草害发生和为害的条件，从而避免病虫草害的发生或减轻为害，是反季节有机蔬菜生产过程中的根本措施。由于农业防治中的许多措施本身就是丰产栽培措施，与生产过程结合得较为紧密，一般不需要额外的费用和劳力，而且其效果往往是持续的，对人和蔬菜作物是安全的，对环境不会有任何污染。因此，农业防治方法最能体现“预防为主，综合防治”的植保方针，它是综合防治的基础措施。农业防治的主要措施有以下几个。

（一）合理轮作倒茬

轮作是控制植物土传性病虫草害最有效的措施。作物多年连作，不仅会破坏土壤结构，使肥力减退，不利于作物生长，而且为病虫草害提供了丰富的食物来源和稳定的环境条件，使有害生物的种群数量得以积累，致使为害加重。相反，合理轮作，既有利于作物生长，又使那些迁移或扩散能力弱、寄主范围狭窄、环境要求特殊的有害生物因环境条件恶化而受到抑制。如地下害虫严重发生的地区，改为水旱轮作后，地下害虫的为害即可大大减轻。对于土传性病害，轮作要全面考虑，不能用病原物的寄主作物来轮作。

（二）适期播种

合理的耕作制度，适宜的播栽期、种植制度对病虫草害的发生、消长影响极为显著。在不影响作物生长的前提下将播种期提前或推后一段时间，使作物的感病期与病原菌的侵入期或与虫害的高峰期错开，可减轻病虫草害的为害程度。

（三）合理间套作、密植

按比例或条带种植，通过作物的多样性，调节土壤微生态环境，增加微生物类群或提高天敌种群数量，可以实现以益控害的作

用。种植密度也影响作物生长和有害生物发生状况，种植过稀不仅影响单位面积产量，还导致杂草生长、土壤失水板结。而过度密植又使植株光照不足，营养不良，田间湿度增高，中、下部郁蔽，不仅利于病、虫的滋生，还给田间管理和病虫草害防治带来困难，甚至导致作物倒伏。

（四）选用抗性品种、无病种子和繁殖材料

选用抗性品种、播种或移栽健康无病的种苗和无性繁殖材料，是控制植物病害的有效措施。在植物生长期间人工拔除发病植株、混杂植株和生长势差的植株，针对病毒病可采用网室种植或诱杀媒介害虫。

（五）加强水肥管理

水肥管理是农业生产中一项很重要的措施，对植物的生长发育及其抗性都有较大影响，与有害生物发生关系密切。合理施肥包含科学确定施用肥料种类、用量、比例、施肥方法和施肥时期等。现代农业多提倡使用有机肥，尤其是发酵肥料和腐熟的农家肥。合理施肥可为蔬菜提供充足的营养物质，增强蔬菜对病虫草害的抵抗能力。

（六）科学灌、排水

土壤缺水，易使土壤中盐分增多，矿质元素的移动性降低，蔬菜缺水的同时，会伴随出现缺素。但灌水过多或下雨后地里积水，不仅直接影响土壤中病原菌、害虫和杂草种子的活动和传播扩散，而且影响蔬菜根系的呼吸，并增加菜田小气候的湿度，诱发和加重病、虫害和杂草发生。

（七）搞好田园卫生

许多病原物可以在田间遗留的病株残体上越冬和越夏，搞好田园卫生可以减少病害的侵染来源。适时采取清洁田园、中耕除草、深耕灭茬、施用净粪、消灭病虫来源等措施。拔除的病株或摘除发病植株的病叶、病果等应集中妥善处理，可有效减少再次侵染菌源。如可将严重发生病虫为害的植株携出田外集中烧毁或深埋，可减少病虫草害的发生。

(八) 及时采收与合理储运

蔬菜应适时采收，此时形、色、味俱佳。采收过迟，过熟的蔬菜对病害抵抗力下降，易受软腐细菌侵染而腐烂。对于采收后准备储藏或运输的蔬菜，要适时、精细收获。选择晴天收获，以利于伤口迅速愈合。最好是预先对储藏窖进行消毒，杀死潜伏在窖壁四周的病原菌和害虫，防止储藏期间被病菌侵染和害虫为害。蔬菜在运输和储藏中，要避免碰伤、压伤。储藏要保持低温、通风、干燥的环境。如提前割两茬苜蓿头，苜蓿蟓甲幼虫因缺乏荫蔽和食料而大批死亡；提早收获大豆，可使荚内残留的大豆食心虫和豆荚螟因曝晒爬出而被天敌取食。

(九) 冬耕

冬耕不仅能改善土壤理化性状，创造适于农作物生长的环境条件，提高农作物的抗病虫能力，还可改变土壤的生态条件，恶化病原物、害虫和杂草赖以越冬的场所环境。冬耕可将土中的有害生物翻到土表，使之充分暴露在不适的气候之中，增加其死亡率。还可将部分病原物、害虫和杂草翻入土壤深层，使之不能出土而死亡。还可通过农机具杀死部分害虫，并破坏土壤越冬害虫的巢穴、蛹室，增加其死亡率。冬耕在前茬作物收获后就要抓紧进行。

二、反季节有机蔬菜病虫草害的物理防治

物理防治主要是利用热力或高能射线等抑制、钝化或杀死病原物、害虫和杂草种子，达到控制植物病虫草害的目的。物理防治主要用于处理种子、苗木和土壤等，高能射线辐射大多用于处理储藏的蔬菜。

(一) 利用热力防治病虫草害

1. 种苗热力处理

温汤浸种是用一定温度的水处理植物种子或苗木，在不影响生活力的情况下杀死其中的病原物或害虫。由于不同的植物材料对温度的敏感性不同，用于温汤浸种的温度和时间应根据不同处理对象

而定，在大量浸种处理之前一定要进行试验，以确定好安全有效的浸种温度和时间。晒种可利用高温直接杀死种子所带病菌和混杂的害虫。

2. 土壤热力处理

育苗床土壤，可用烘土、热水浇灌、土壤蒸汽消毒、地热线加温处理，消灭土壤中的病原物及害虫。播种或定植前田间杂草较多时可放火烧荒，能清除掉病残体和枯草所带的病原菌、残留的草籽和潜藏越冬的害虫。对土壤表面的病原菌、害虫、杂草种子也能消灭大部分。土壤蒸汽消毒在温室或苗床普遍使用，通常用 80～95℃蒸汽处理 30～60 分钟。经过蒸汽处理的土壤，绝大部分病原物可被杀死。盛夏季节可以用聚乙烯薄膜覆盖潮湿土壤，利用太阳能使土表温度上升至 50℃以上，持续数天至数周，可以有效降低土壤中多种病原物或害虫种群数量和致病力。

3. 高温闷棚处理

有些病原菌对高温敏感，在一定高温下短时间即可死亡。因此，在病害病情迅速发展时进行高温闷棚，即选择对蔬菜安全而又达到或超过病原物生活所需温度范围高限的温度，处理一定时间，可抑制病情发展。如棚室黄瓜发生霜霉病用 44～46℃闷棚 2 小时，可控制病情 7～10 天不发展。对于控制虫害方面，持续高温能使昆虫体内蛋白质变性失活，破坏其酶系统而使其生理功能紊乱最终导致死亡。

(二) 利用光防治病虫害

1. 灯光诱杀害虫

许多夜间活动的害虫都有趋光性，可以用灯光诱杀。使用最多的是黑光灯诱杀，可有效减少棉铃虫、甘蓝夜蛾、小地老虎等害虫数量。有些害虫也可用日光灯等其他光源诱杀。灯光诱杀需大面积连片应用，否则会造成局部地块受害加重。另外，太阳能频振式杀虫灯也能诱杀一些草蛉、姬蜂、瓢虫等害虫天敌昆虫。为减少杀伤天敌，应根据害虫和天敌的发生规律差异，针对主要防治对象害虫调节捕虫灯开启时间。

2. 日光杀虫、灭菌

阳光晒种，可杀死豌豆象、蚕豆象等害虫，也可杀灭种子表面黏附的病原菌，尤其是细菌。利用某些病菌喜弱光、怕强光的特性，在病势发展时增加光照时间、光照强度，可抑制番茄灰霉病、黄瓜黑星病的发展。

3. 遮阳网作用

夏季的强光、高温、暴雨是影响夏季蔬菜生长的最大障碍，也是诱发一些病害流行的重要条件。用遮阳网覆盖，可以有效调节和显著改善菜田生态环境，对于喜高温高湿的青枯病、绵疫病等病害有明显抑制发病的作用。遮阳网有遮光率在25%～75%的不同规格，及黑、黄、绿、银灰等多种颜色，应用时要根据需要选准规格，才能收到预期效果。利用银灰色或网孔小于昆虫的遮阳网，可以驱蚜、阻虫，减少害虫为害和虫传病毒病的发生。

（三）合理利用颜色

1. 黄板

黄色对有翅蚜和温室白粉虱有很强的引诱力，在菜田悬挂涂有黏着剂的黄板，可大量诱杀蚜虫及白粉虱，大面积连片使用可有效减轻其为害。

2. 银灰膜

蚜虫喜欢黄色却趋避银灰色，因此可在地面铺用或菜株上部挂条、拉网，可有效防治蚜害，还可降低蚜传病毒病。

3. 多功能膜

多功能膜是在制膜过程中加入特殊助剂，使之具有特殊的防病、抑虫或除草作用。

（四）人工方法防治病虫草害

1. 汰除法

对较大的种子可用汰除方法即手选清除带病菌或受害虫为害的籽粒，以及混杂的菌核、虫瘿和一些杂草种子。常用的汰除方法主要有机械汰除和相对密度汰除两种。田间初现中心病株时，立即拔除病株。杂草长出后，及时人工拔草或机械中耕除草，控制草害发生。

2. 捕杀法

当害虫发生面积不大或发生初期，或不适用其他措施时，可进行人工捕杀。根据害虫的生活习性进行捕杀，老龄地老虎幼虫为害时常把咬断的菜苗拖回土穴中，清晨可根据此现象扒土捕杀。茄株上的二十八星瓢虫可直接捕捉或振动植株使其假死掉落后收集捕杀。活动性较强的害虫可用捕捉工具捕杀，如利用胶箱捕杀黄条跳甲。

3. 诱杀法

利用害虫的某些生活习性，诱而杀之。农作物的许多虫害，其成虫具有趋黄性、趋味性和趋光性等特性，利用害虫的这些特性采取相应的方法进行诱捕，即可聚而歼之。如豌豆潜叶蝇有趋甜性，可用浓度3%的红糖液或甘薯、胡萝卜煮出液诱集；地老虎和斜纹夜蛾等成虫具有极强的趋味性，对酸、甜味很敏感，用这一特性可配制糖醋毒浆诱杀。蝼蛄喜食马粪、半熟的谷粒、炒香的饼肥和麸子，故可用毒谷、马粪毒饵、麦麸（或饼肥）毒饵诱杀。小地老虎成虫喜欢取食花蜜或发酵物，故可以用糖醋毒液或发酵物诱杀。有的害虫可利用潜所诱杀法，即利用害虫的潜伏习性和对越冬场所或栖息地的特殊要求诱杀害虫。小地老虎幼虫喜欢潜藏在泡桐树叶下，可在菜田放置些泡桐叶，诱集小地老虎幼虫并集中消灭。在菜田里插上新萎蔫的杨树把，可诱集棉铃虫、斜纹夜蛾等的成虫，并于清晨捕杀。还有的害虫可利用其对植物喜食程度不同和产卵的趋性，在菜田种植适合的植物来诱杀。如在番茄、辣椒田零星种植几棵玉米可诱集棉铃虫产卵，然后集中处理玉米以防治棉铃虫。在茄田附近种植少量马铃薯可诱集马铃薯瓢虫，然后集中消灭。

4. 隔离法

在地面、畦面覆地膜，或地面覆草，可以阻隔土中害虫潜出为害，也可阻挡土中病原物向地面扩散传播和杂草出土。如使用防虫网。夏天作物上覆盖遮阳防虫网，既可遮阴降湿，又可有效阻止成虫进入产卵和幼虫进入直接危害，切断了害虫的传播途径，从而有效地控制虫害。防虫网可防止多种害虫如小菜蛾、菜青虫、夜蛾类以及蚜虫、潜叶蝇等害虫的侵入，从而减少了农药的投入，减轻了农药对蔬菜的污染和对天敌的杀伤。

5. 人工除草

这是通过人工拔除、割刈或锄草等措施来有效防治杂草的方法，也是一种最原始、最简便的除草方法。

三、反季节有机蔬菜病虫草害的生态控制

（一）施用有机肥，以菌治菌

有机肥一般作为基肥施用（基肥一般占总施肥量的80%左右），大量的有机肥不仅能为反季节有机蔬菜生产全过程提供必需的营养成分，而且多种多样的微生物还促进了土壤中微生态的平衡，在一定程度上抑制了土传病害的发生与发展。如果将具有特殊功能的有机菌肥当作接种剂接种到土壤或有机肥中，不仅能强化土壤中有益菌群的数量，达到以菌治菌、以肥抗病的效果，而且其中具有诱导抗性的有益微生物还能增加蔬菜的抗性。

（二）应用害虫天敌，实现生态平衡

在反季节有机蔬菜生产过程中，对虫害的防治较多的是使用害虫天敌，使蔬菜生长的生态环境处于“蔬菜—害虫—天敌”的食物链中，以降低害虫的为害程度。由于有机栽培不使用化学农药，也给许多害虫天敌提供了良好的栖息环境，从而有效抑制害虫的发生。自然界中可利用的天敌资源很多。包括捕食性天敌，如捕食害虫的昆虫、蜘蛛、螨类、鸟类、鱼类、两栖类、爬虫类、哺乳类动物；寄生性天敌，如各种寄生害虫体内的昆虫和线虫等；病原性天敌，如使害虫致病的病毒、真菌、细菌和原生动物等。

（三）辅助使用矿物源杀菌剂

合理施用硫黄、石硫合剂、波尔多液等矿物源杀菌剂，能有效地构建蔬菜生产的生态平衡，是有机蔬菜生产顺利进行的又一重要保证。

四、反季节有机蔬菜病虫草害的生物防治

植物有害生物的生物防治就是利用除人以外的一种或多种生物降低有害生物的密度或活性的各种方法的总称。生物防治措施对人、其他生物和环境安全，病原物、害虫或杂草不易产生抗性，有着经常、持久地控制有害生物的效果。

生物防治可以通过农业栽培措施提高自然有益微生物种群数量来实现，也可通过人为引入生防菌来实现。经过人工筛选和改良的生防微生物可以按一般微生物的培养方法进行繁殖，制成适当的剂型用于有害生物防治。

(一) 真菌药剂

目前在生产上广泛应用的真菌有白僵菌、绿僵菌、青虫菌、赤座霉、木霉、毛壳菌、酵母菌、淡紫拟青霉、厚壁孢子轮枝菌及菌根真菌等。已成功研制并投入使用的绿僵菌复合剂，其利用虫生真菌来专一性地杀灭白蚁、蝗虫等害虫，利用青虫菌可防治菜青虫等。这些生防药剂本身对环境无害，无残留等问题。

(二) 细菌药剂

细菌药剂主要有芽孢杆菌、假单胞杆菌和巴氏杆菌等。如研究历史最长的细菌杀虫剂苏云金芽孢杆菌，它能产生一种具有杀虫作用的晶体蛋白（BT）以及其他杀虫毒素，并能寄生于昆虫体内引起虫体发病。而且该制剂对人、畜、作物和环境安全。

(三) 放线菌药剂

放线菌药剂主要有链霉菌及其变种产生的农用抗生素。如武夷霉素、井冈霉素等已广泛用于农业生产。

(四) 病毒药剂

病毒药剂包括病毒的弱毒株系、病毒的无致病力的突变菌株等。其中应用较广的是核型多角体病毒、颗粒体病毒和非闭合杆状病毒。国内外已从 250 多种农林害虫中分离出 320 多种病毒，至少有 60 多种病毒进入大田防治农林害虫的试验，约有 20 多种制成病毒杀虫剂，其中斜纹夜蛾核型多角体病毒、舞毒蛾核型多角体病

毒、棉铃虫核型多角体病毒应用效果良好。其中棉铃虫核型多角体病毒已登记注册，形成年产百吨制剂的生产线。

（五）植物源药剂

近年来，研究利用植物免疫诱导药物如壳寡糖和微生物蛋白激发子控制植物病害也取得了一定的进展，对于杂草也有相关应用。也有以草治草的技术措施，在作物种植前或在作物田间混种、间（套）种可利用草本植物（替代植物）。改裸地栽培为草地栽培或被地栽培，确保在作物生长的前期到中期田间不出现大片空白裸地而被杂草所侵占，大大提高单位面积上可利用植物的聚集度和太阳能的利用率，减轻杂草的危害。

（六）植物生长调节剂

该类型药剂可调节蔬菜的发育，促使蔬菜生长健壮，从而增强抗病力。如在一定剂量内对芹菜喷施赤霉素，可使芹菜生长加快，还能使芹菜抗病、增产或早熟。

（七）动物源药剂

受到成本等因素的限制，动物源农药的发展一直比较缓慢。近年来有所发展，主要集中在 3 个方面，即动物毒素、昆虫内激素、昆虫外激素。利用不育性防治害虫是主要的方式之一。大多数应用的是雄性不育技术，即采用多种特异方法，使雄虫丧失生育能力，然后将大量不育个体释放到自然种群中，去与正常雌性个体交配使其不育，经多代、多次释放后致害虫种群数量减少，或灭绝。常用的不育方法有辐射不育、化学不育、遗传不育。

五、反季节有机蔬菜生产中常使用的安全农药

可应用浓度为 1%的鲜牛奶悬浊液防治黄瓜白粉病，以硫黄消毒土壤等措施来防治土传病害。波尔多液为广谱无机杀菌剂，组成为硫酸铜∶生石灰∶水＝1∶1∶200，连续喷 2～3 次，即可控制真菌性病害。

苏打水：浓度为 0.25%的苏打溶液加 0.5%乳化植物油可防治白粉病、锈病。

辣椒汁：浓度为0.5％的辣椒汁可预防病毒病，但不起治疗作用。

增产菌：用于防治软腐病。

高锰酸钾：用100倍液消毒土壤。

弱毒疫苗N14：用于防治烟草花叶病毒。

木醋酸：防治植物地下部、叶部病害，用300倍液于发病前或发病初期喷2～3次。

硫酸铜：96％的硫酸铜1000倍液可防治早疫病。

生石灰：用于土壤消毒，每亩用2.5千克。

沼液：可减少枯萎病的发生，防治蚜虫。

百草一号：浓度为0.36％的苦参碱水剂，对红蜘蛛、蚜虫、菜青虫、小菜蛾、白粉虱具有良好的防治效果。

苦参碱：浓度为0.3％的苦参碱植物杀虫剂500～1000倍液可防治蚜虫等。

苏云金杆菌：细菌性杀虫剂，对鳞翅目、鞘翅目、直翅目、双翅目、膜翅目害虫均有防治效果。

肥皂水：可用200～500倍液防治蚜虫、白粉虱。

鱼藤酮：广谱杀虫剂，对小菜蛾、蚜虫有特效。

可用于反季节有机蔬菜生产病虫防治的植物有除虫菊、鱼腥草、大蒜、薄荷、苦楝等。如用苦楝油2000～3000倍液防治潜叶蝇等。

反季节有机蔬菜生产基地还可推广应用BT、百草一号等生物农药防虫，具有良好的防虫效果。

第五章 反季节有机蔬菜采收及采后处理技术

反季节有机蔬菜采收及采后处理是连接生产和市场的主要环节，包括采收、整理、清洁、预冷、分级、包装、储藏、运输及销售等具体内容，本环节直接影响到蔬菜产品的商品价值。

第一节 采 收

反季节有机蔬菜的采收，是指对生长发育到有商品价值的蔬菜食用器官进行收获。蔬菜的采收工作，是蔬菜生产的最后一步，也是储藏的最初一步，采收时产品的成熟度、采收时间和采收方法都会直接影响到蔬菜的储藏保鲜效果及商品质量。此外，有的蔬菜只需进行一次采收，有的蔬菜则需要分批分期多次采收，多次采收的蔬菜则在采收期间还需进行田间管理。因此，采收蔬菜时务必要掌握适宜的采收时期、正确的方法和技术。

一、采收成熟度的确定

蔬菜食用部位的成熟度是确定蔬菜适宜采收期的首要依据。蔬菜的器官，从根、茎、叶到花、果实和种子，都可供人们食用，使得其采收成熟度的标准很难统一。有的蔬菜在达到较高成熟度时采收才耐储藏，如冬瓜、花椰菜等，而有的则需要在幼嫩时采收便于食用，如莴笋等。蔬菜产品的采收应根据产品的种类、用途来确定适宜的采收成熟度和采收时期。通常，采收成熟度可根据产品的大小、色泽、硬度、生长期、植株生长状况及主要化学物质含量等来衡量。

（一）色泽

蔬菜果皮颜色在生长过程中常呈现不同的颜色变化，由此可将色泽作为判断蔬菜果实成熟度的重要标志。如甜椒在绿熟时、茄子在表皮明亮而有光泽时、黄瓜在瓜皮呈深绿色且尚未变黄时、豌豆变为亮绿色时、菜豆由绿色转为发白时、甘蓝叶球的颜色变为淡绿色时、花椰菜的花球呈白色而不发黄时等，都是蔬菜成熟的标志。蔬菜采收时，色泽也可根据不同的目的确定不同的标准。例如，番茄作为远距离运输或储藏的，应在绿熟期采收，近地销售的，可在转色期即果顶为粉红色或红色时采收，就地销售的，可在成熟期采收。青椒一般在绿熟期采收；茄子应在果皮发亮而有光泽时采收；黄瓜应在呈深绿色尚未变黄时采收。其他蔬菜如豌豆应从暗绿色变为亮绿色；菜豆应长到一定大小，豆荚呈绿色时；甘蓝叶球的颜色变为较淡的绿色时；花椰菜的花球应为白色而不能变黄等。

（二）硬度

硬度是判定很多蔬菜成熟度的重要指标。蔬菜的采收部位不同，对其硬度的要求也存在很大差异。因此，硬度作为采收标准有不同的含义：一是表示蔬菜没有过熟过软，较耐储运、耐装卸，如番茄、青椒等要求有一定硬度时采收；二是表示蔬菜发育良好，充分成熟，如甘蓝叶球、花椰菜花球等都在达到充实坚硬时采收；三是硬度过高表示品质下降，如莴笋、芥菜应在叶子变硬之前采收，豌豆、菜豆、甜玉米则应在幼嫩时采收，硬度过高食用品质反而下降。

（三）生长期

在不同的气候条件下，各种蔬菜都需经历一定的生长天数才能成熟。由此，可根据生长期来确定适宜采收的成熟度，如可根据播种后的天数、盛花期、坐果期等计算成熟度。秋延后大棚鲜食辣椒在花谢后15～20天采收，3～5天采收1次；春季大棚苦瓜在开花后12～15天采收；秋季菜豆以嫩荚作为食用部分时，可在花谢后10天左右采收。

（四）植物生长状况

蔬菜产品成熟后，无论是植株或是产品器官都会表现出该产品固有的生长状态，以此可以作为判别成熟度的依据。如豆类蔬菜应该在种子膨大硬化之前采收，其食用和加工品质较好；冬瓜在果皮上的茸毛消失，出现蜡质白粉时采收，可长期储藏。一些蔬菜成熟度和采收期可根据其生长高度、大小来判定，如春季加温塑料大棚早姜可从姜芽长出到15～20厘米时开始采收；春季大棚水藤菜和旱藤菜在幼苗长到20～30厘米时采收；中小棚芹菜在植株高达60厘米以上时采收。一些收获部位在地下的地下茎、鳞茎类等蔬菜，也可根据地上部植株的生长情况来判断其成熟度，如马铃薯、洋葱、大蒜、姜、芋等，在地上部枯黄时采收，可增强耐储性。此外，芋头须根枯萎，洋葱颈部变软、鳞茎外皮干燥，也是成熟的标志。

（五）主要化学物质含量

蔬菜产品在生长、成熟过程中，所含某些化学物质如糖、淀粉、有机酸、果实糖酸比不断发生变化，而这些变化与成熟度有关，可通过测定这些化学物质的含量来确定采收时期。如马铃薯、芋头可根据淀粉含量来确定成熟度，在淀粉含量多时采收，产量高，品质好，耐储藏，淀粉出粉率也高；豌豆、菜豆可根据糖含量来确定成熟度，以食用幼嫩组织为主的，应在糖多、淀粉少时采收，其质地柔嫩，风味良好，淀粉增多时，其组织坚硬，食用品质下降。

（六）其他判定标准

种子颜色、表面蜡质层的薄厚、呼吸强度、脱离的难易程度等，均可作为判定一些特定蔬菜成熟度的标志。以采收干种子为目的的菜豆，宜在荚壁变干但尚未裂开时采收。南瓜宜在瓜皮产生白粉并硬化时采收。

二、采收时间

蔬菜的采收时间和采收环境对其采后储藏保鲜、运输和加工都有很大的影响。通常来说，蔬菜最好在一天内温度最低的清晨采收。因为较低温度条件下，蔬菜的呼吸作用弱，生理代谢缓慢，可在一定程度上缓解采收时由于机械损伤引起的不良生理反应。此外，较低的环境温度还可减少蔬菜所携带的田间热，降低菜体的呼吸，有利于采后品质的保持。但对于蒜薹等少数蔬菜种类，在中午采收则较为适宜，经太阳曝晒后，蒜薹细胞膨压降低，质地柔软，抽拉时不易折断。阴雨连绵时采收对所有蔬菜果实都不利。

三、采收方法

蔬菜鲜嫩多汁，为了提高储藏效果，除掌握适宜的成熟度、采收时间外，还需采用合理的采收方法。由于蔬菜种类多，不同蔬菜产品采收部位及对成熟度要求各有差异，因而不同蔬菜的采收方法不尽相同。目前，蔬菜采收方法可分为人工采收和机械采收两种。供鲜食的、多次采收的蔬菜需要有选择地采摘，且避免机械损伤，以防运销过程中腐烂，多用人工采收。成熟期分散，产品部位及形状、大小差异很大的，带刺或者过软不耐碰的蔬菜也以人工采收为宜。一次性采收的根菜类、薯芋类、果菜类、结球叶菜类等蔬菜，如胡萝卜、萝卜、马铃薯、芋头、山药、大蒜、洋葱、番茄、干椒、结球甘蓝等除了人工采收，也可用机械采收。人工采收和机械采收各有其优缺点。人工采收可以针对蔬菜不同的成熟度、不同的形状，及时采收和分类，机械损伤小，产量和质量有保证，但劳动强度大，效率低，成本高等。机械采收效率高，节约劳动力，成本低，但机械损伤严重，储藏中腐烂率高。

目前我国蔬菜采收以人工为主，机械采收较少。甘蓝、大白菜等结球蔬菜，采收时用刀将叶球从茎盘上割下，叶球外留 2～3 片老叶作为保护层，大白菜砍倒后，在田间晾晒 1～2 天，以减少外叶含水量，减少机械损伤，但晾晒过久，自然损耗加大，储藏期间叶片易变黄，腐烂率提高。花椰菜、青花菜等花菜类蔬菜，采收时用刀将花球割下，花椰菜花球周围的叶剪短，青花菜的茎留长，并带有 2～3 片小叶。韭菜收割时叶鞘基部要留 3～5 厘米，以免伤及分生组织和幼芽。芹菜采收时要保留短缩茎。根菜采收时先将土弄松，然后拔出。地下块茎类蔬菜，如马铃薯、芋头、山药等，宜用锹或镢挖刨，或用犁翻，并尽量避免损伤，采后摊晒 1～3 小时。洋葱、大蒜可直接连根拔起，晾晒 3～4 天使外皮干燥，伤口愈合。果菜要用手或剪刀采摘，并轻拿轻放，避免损伤。豇豆应保留豆荚基部 1 厘米采摘，以免伤及花序影响后续结荚。菜豆、豌豆、黄瓜、番茄等蔬菜也可徒手采摘，黄瓜和番茄采摘时，要特别注意轻拿轻放，防止机械损伤。还需注意的是，对于黄瓜、番茄、菜豆等需要分期分批采收的蔬菜，在进行果品采收时，应按照“先下后上，先外后内”的原则进行。

四、采收注意事项

采收人员应剪短指甲或戴上手套进行操作，轻拿轻放，尽量避免蔬菜机械损伤，在采收的过程中，应剔除畸形、发育不良、有病虫危害以及因采收不当而造成大的机械伤口的蔬菜。若是病虫危害的蔬菜应带出田块，深埋处理，避免相互传染。采后应避免日晒雨淋，及时分级、包装、预冷、运输或储藏。此外，还需要特别注意的是，在生产过程中使用了允许使用的农药的蔬菜采收时，必须达到所使用农药的安全间隔期。

第二节　采后处理技术

反季节有机蔬菜收获后的蔬菜产品中混有部分病、残、伤的个体，如果不通过挑选剔除，将会在后续的储藏、运输及销售中成为病害的传染源，造成蔬菜产品的大量腐烂。此外，刚采收的蔬菜产品常常带有大量的田间热量，需要经过预冷等处理使产品迅速降温，以利于蔬菜的保质保鲜。因此，蔬菜产品收获以后，无论是储藏或是直接进入流通市场，都需要进行采后处理，最终提高蔬菜的商品质量和价值。

反季节有机蔬菜产品采后处理作业包括修整、清洗、预冷、分级、涂被以及一些杀菌、防腐等特殊处理工作。不同的蔬菜种类所需的采后处理流程也存在一定差异。总体应遵循两个原则：一是在满足采后处理功能要求的前提下，流程越短越好，环节越少越好；二是尽可能把容易造成产品损伤的采后处理环节安排在流程的后端。

一、整理和清洗

反季节有机蔬菜从田间采收后，要及时清理残叶、败叶、枯枝、果柄和泥根，剔除有机械损伤、病虫危害、外观畸形等不符合商品要求的产品，以改进产品的外观、改善产品形象，便于包装和储运，利于销售和食用。整理应在产地进行，清理的废弃物要集中烧毁、深埋，或高温堆制成肥料。

清洗是为了去掉蔬菜表面的泥土、杂物等污物，使上市蔬菜更加美观、干净，便于分级、包装。不同的蔬菜清洗方法、清洗程度不同，如山药、大姜可用普通清水冲洗，番茄可用1%的漂白粉水溶液清洗，防止病菌的传播。清洗后一定要晾干表面水分，再做其他处理。有些蔬菜不能进行水洗，如马铃薯等，水洗后易腐烂，更不耐储藏。

各类有机蔬菜整理和清洗后的感官质量如图1-5-1所示。

通过整理和清洗后各类蔬菜的净菜要求如下。根茎类，可带少量泥沙，不带须根，剔除畸形、破损、严重机械损伤或虫伤的肉质茎，不带茎叶，红白萝卜可留少量叶柄。叶菜类，不带黄叶，不带根，去菜头或根。花菜类，无根，可保留少量叶柄，茎基削平。果菜类，不带茎叶，瓜条幼嫩，果实圆整。香料类，不带杂物，但可

图 1-5-1　各类有机蔬菜整理和清洗后的感官质量

保留须根。

二、预冷

采后的反季节有机蔬菜产品会携带大量的田间热，同时，反季节有机蔬菜产品由于其自身的呼吸作用也会放出热量，使蔬菜在采后所处的小环境温度升高，不利于产品储藏保鲜。因此，蔬菜采收以后，在运输或储藏以前须进行预冷处理，使蔬菜迅速释放田间热，将蔬菜产品内的温度降低到一定程度以延缓代谢速度，防止腐坏，同时让已经感病但还没有表现出症状的蔬菜表现出症状，以便剔除。经过预冷的蔬菜在冷藏中不仅能有较强的抗冷害能力，以减少生理性病害的发生，还可减少冷藏车或冷藏库内冷量消耗。

预冷方法一般分为自然预冷和人工预冷。人工预冷又可分为水冷却、冰冷却、强制通风冷却、真空冷却等方法。不同方法各有其优缺点，在选择时应根据蔬菜种类、现有设备、包装类型、成本等因素确定。预冷时需注意以下几点：一是预冷处理必须及时进行，尤其是需要低温冷藏或有呼吸高峰的果实；二是对低温敏感蔬菜要选择适宜预冷温度，防止冷害的发生，一般温度要求在0℃以上以防蔬菜结冰，有些蔬菜如黄瓜、甜椒等果菜类的温度不能低于10℃；三是根据果蔬种类、形状、大小选择适当预冷方法，掌握好预冷温度和速度；四是经过预冷的果蔬应及时在适宜储温下入储或装车启运。反季节有机蔬菜几种预冷方法的比较见表1-5-1。

表1-5-1　反季节有机蔬菜几种预冷方法的比较

预冷方法		优缺点
空气冷却	自然对流冷却	操作简便易行，成本低，适合大多数种类果蔬，但冷却速度慢，效果较差
	强制通风冷却	冷却速度稍快些，但需要强制通风设备，果蔬水分蒸发量大
水冷却	喷淋式、浸泡式	操作简单，成本较低，适合于体表面积小的果蔬产品，但病菌容易通过水进行传播感染产品
冰冷却	碎冰直接接触	冷却速度较快，但需制冰机制冰，碎冰易使产品受到伤害，耐水性差的果蔬及包装不宜使用
真空冷却	降温、减压（可达4.6毫米汞柱）	冷却速度快，效率高，不受包装限制，但需设备，成本高，局限适用品种，一般以经济价值较高的产品为宜

注：1毫米汞柱=133.322帕。

三、分级

反季节有机蔬菜分级的目的在于把同一品种、同一批次中质量、大小、颜色等各不相同的蔬菜产品，按照蔬菜质量标准的要求进行分级，使同级蔬菜质量、大小基本一致，有利于优级优价，提高商品使用价值，减少浪费，便于包装运输，实现农产品标准化、商品化生产。经过分级后的蔬菜产品，完全除去了不满意的部分，清除了在包装后的环境下病害蔓延快的后患，以及由于集约栽培中因品种不同带来的大小、外观缺陷造成的不整齐现象，等级分明，减少销售中翻动挑拣造成损伤。

（一）分级标准

由于蔬菜食用部位不同、成熟标准不一致，所以目前反季节有机蔬菜分级没有一个固定、统一的标准，只能按照各种蔬菜品质的要求制定个别的标准。目前主要是根据蔬菜产品坚实度、清洁度、大小、重量、颜色、形状、鲜嫩度以及病虫感染和机械损伤等分级，一般分为特级、一级和二级。特级品质最好，具有本品种的典型形状和色泽，没有影响组织和风味的外部和内部缺陷，大小一致，产品在包装内排列整齐，在数量或重量上允许有5%的误差。一级产品与特级产品品质相同，允许在色泽、形状上稍有缺陷，外表稍有斑点，但不影响外观和品质，产品不需要整齐地排列在包装箱内，可允许10%的误差。二级产品可以呈现某些内部和外部缺点，价格低廉，采后适合于就地销售或短距离运输。

(二) 分级方法

反季节有机蔬菜分级方法有手工分级和机械分级两种。叶菜类以及形状不规则和易受伤害的蔬菜多采用手工分级，番茄、洋葱、马铃薯等形状规则的蔬菜既可用手工分级，又可使用机械分级。人工对采收的蔬菜进行分级，可保证蔬菜的大小、色泽、形状、成熟度、清洁度等外观品质一致，方法简单、直观，成本低，能有效避免蔬菜产品受到机械伤害，但手工分级效率低，误差较大。手工分级可以辅助使用分级板、比色卡等简单的工具。

机械分级一般和挑选、清洗、干燥、包装等环节连成一体。由于蔬菜种类繁多，难以设计出通用的分级装置。目前很难实现全程的自动化，通常是以人工和机械相结合进行分选。机械分级应用较广泛的分级装置有形状分级装置、重量分级装置和颜色分级装置。形状分级是按照蔬菜产品的形状、大小、长度等来分级，有机械式和电光式等类型。蒜薹、豇豆、甜脆豌豆和荷兰豆等则按长度进行分级。重量分级是根据蔬菜产品的重量进行分选，用被选产品的重量与预先设定的重量进行比较分级。重量分级装置有机械秤方式和电子秤方式等。机械秤方式是将产品单个放入固定在传送带上的托盘内，托盘可回转，当其移动接触到不同重量等级分口处的固定秤时，如果秤上产品的重量达到固定秤设定的重量，托盘翻转，产品落下。这种机械秤分级方式适合于球形的产品，如番茄、甜瓜、马铃薯等，其缺点是产品较易损伤。颜色分级是利用彩色摄像机和计算机处理的RG（红、绿）两色型装置，根据果实表面反射的红色光和绿色光的相对强度进行判断。因此，颜色分级主要用于番茄、甜椒等果菜类。

此外，为了适应社会对蔬菜产品质量的更高要求，反季节有机蔬菜产品还需要对内部品质进行分级检测。

第三节 包 装

反季节有机蔬菜作为一种新鲜易腐性商品供应市场，就必须有一定的包装。所谓包装，就是指用一定的材料制成适当的盛装容器盛装蔬菜产品，使其具有保护良好的商品状态、品质和食用价值。蔬菜实行包装是保证安全运输、储藏的重要措施，也是实现净菜上市和蔬菜进超市的重要途径。合理的包装，不仅减轻储运过程中的机械损伤，减少病害感染和腐败变质，还可增加商品的美观程度，提高商品价值和市场竞争力。

一、包装材料要求

反季节有机蔬菜包装材料应该具有干燥清洁、无污染、无异味、无有害化学物质、内壁光滑、卫生、美观、重量轻、成本低、便于取材、易于回收及处理等特点。此外，蔬菜的包装材料还需有足够的机械强度，保护产品在装卸、运输和堆码过程中免受损伤，同时要具有一定的通透性，利于排除产品产生的呼吸热和进行气体交换，包装容器最好具有防潮性，防止吸水变形。产品包装好后，需在包装外面注明商标、品名、等级、重量、产地、特定标志、采收日期、包装日期及保存条件。

二、包装的种类

反季节有机蔬菜包装按其用途一般可分为两大类：一类是流通过程中的包装，即运输包装；另一类是蔬菜在销售时的小包装，即商品包装。

(一) 运输包装

运输包装宜用大包装容器，这些大包装容器应具有防潮、耐压、缓冲性好、通透性好、易于搬运等特性。我国用于运输的大包装容器种类很多，按质地可分为软、硬两类。软包装主要为包装袋，如草袋、麻袋、编织袋、尼龙网袋和塑料编织袋等，这些包装无支撑能力，只能起到便于搬运的作用，多适合于不怕挤压的根茎类蔬菜，或一些体积小、重量轻的蔬菜，如马铃薯、洋芋、大蒜头、洋葱和萝卜等。硬包装多为包装筐和包装箱，包括竹（条）筐、泡沫塑料筐、塑料筐、木箱、纸箱、塑料箱等。竹（条）筐是用竹子或树条编成的圆筒状筐或方筐，成本低，取材方便，透气性好，不怕潮湿，多用于各类叶菜、花椰菜、菜豆和蒜薹的运输包装，但筐的耐压力弱，易变形，不易堆码，竹（条）筐还易刺伤产品，需在筐内衬1～2层清洁的衬垫物。木板（条）箱的支撑力好，易吸潮，较适宜于果菜运输，但造价高，不易回收。纸箱在发达国家使用较为普遍，适用于多种蔬菜的包装运输，但纸箱包装要注意避免雨淋、浸泡和结霜，在没有预冷和保温车的条件下，不宜使用纸箱包装。纸箱包装最好选用综合性能较好的瓦楞纸箱，瓦楞纸箱重量轻，强度大，外形整齐，且可开孔透气，便于堆码，箱外涂蜡和树脂，抗潮湿，空箱可以折叠而易于回收。塑料箱有较强的支撑能力，便于洗刷消毒，可反复使用，但体积大，只适合短距离运输。塑料箱是短途汽车运输比较理想的包装，它强度高，耐挤压而不易损伤，几乎适用于各类蔬菜。

(二) 商品包装

反季节有机蔬菜商品包装通常是小包装（也称内包装），蔬菜的商品包装一般在产地和批发市场上使用，也有些在零售商店使用。商品包装有利于定量、计价、选购、安全、卫生和延长货架期，与此同时，通过商品包装还可防止水分蒸发，保持蔬菜鲜嫩，改善蔬菜外观品质，提高商品价值。包装材料主要是塑料薄膜，包装有塑料袋包装、泡罩包装、贴体包装、气调包装和冷藏包装等，一般使用0.01～0.03毫米厚的塑料薄膜或塑料薄膜袋、包装纸，超市小包装多使用塑料托盘外包透明自粘塑料膜，或将自粘膜直接贴菜包装。商品包装材料的规格尺寸要依据不同蔬菜的大小需要来定。商品包装要保持良好的透气性，温度较高时，包装蔬菜透气不良，易造成无氧呼吸，促使蔬菜腐烂败坏，因此，对于透气性差的薄膜，通常在包装薄膜上打孔以利于透气。此外，蔬菜商品包装还需遵循以下几个要点：一是蔬菜质量好，重量准确；二是尽可能使顾客能看清包装内部蔬菜的新鲜或鲜嫩程度；三是避免使用有色包装来混淆蔬菜本身的色泽；四是对一些稀有蔬菜应有营养价值和食用方法的说明。各类有机蔬菜商品包装如图1-5-2所示。超市有机蔬菜商品包装与陈列如图1-5-3所示。

图1-5-2　各类有机蔬菜商品包装

三、包装方法与要求

反季节有机蔬菜包装前经过整修，应该做到新鲜、清洁、无机械损伤、无病虫害、无腐烂、无畸形、无冻害、无水浸，产品包装前还应进行预冷、清洗、吹干、药物处理、打蜡等采后处理。蔬菜产品必须按同品种、同规格进行包装。蔬菜在包装容器内应该有一定的排列形式，防止它们在容器内滚动和相互碰撞，产品能通风透

图 1-5-3　超市有机蔬菜商品包装与陈列

气，并充分利用容器的空间。根据蔬菜的特点可采取定位包装、散装或捆扎后包装，叶菜和茎菜类蔬菜应采用捆扎包装，果菜类可采用定位包装。包装量要适度，防止过满或过少而造成损伤。如番茄、黄瓜，包装容量不能超过 30 千克，比较耐压的蔬菜如马铃薯、萝卜等可以用麻袋、草袋、蒲包包装，容量一般为 50 千克。外销的反季节有机蔬菜可以用条板箱或瓦楞纸箱包装，容量视具体情况而定。不同蔬菜种类还应选择不同的包装材料和容器。如绿叶类蔬菜和茎类蔬菜很容易脱水干燥，造成萎蔫，适宜用防潮材料包装，同时，这些蔬菜呼吸速度很快，对厌氧条件很敏感，包装材料应便于换气；块根类蔬菜不容易败坏，储存期比较长，但要防止其脱水，可选择聚乙烯塑料袋，此外，有些蔬菜如马铃薯等，对光线敏感，受光线照射后会发青，可将包装薄膜加以印刷，或者制成乳白色塑料薄膜。为减少蔬菜在装卸、运输过程中的摩擦和碰撞，对不耐压的蔬菜，其包装容器内应加一些柔软、质轻、清洁卫生的衬垫物或填充物，如碎纸条、瓦楞纸板、锯末、泡沫塑料等，防止蔬菜在运输中震动受损。易失水的产品可在包装容器内加塑料衬或打孔塑料袋。包装应在冷凉的环境下进行，避免风吹、日晒、雨淋。

反季节有机蔬菜包装时要注意轻拿轻放，应戴手套，尽量避免对产品造成新的机械损伤。大箱包装时要考虑产品的耐压能力，避免上部产品将下部产品压伤，长为 1.2 米、宽为 1 米的大箱最大装箱深度，洋葱、甘蓝、马铃薯为 100 厘米，胡萝卜为 75 厘米，番茄为40厘米，其他蔬菜可参考这个标准。蔬菜产品小包装可在批发或零售环节中进行。销售小包装应根据产品的特点选择透明薄膜袋、带孔塑料袋或网袋包装，也可将产品放在塑料托盘或纸托盘上，再用透明薄膜包裹，销售包装上应标明重量、品名、价格和日期。销售小包装应注意美观、便于携带并起到延长货架期的作用。

第四节　运　　输

反季节有机蔬菜运输是产、供、销三者之间不可或缺的纽带，是反季节有机蔬菜流通的一个重要环节，运输对于解决生产与消费之间的矛盾、加速蔬菜商品的流通、促进反季节有机蔬菜的商品化生产和销售具有重要的意义。运输是一个动态的储藏过程，运输过程中的交通条件、交通工具、运输距离长短、温湿度控制、装卸水平等诸多因素都会对蔬菜的质量产生很大的影响。

一、蔬菜运输的要求

(一) 快装快运

反季节有机蔬菜采摘后仍然是一个活体，呼吸和蒸腾作用会不断消耗体内储存的营养物质，同时散发出热量。因此，为保持蔬菜的新鲜度和优良品质，必须快装快运。

(二) 防震减震

震动是反季节有机蔬菜运输时应考虑的基本环境条件，震动会造成蔬菜的机械损伤和生理伤害，剧烈的震动不仅会给蔬菜产品的表面造成机械损伤，而且伤害造成的伤口易引起微生物的侵染，造成产品的腐烂，使呼吸强度急剧上升，内含物消耗增加，风味下降。因此，运输中必须避免和减少震动。此外，蔬菜的生产和销售规模零散，在运输过程中要经过一次或多次集聚和分配，为了保护商品，减少损失，应尽可能地减少中间环节，并注意轻装轻卸。

(三) 适宜的运输温度

温度是运输过程中影响反季节有机蔬菜质量的重要环境条件，

尤其是远距离、长时间运输的蔬菜，保持流通中的适宜温度极为重要。不同蔬菜种类对运输温度的要求不同，国际制冷学会推荐的新鲜蔬菜运输中的温度，可作为反季节有机新鲜蔬菜运输温度的参考（表 1-5-2）。

表 1-5-2　反季节有机新鲜蔬菜推荐运输温度　　单位：℃

蔬菜种类	推荐运输温度	
	运输 1～3 天	运输 4～6 天
花椰菜	0～8	0～4
结球甘蓝	0～10	0～6
辣椒	7～10	7～8
黄瓜	10～15	10～13
莴苣	0～6	0～2
洋葱	−1～20	−1～13
胡萝卜	0～8	0～5
马铃薯	2～5	5～20
番茄（未熟）	10～15	10～13

1. 常温运输

常温运输即是不论何种运输工具，其货箱的温度和产品品质都受外界气温影响，尤其在盛夏和严冬，这种影响更明显。夏季外界气温高，受外界温度及蔬菜呼吸热的共同影响，蔬菜温度一旦上升就难以降下来，从而加速蔬菜产品的腐坏。因此，常温运输蔬菜时，夏季宜早晚运输，注意防高温日灼、防暴雨。冬季通风车比不通风车受气温影响大，货品温度变化也大，冬季宜白天运输，运输时应注意加盖草帘防寒防冻。

2. 低温运输

在低温运输中，温度的控制不仅受冷藏车或冷藏箱的构造及冷却能力的影响，还与空气排出口的位置和空气循环状况密切相关。一般空气排出口设在上部时，货物就会从上部开始冷却。若堆垛不当，冷气循环不好，会影响下部货物冷却的速度，各部分的冷却速度也不均匀。冷藏船的船舱容量较大，进货时间延长必然延迟货物的冷却速度和使舱内不同部位的温差增大。以冷藏集装箱为装运单位，可避免上述问题。

(四) 适宜的运输湿度

新鲜蔬菜产品含水量一般在85%～95%之间，其新鲜度和品质保持需要较高的湿度条件。反季节有机蔬菜运输过程中储藏环境的湿度要求不能过低，否则易造成产品的萎蔫；湿度也不能过高，否则容易造成产品的腐烂。一般而言，运输环境中的相对湿度能在短时间内达到95%～100%，并且在运输期间一直保持这个状态。新鲜蔬菜装入普通纸箱，在一天以内，箱内空气的相对湿度可达到95%～100%，运输中仍然会保持在这个水平，这样的湿度不会影响蔬菜产品的品质和腐烂率。但应该注意纸箱吸潮后抗压强度下降，有可能使蔬菜受压损伤，为防止纸箱吸潮，可在纸箱中用聚乙烯薄膜铺垫，薄膜厚度为0.01～0.03毫米。若是长时间运输，高湿环境易导致产品发生霉烂及某些生理病害，对于此类情况，应事先采取相应的预防措施。

(五) 适宜的气体环境

反季节有机蔬菜运输过程中，除了气调储运，新鲜蔬菜因自身呼吸、容器材料性质以及运输工具的不同，容器内气体成分也会有相应的改变，而且这种变化是一种动态的变化。采用防水保湿包装箱，或是用塑料薄膜作衬垫、作包装时，运输蔬菜小环境因代谢二氧化碳升高，氧气下降。使用普通纸箱时，箱内气体成分变化不大，二氧化碳浓度一般不超过0.1%。使用具有耐水性的塑料薄膜贴附的纸箱时，气体分子的扩散受到抑制，箱内会有二氧化碳的积累。二氧化碳的积累程度因塑料薄膜种类和厚度而异，为防止气体过分积累对蔬菜产生伤害和氧气含量过低造成蔬菜无氧呼吸，运输过程中要注意适量通风，尤其在高温季节常温运输时更要注意。

(六) 正确的堆码

反季节新鲜有机蔬菜的包装件堆码方法与货物的储藏保鲜、运输质量有重要关系。蔬菜包装件的堆码，首先应保证产品质量，其次考虑车载空间的充分利用和堆垛的稳固性。堆码在考虑充分利用空间的同时，需注意在货件与车底板和车壁板之间、箱体间和垛间还应留有空隙，便于通风散热，同时能较好地保持货物的热状态。在装载对低温敏感的蔬菜时，货件要适当远离机械冷藏车的出风口或加冰冷藏车的冰箱挡板，以免导致低温伤害。必要时，可在上述部位的货件上盖草席或草袋，使低温空气不直接与货件接触。

二、运输方式及工具

反季节有机蔬菜的运输按其所走的路线不同，可分为公路运输、铁路运输、航空运输、水上运输和联合运输。蔬菜从产地到销地的运输是系统工程，需要依据蔬菜种类、运输距离和消费市场的质量要求及能付出的成本确定一种适宜的运输方式或多种运输方式有机结合完成运输过程。各种运输方式均有各自的长处和不足，充分发挥各种运输方式的优势达到优势互补，是设计运输路径时应充分考虑的。

（一）公路运输

公路运输是我国最重要和最普遍的短途运输方式，主要用于蔬菜的省内、市内运输及跨省的短途运输。公路运输也是蔬菜在集散地流转的主要运输方式，无论是短距离产地到市场的运输，还是铁路、航空和水上运输，从产地到铁路、机场、码头和从铁路、机场、码头到销售市场都需要公路运输作为补充。公路运输的优点是：投资少；作业灵活；速度快；适应性强；对包装要求较为简易；可以直接把货物从发货处送到收货处，实行门对门一条龙服务。缺点是：运量小；消耗能量多，运费高；运输能力和质量受路况制约较大；远距离运输速度慢；易污染环境；事故发生概率较大；不适宜大批量运输。公路运输常用的运输工具有普通货车、保温车、冷藏车等。

（二）铁路运输

铁路运输适合于蔬菜的远距离运输，运输工具有普通棚车、通风隔热车、加冰保温车、加冰冷藏车、冷冻板冷藏车等。铁路运输的优点是：运载量大；不受天气影响；稳定、安全；运输震动少；速度快；中长距离运货运费低廉；铁路网络遍布全国，可以运往各地。缺点是：短距离货运，运费昂贵；运费没有伸缩性；车站固定，不能随处停车，没有车站的地方不能直接运达。此外，铁路运输两头都需要公路运输作为辅助，货物需要换装才能送达，换装环节很可能会影响到流通蔬菜的环境条件，造成不必要的麻烦。为解决这一问题，可采用运输集装箱，用卡车将集装箱运到产地，将蔬菜直接装入集装箱，铁路运输时集装箱直接上铁路，到销地后再用卡车将集装箱运往市场，这样既免去了蔬菜的换装，又保证了蔬菜运输全程的条件。

(三) 水上运输

水上运输分为内河运输和海上运输两类。水上运输的优点是：运载量大；行驶平稳；震动小；耗能少；投资省，运价低，尤其海运是最便宜的运输方式。缺点是：水上运输受自然条件影响大，连续性差，有时待港时间过长，影响蔬菜流通质量；速度慢；港口设施需要高额费用，搬运费用偏高。

水上运输蔬菜的货舱也有普通、保温和冷藏三种。水路运输工具用于短途转运或销售的一般为木船、小艇、拖驳和帆船，远途运销的则用大型船舶、远洋货轮等。与铁路运输一样，水上运输也存在换装的问题，为此，水上运输也开始使用集装箱运输。

(四) 航空运输

航空运输在国内多用于运输高档、不易保鲜和一些特殊供求的反季节有机蔬菜。航空运输的优点是：运送速度快，比铁路快6～7倍，比水运快29倍；适用于运费承担能力大的商品，以及需要中、长距离运输的商品；包装简单；破损少；安全。缺点是：运费高；装载量小；耗能大。此外，航空运输还有一个最大的问题，就是换装送达环节多，候机时间长，受天气影响较大。

(五) 联合运输

联合运输是指蔬菜产品从产地到销地的运输全过程中，使用同一运输凭证，采用两种以上不同的运输工具相互衔接的运输过程。如铁路和公路联运、水陆联运、江海联运等。联运可以充分利用运输能力，促进各种运输方式的协作，简化托运手续，缩短途中滞留时间，节省运费。为减少不同运输工具间货物的转接，避免反季节有机蔬菜产品在转接过程中的升温和污染，保证产品质量，国际上多利用集装箱进行联运。

下篇　有机蔬菜反季节栽培新技术

第一章 叶 菜 类

第一节 甘 蓝

甘蓝（*Brassica oleracea* L.），又称包菜、结球甘蓝、圆白菜、卷心菜、莲花白等。甘蓝的适应性和抗逆性均较强，可以多季栽培，产量高，供应期长，在蔬菜周年供应中占重要地位。以叶球供

图 2-1-1 甘蓝

食，质地脆嫩，含有丰富的碳水化合物、粗蛋白、维生素C、磷、钙等（图2-1-1）。食用的方式很多，可清炒、凉拌、汤食、腌制，味道清新，为广大群众欢迎。

反季节有机甘蓝的种植要符合有机蔬菜生产标准，不施用任何化学合成的肥料和农药，并且要求土壤、水源等均达到有机农业的认证标准，不仅可以满足人们健康生活的需求，而且较一般蔬菜品质高、口感好，深受广大群众的喜爱。

反季节有机甘蓝种植可以满足蔬菜淡季供应，价钱高，效益好，同时种植技术要求较高。因此在种植中，一定要加强管理，以期获得高产、高品质的甘蓝。

一、对环境的要求

甘蓝喜温和气候，比较耐寒，有的品种也稍耐热。生长适温15～20℃。甘蓝是绿体春化型植物，幼苗茎粗0.6厘米以上，在4.4～17℃的低温下，经过40～60天即通过春化阶段，以后在长日照适温下抽薹开花。不耐干旱，要求土壤湿润。对土壤要求不严。喜肥耐肥，生产1000千克产品需吸收氮4.1～4.8千克、磷0.12～0.13千克、钾4.9～5.4千克。形成单位产量对氮磷钾的吸收量比大白菜多2倍以上。

反季节有机甘蓝种植的土壤环境质量应符合GB 15618中的二级标准，在有机甘蓝种植前土壤要经过2～3年的转化，并对土壤有盐渍化、酸化、板结等现象进行改良；灌溉用水的水质应符合GB 5084的规定；环境空气质量应符合GB 3095中二级标准的规定；有机蔬菜生产中只能使用有机肥，并优先使用有机蔬菜基地内或其他有机蔬菜基地的有机肥，商品有机肥应符合GB/T 19630.1—2011附录C的要求，生产中使用的土壤培肥和改良物质应符合GB/T 19630.1—2011附录A的要求。

二、类型和品种

（一）甘蓝的类型

甘蓝依叶球形状和颜色的不同，可分为普通结球甘蓝、皱叶甘蓝和紫叶结球甘蓝等不同类型。普通结球甘蓝的叶球为淡绿色或黄绿色，皱叶结球甘蓝的叶子皱缩，紫叶结球甘蓝的叶子为紫红色。我国以栽培普通结球甘蓝为主。

普通结球甘蓝依叶球形状不同，可以分为尖头类型、圆头类型和平头类型三种基本形状。根据生长期长短可以分为早熟、中熟和晚熟三种类型。

（二）甘蓝的品种

甘蓝有机栽培所使用的种子或种苗应符合 GB/T 19630.1—2011 的要求。

1. 春甘蓝良种

（1）争春　是上海农科院园艺所选育的早熟春甘蓝一代杂种。开展度约 60 厘米，耐寒，冬性强。叶球圆球形，单球重 1.5 千克，品质优。10 月上旬播种育苗，11 月下旬、12 月初定植，4 月底至 5 月初始收。

（2）春雷　是江苏农科院蔬菜所选育的早熟春甘蓝一代杂种。开展度约 57 厘米，较抗寒，冬性强。叶球高圆形，球紧实，单球重 700 克左右，品质优良，生育期基本与争春相同。

（3）春宝　浙江农科院园艺所选育的早熟春甘蓝一代杂种。株型紧凑，开展度 45～55 厘米，冬性强。长江流域 10 月上中旬播种，11 月底至 12 月初定植，亩栽 3500 株。

2. 夏秋甘蓝良种

夏光是上海农科院园艺所育成的一代杂种。定植后 60 天左右收获。开展度 50 厘米，叶球扁平。耐热性强，早熟，外叶少，结球整齐。近年来上海农科院园艺所又育成早夏 16 号甘蓝，早熟、耐热、耐湿、抗病，从定植至采收 55～60 天，适宜夏秋栽培。

3. 秋冬甘蓝良种

（1）京丰 1 号　中国农科院蔬菜花卉所和北京农科院蔬菜所育成的一代杂种。定植后 85～90 天开始采收。开展度 70 厘米左右，叶球扁平。抗病，适应性强，生长整齐，外叶少，球叶脆嫩。主要作秋冬甘蓝，也可作春甘蓝栽培。

(2) 寒光1号　上海农科院园艺所育成的一代杂种。定植后110余天收获，开展度67～70厘米，叶球近圆（头）形。耐寒性强，结球紧实，品质优良，是供应蔬菜冬淡季的优良品种。

(3) 晚丰　中国农科院蔬菜花卉所育成的一代杂种。晚熟，定植后100～110天收获。开展度70～75厘米，外叶大，叶球扁平。耐热，耐旱，耐储运。不耐瘠，耐寒性中等。抗病，但对黑腐病抗性中等。只适宜秋作。

三、栽培方式与季节

结球甘蓝通过选用不同品种和配套的栽培技术，可以四季栽培。

(一) 春早熟栽培技术

利用中早熟品种，在冬季或早春育苗，定植在保护地或露地，争取在春季或夏初收获上市的栽培方式为甘蓝的春早熟栽培。这种栽培方式的上市期正值春末夏初蔬菜供应淡季，对均衡蔬菜供应有重要意义，生产上的经济效益也十分可观。在我国南北各地利用这种栽培方式非常普遍，也是历史较久的方式之一。

1. 栽培时间

南方地区春早熟甘蓝在9月下旬至10月中旬播种，小苗越冬，第二年4月下旬至5月份上市供应。华北地区，在12月上中旬在风障阳畦或日光温室内育苗，2月上中旬至3月上旬定植在阳畦或塑料大棚、小棚内，4月上中旬至5月份上市。也可在12月下旬至1月上旬育苗，3月中下旬定植在露地，5月中旬采收上市。

2. 栽培设施

甘蓝的耐寒性较强，加上种植的经济效益不如茄果类蔬菜，所以一般不用保温性能很好的保护设施。育苗通常用阳畦、日光温室，亦有少数利用温床、电热温床育苗的。定植保护设施一般是塑料大棚、小棚或风障阳畦。

3. 品种选择

春早熟栽培的绝大部分生育期在寒冷的冬季，品种抗寒是必备的素质。苗期正值低温季节，而生育后期温度高且日照长，先期抽薹现象很难避免，所以，要选用冬性强且不易先期抽薹的品种。早春栽培的目的主要是上市期早，因此应选用早熟品种。

4. 播种

早熟春甘蓝在温室、温床育苗的适宜苗龄为40～50天，在冷床育苗的苗龄为70～80天。定植时，要求栽培田里的地温稳定在5℃以上，最高气温稳定在12℃以上。根据这一要求，针对不同的保护设施内的温度条件及各地不同的气候条件，首先确定定植期，再上推苗龄，即为适宜的播种期。播种过早，外界气温、地温较低，不能定植，则苗期拖长，幼苗生长过大，易通过春化阶段而发生先期抽薹。播种太晚，则影响早熟，降低经济效益。华北地区以12月份冷床育苗或1月中下旬温床育苗的播种期为较适宜。

播种应选择晴暖天气上午进行。通常用撒播法，每平方米用种3～8克，冷床稍密，温床稍稀。均匀播种后，上覆细土1～1.5厘米。播种后，立即扣严塑料薄膜，夜间加盖草毡子保温。

5. 苗期管理

播种至出苗前不通风，尽量提高育苗畦温度，保持畦温20～25℃，以促进迅速发芽出苗。苗出齐后，开始通风降温，以利于幼苗茁壮成长。防止温度过高，下胚轴过度伸长成徒长苗。一般保持白天15℃左右，夜间5℃左右。此期外界温度较低，一方面要注意防寒保温，另一方面勿使温度过高。在小苗期应注意早揭晚盖草毡子，尽量延长见光时间。在晴暖天气的中午进行间苗，苗距2～3厘米。间苗后可适当覆盖一层细土，以弥补土壤的缝隙，以利于保墒。出苗期外界气温较低，蒸发量小，幼苗吸水较少，一般不需浇水和追肥。

6. 田间管理

可根据条件，定植在保护地或露地。定植在保护地内，秧苗稍大，有利于早熟；定植在露地上，环境条件稍差，秧苗宜小，以利于迅速缓苗。

（1）保护地栽培　近年来，采用塑料大棚、阳畦、小棚进行甘蓝春早熟栽培的面积日益发展。

保护地内幼苗定植后缓苗前一般不通风，白天保持 20～25℃，夜间 10℃以上。尽量促进迅速缓苗，避免长期低温，抑制营养生长而发生先期抽薹。缓苗后，高温条件下外叶易徒长，延迟结球，甚至只长外叶不结球，或结球松散，但是长期的低温又会导致先期抽薹现象，所以控制适当的温度条件至关重要。一般白天保持15～20℃。在华北地区，这一时期时值 2～3 月份，外界温度虽逐渐升高，但寒流仍会频繁侵袭。故应在温度较低时，扣严塑料薄膜，夜间加盖草毡子防寒。但在晴朗的天气不注意通风，发生高温灼烧现象也是难免的，为此，应加强管理，及时通风。待外界气温升高，夜温稳定在 10℃以上时，可逐渐撤去塑料薄膜，使植株处在露地条件下生长发育。

定植后，棚内温度不高，蒸发量不大，一般不急于浇缓苗水。经通风后，可选晴暖天气中耕，以保墒和提高地温，促进根系发育。定植 15 天左右，可进行第一次追肥，追肥后立即浇水。而后应深中耕，控制浇水，进行蹲苗，结球期再进行追肥浇水，保持土壤湿润。每次浇水要选晴天上午进行，浇水后及时通风排湿。保护地撤去棚膜后，应增加浇水次数，保持土壤湿润。

甘蓝春早熟栽培，上市越早，价格越高。所以应适当提前采收。当早熟种叶球长到 400～500 克时即可收获上市，如果市场价格平稳，则应适当晚采收。因为在良好的管理条件下，每个叶球每天增重 40～50 克，晚采收有利于增加产量。

(2) 露地栽培　甘蓝春早熟露地栽培中，利用阳畦等保护地育苗，春季定植在露地，这一栽培方式在国内各大城市近郊极为流行，是甘蓝春早熟栽培的主要方式。这一栽培方式的上市期比保护地栽培稍晚，经济效益稍低。但是，生产成本很低，无须保护设施投资，生产的风险较小，故为广大农民所乐于利用。

春季露地定植，应在地表下 10 厘米处地温稳定在 5℃以上、气温稳定在 8℃以上时进行。定植应在晴头寒尾的上午进行，争取更多的晴暖时间。早熟品种可适当密植，每公顷 75000～90000 株，中晚熟品种35000株左右。定植后立即浇水。

第一次浇水后7～10天，浇第二次水或稀人粪尿，进行两次中耕，再蹲苗7～10天。抱球初期，进行一次大追肥。期间保持土壤湿润。

7. 病虫草害防治技术

甘蓝常见病虫害主要有霜霉病、黑腐病、软腐病、甘蓝菌核病、菜青虫、小菜蛾和夜蛾科害虫。有机栽培一般通过选择抗病品种、合理轮作、土壤晒白、清洁田园、除草、松土、增强蔬菜抗性、及时清除病株等方法可基本上防止病害发生。

对于虫害，还需用生物药剂进行防治，特别在春甘蓝的包心始期和秋冬甘蓝的莲座期，是蚜虫、小菜蛾、菜青虫多发生时期，应用BT乳剂、白僵菌、斜纹夜蛾或甜菜夜蛾多角体病毒、小菜蛾或菜青虫颗粒体病毒及植物源农药百草一号、苦参碱、烟碱等及早防治。也可利用害虫对光的趋性，安装黄色蚜板粘杀蚜虫和铺挂银灰膜膜条驱避蚜虫。还可利用天敌防治害虫，如草蛉、小花蝽、瓢虫是蚜虫的天敌，赤眼蜂是菜青虫的天敌。安装频振式杀虫灯诱杀甜菜夜蛾、斜纹夜蛾、小菜蛾、菜青虫等害虫。最好生长全程覆盖防虫网，四周要封严压实，以防害虫侵入。

田间杂草应抓住“早、少、小”三个关键期防治，除草时只能用刀、铁锄等工具进行人工除草，绝不能使用除草剂。除草可结合中耕松土同时进行，根据杂草生长情况可中耕除草1～2次。

防治病虫草害的用药应属于GB/T 19630.1—2011附录A中允许使用范围内的植物保护产品。

8. 采收

叶球长到400～500克时就及时采收上市，以争取较高的价格。如果市场价格平稳，可等到叶球长到800～1000克时再收获。采后的清洗、分级、包装等应采用物理的、生物的方法，不应使用GB/T 19630.2—2011附录A以外的化学物质进行处理。

（二）夏甘蓝栽培技术

夏甘蓝是在4～5月份分批播种育苗，8～9月份陆续收获，供应中秋蔬菜淡季栽培方式。它的生产成本低，对蔬菜周年供应有一定作用。由于夏季高温多雨，甘蓝栽培有一定难度，所以夏甘蓝栽培面积不是很大，以长江流域、华北南部和西南各省较多。

1. 品种选择

夏甘蓝的整个生育期炎热、多雨，因此，应选用抗热、耐涝、抗病和适应性强的品种。

2. 育苗

为降低成本，夏甘蓝一般为露地育苗，育苗畦可做成平畦，播前洒水，水完全渗下去后撒种，每公顷撒种 30 千克，播后覆细土 1～1.5 厘米。

3. 田间管理

定植连浇 3 次水后，6～7 天基本缓苗，可中耕一次，夏耕不宜过深，划破地皮即可。植株缓苗后，进行第一次追肥。夏甘蓝定植后的生长日数为 60～70 天，在追肥上应本着少施、勤施的原则。浇水根据天气情况而定。夏季虫害危害严重，应抓紧防治，杂草危害也很严重，应拔早、拔小、拔了，防止草大压苗，或拔大草伤苗。

4. 收获

在叶球紧实后，应及时采收。打算远运的夏甘蓝，应于傍晚采收，夜间放在通风处散热，于清晨装筐运出。不可在午间或雨后收获、装筐、外运，以免腐烂。

(三) 秋冬甘蓝栽培技术

1. 栽培时间及设施

华北地区在 6 月中下旬至 7 月下旬均可播种，从 10 月下旬至 12 月份均可上市。

在中前期生长在露地上，后期外界天气逐渐寒冷，应建立保护设施，使之在保护设施内生长发育。常用的设施同春早熟栽培。如果收获期在土壤结冻前，可不用保护设施。

2. 品种选择

秋冬甘蓝的生长中前期处在炎热多雨的夏季和初秋。因此，应选用抗病、耐热、适应性强的中晚熟品种。

3. 育苗

秋冬甘蓝的育苗期正值炎热多雨季节，应选择地势较高、通风凉爽、易灌能排、土壤肥沃的地块作为苗床。

前茬作物收获后，应及时清除杂草，每公顷施 45000 千克腐熟的有机肥，浅翻、耙平。按 1.2～1.7 米宽、6～7 米长做畦。秋冬甘蓝育苗时节，正值阳光强烈，气温高，雨水多，为防止日灼和高温伤苗及大雨拍苗，应设置荫棚，一般晴天上午 10 时盖上，下午 4 时左右揭去，阴天不盖，出齐苗后逐渐撤去。

秋冬甘蓝各地区的播种期不同，华北地区一般在 6 月中下旬，南方地区一般在 6～8 月份均可。

播种前浇足底水，水渗下去后先覆一层薄细土，按每公顷 30 千克播种，然后覆细土 0.5 厘米。当苗长到 2 片真叶时分苗。分苗床和苗床要求相同。选阴天或傍晚分苗，苗距 10 厘米×10 厘米，栽后立即浇水。苗期根据土壤状况浇水，保持地面见干见湿。待苗长到 6～7 片真叶、苗龄 40 天时即可定植。

4. 定植

秋冬甘蓝多采用中晚熟种，生长期长，产量高，故应选择肥沃的田块栽植。前茬忌十字花科作物，否则病虫害严重。前茬清理完毕，每公顷施腐熟有机肥 60000～75000 千克，后翻耕耙平。北方可做成小高垄，南方做成小高畦，以便排灌。

定植宜选在阴天或傍晚进行，以免高温日灼伤苗。定植密度为每公顷 33000～40000 株，株行距 50 厘米×50～60 厘米。定植后立即浇水。

5. 田间管理

定植后要及时灌水，保持土壤潮湿。甘蓝不耐涝，雨水多时要注意排涝。北方甘蓝易发生黑腐病，所以 8 月底至 9 月中旬适当少浇水，避免产生高温高湿的发病条件。9 月中下旬以后，在甘蓝结球期开始要大量浇水追肥，促进叶球膨大和紧密。10 月中旬以后，结球后期逐渐减少浇水次数。

秋冬甘蓝地内杂草滋生严重，在封垄前要进行2～3次浅中耕除草，并及时培土，以利排灌。后期应人工拔草。

秋冬甘蓝病虫害严重，应抓紧防治。防治技术参考春早熟甘蓝部分。

6. 收获

秋冬甘蓝的收获期因品种而异，北方早熟品种可在10月份上市，晚熟品种在11月份上市。南方可陆续采收到春节前后。

（四）露地越冬甘蓝栽培技术

近年来山东等地试验成功了甘蓝露地越冬栽培技术，在7月份育苗，8月份定植，露地生长，1～3月份上市。该方法生产成本很低，病虫害很少，产量高，经济效益十分显著。现将其栽培技术简介如下。

1. 品种选择

适于越冬栽培的品种，应具备品质好、耐严寒、产量高等特性。以选用晚熟品种为宜。

2. 建苗床

应选择地势高燥、排灌方便、两年内未种过甘蓝类蔬菜的生茬地作为苗床。前茬作物收获后，清除杂草，每公顷施优质土杂肥75000千克，深耕整平做高畦，畦宽1.2～1.5米，畦长根据需要而定。做畦时取出部分畦土，过筛后堆放一边备覆土用。

7月中下旬正值高温多雨，露地育苗，易被雨水冲坏，影响出苗。需设塑料遮阴棚育苗，以防热、防雨、防曝晒。晴天时上午10～11时覆盖，下午3～4时揭开。阴天时不盖，让幼苗在露地自然环境下锻炼，增强抵抗力。

3. 精耕播种

为节约成本，应精量播种。定植1公顷大田，用种750克，需苗床225～300平方米，条播或撒播均可。为使播种均匀，可将种子掺一些洁净细沙后撒播。播种时，选晴天上午进行。播前浇足底墒水，湿透耕层，水渗下后，用过筛细土补平床面撒种，然后覆土0.5厘米，盖上遮阴棚。2～3天即可出苗。

4. 苗期管理

出苗前，可适当喷洒少量水，使表土湿润，以利出苗。遇雨需及时遮盖。苗齐后土面如有裂缝，可用细土填缝，以利根系生长。第一次间苗，可在一叶一心时，先去杂苗、小苗及并生苗，以后看情况进行第二、第三次间苗。保持苗距10厘米见方，以利通风透光。取苗时带土坨，以利成活。采用分苗法，可节约用种培育壮苗。

5. 适时定植，施加肥水

8月中下旬，幼苗4～6叶时定植。定植后甘蓝生长快，需肥多，应施足基肥。一般每公顷施土杂肥45000～75000千克。实行窄垄栽植，株行距为30厘米×50～60厘米。

6. 越冬管理

冬季，甘蓝在自然环境下露地越冬。进入12月份，如无降雪，可将单株像捆白菜一样，用稻草等将外叶捆起来，这样收割甘蓝时，可少去除包叶。在市场价格高时，可随时收获投放市场。

第二节 大 白 菜

大白菜（*Brassica pekinensis*），别名结球白菜、黄芽菜、包心白菜等，为一二年生草本植物，是十字花科芸薹属蔬菜。原产于中国北方，引种南方，现南北各地均有栽培。19世纪传入日本、欧美各国。以叶球为产品，球叶中水分含量大，品质柔嫩，含有碳水化合物、蛋白质、矿物质及维生素等多种营养物质，在我国许多地区主要作为秋冬蔬菜，也有一些适合于春夏栽培的生态类型（图2-1-2）。栽培面积和消费量在中国居各类蔬菜之首。

以往大白菜多以秋季栽培为主，并且多为中晚熟品种，而用于早春、越夏和早秋栽培的品种却很少。因此，仅仅限于秋冬季节栽培的大白菜生产模式已不能满足消费者需求，而是要求春、夏、秋不同季节均可进行大白菜种植，以实现周年生产、周年供应。

图 2-1-2　大白菜

一、对环境的要求

大白菜要求冷凉、晴朗的自然条件，但不同的变种、类型以及品种，对生活条件的要求有一定差异。大白菜是半耐寒性蔬菜，要求有相当严格的温和气候条件。生长适温为 10～22℃，耐热力不强，当温度达到 25℃以上时生长不良，达 30℃以上则不能适应。短期－2～2℃的低温尚能恢复，－5～－2℃及以下低温则受冻害，耐轻霜，但不耐严霜。发芽的温度范围是 4～35℃，发芽适温为 20～25℃。幼苗期适宜生长温度为 22～25℃，莲座期日均温度以 17～22℃最适宜，结球期适宜温度为 12～22℃。

大白菜属于要求中等光强的蔬菜作物，属长日植物，低温通过春化后，需要在较长的日照条件下通过光照阶段，进行抽薹、开花、结实。

大白菜不同生育期，所需水分情况不同，发芽期要求较高的土壤湿度，土壤相对湿度一般应达到 85%～95%，幼苗期土壤湿度保持在 80%～90%，如遇高温干旱，应注意勤浇、轻浇水，及时中耕保墒。莲座期土壤湿度以 75%～85%为宜，结球期需水量最大，土壤湿度保持在85%～90%。大白菜对土壤的适应性较强，但以土层深厚肥沃的壤土、沙壤土或轻黏壤土栽培为宜。

有机大白菜种植的土壤环境质量应符合GB 15618中的二级标准，在有机大白菜种植前土壤要经过2～3年的转化，并对土壤有盐渍化、酸化、板结等现象进行改良；灌溉用水的水质应符合GB 5084的规定；环境空气质量应符合GB 3095中二级标准的规定；有机蔬菜生产中只能使用有机肥，并优先使用有机蔬菜基地内或其他有机蔬菜基地的有机肥，商品有机肥应符合GB/T 19630.1—2011附录C的要求，生产中使用的土壤培肥和改良物质应符合GB/T 19630.1—2011附录A的要求。

二、类型和品种

(一) 类型

大白菜可分为散叶、半结球、花心和结球4个类型。

1. 散叶类型

散叶类型为大白菜的原始类型。其特点是耐寒性较强，但不结球，以叶丛为产品。

2. 半结球类型

半结球类型虽然能结球，但球顶完全开放，叶球内部空虚，呈半结球状态。其特点是耐寒性较强。

3. 花心类型

花心类型能形成紧实的叶球，而球叶的先端向外翻卷，翻卷的部分颜色较淡，多呈白色、淡黄色或黄色，球顶呈花心状态。其特点是对气候的适应性较强，较耐热，偏早熟，生长期60～80天，多用于夏、秋早熟栽培。

4. 结球类型

结球类型球叶全部抱合，能形成紧实的叶球，叶球顶端完全闭合或近于闭合，是大白菜的高级类型，栽培最为普遍。这种类型主要包括3个生态型，即卵圆型、平头型和直筒型。

（二）品种

1. 春丰

植株外叶浓绿色，内叶黄色，圆筒形的春白菜。抗抽薹，定植后55～60天成熟，高温或低温结球力强，结球紧实。植株紧凑，可以适当密植。易栽培，水分含量低，脆，商品性优秀。抗病性强，长势旺盛，对霜霉病、软腐病等抗性强。

2. 春黄健

黄芯春白菜杂交品种，定植后60天左右收获。单球重3～4千克，商品性优秀。适合春保护地及高冷地栽培。

3. 亚洲春白菜

大棚栽培时，高冷地夏季栽培也容易。味道好，抗病性强，结球力优秀。外叶小，中肋薄，耐运输，球形大，商品性优秀。

4. 春黄王

长势强，外叶深绿色，播种后55～60天收获，单球重2.8千克左右。半包球圆筒形，结球紧实，内叶颜色黄色，水分含量高，口味好，抗病，高产，抽薹稳定。春季播种育苗时应保持在13℃以上。

5. 春黄贵

播种后60天可采收的春播黄芯白菜，圆筒形，单株重2.2～2.5千克。晚抽薹，外叶少，结球整齐紧实，易栽培。低温下结球优秀，抗根腐病和霜霉病，春季播种育苗温度应保持在13℃以上。

6. 黄强

播种后60～65天可采收，球形叠抱圆筒形，平均单球重2.5千克。外叶浓绿色，内叶鲜黄色，品质超群。抗病毒病和干烧心，适收期长，春季播种育苗温度应保持在13℃上。

7. 胜春

耐寒耐湿，长势强，特耐抽薹，抗软腐病、霜霉病，抗干烧心性极强，容易栽培管理。定植后约60天成熟，单球重3千克左右。球型叠抱呈炮弹形，外叶深绿色，内叶嫩黄色，品质佳，商品性高，适合春秋两季及高山露地栽培。

8. 希望白菜

植株生长强健，耐寒耐湿，耐抽薹，抗病性强，特抗根肿病、病毒病、霜霉病。球型叠抱呈圆筒形，外叶深绿色，内叶偏黄色，定植后55～65天采收，单球重2.5～3.5千克。结球力强，品质佳，商品性高。适于春秋季栽培。

9. 青杂50

植株较直立，株高41.4厘米，开展度58.4厘米，外叶深绿色，叶面较皱，刺毛稀少，叶柄浅绿色，叶球炮弹形，浅绿色，舒心合抱，球内浅黄色，单球重量1.3千克左右，播种后50天成熟，丰产。一般亩产叶球5000千克左右。抗病性强，风味品质好，耐储运。

此外还有青绿60、夏力45、亚洲秋黄芯、夏优白1号、娃娃黄、娃娃白、娃娃红、冬后迷你、亚洲迷你黄、橘黄迷你、亚洲大春、亚洲春黄、CR亚洲皇、春皇后白菜、春黄美、CR春福、CR金冠等适合春栽的大白菜品种，CR高夏、CR夏星、CR盛夏、CR强力盛丰等适合夏秋季栽培的大白菜品种，CC21、CC23、亚细亚迷你黄、橘芯迷你、冬王、冬后、瑛玉65日、冬王迷你等迷你型大白菜优良品种。

三、大白菜栽培技术

(一) 春大白菜栽培技术

1. 精细整地

选择无污灌史、无农药残留、周边环境好、上风头无“三废”污染源、排灌方便且耕层肥沃的地块。前茬若是其他十字花科作物，应实行2～3年轮作。在前茬收获后和种植前将黄叶、老叶、病叶及残枝及时清出田间，予以深埋或销毁。在越冬前，对菜田进行深耕、冬灌。开春后结合整地，重施基肥，每亩施入充分腐熟有机肥2000～2500千克。整地做畦，做到地面平整，采用平畦或高畦覆盖地膜栽培。一般畦宽1米，畦高10～15厘米，畦沟宽25～30厘米，每畦种2行，行距50厘米，株距30～40厘米，每亩栽苗3000～3500株。

2. 播种育苗

选耐低温、冬性强、抗抽薹、耐病虫害、高产优质、早熟、生长期短、商品性好的春季专用品种。不同的栽培方式播期不同，在正常天气情况下，利用加温温室或塑料大棚内扣小拱棚育苗，定植在塑料大棚栽培的播期为2月上旬。用加温温室育苗，露地小拱棚定植或小拱棚内覆膜直播的播期一般在2月中下旬。露地地膜覆盖栽培的育苗时间在3月上中旬，露地地膜直播栽培的适宜播期为3月下旬至4月上旬。育苗床的温度管理上，白天保持在20～25℃，夜晚不低于12℃。

3. 及时定植

定植过早，易发生冻害和早期抽薹，定植过晚，影响产量和品质。定植期应视生长环境的气温和5厘米地温而定，当两者分别稳定地通过10℃和12℃方可安全定植。定植时适宜苗龄为20～25天，适宜生理苗龄为4～5片真叶。栽苗时要保护好土坨，不要伤根，也不宜过深。定植后立即浇水。

4. 田间管理

春大白菜生长期短，不宜蹲苗，要肥水猛攻，一促到底。除施足基肥外，追肥应尽早进行，缓苗后追肥，莲座初期结合浇水重施包心肥。结球中后期不必追肥。大白菜浇水要小水勤浇，保持地面见干见湿，防止大水漫灌。整个生育期只需浇水4～5次，选择在清晨或者傍晚进行。如直播应结合浇水施肥，及时进行中耕锄草，中耕时要细心，防止机械损伤。追肥以人粪尿等速效肥料为主，每次每亩追施人粪尿800千克。大棚栽培，应注意棚膜昼揭夜盖，早春晚上保温，天晴时通风降湿。

5. 及时采收

一般定植后50天（直播60天）左右，达到八成心即可采收应市，以防后期高温多雨，造成裂球腐烂或抽薹。

（二）大白菜夏季栽培技术

1. 整地起垄

上茬作物收获后，清除杂草、残株，每亩施腐熟有机肥3000～

5000千克，深翻细耙，做到土地平整。采用高垄或高畦栽培，垄距40厘米，畦宽80厘米。

2. 播种育苗

选择生长期短、耐热、抗病品种。夏季的适宜播期为6月初至7月底。6月1日以后直播，之前可用营养土块（钵）育苗，小苗移栽。营养土块遮阴育苗，即用腐熟的厩肥1份，黏土2份，沙土0.5份，1000千克营养土中加过磷酸钙或骨粉2～3千克，充分混合均匀，压成12厘米厚的大土块，充分浇水吃透。在每一营养土块中心用小木棒插一小穴，深1厘米，每穴播种子2～3粒，上盖0.3厘米厚的薄土，播后2天即可出苗，以后间苗2～3次，每穴留1株，5～6片真叶时选下午4时以后将幼苗连同营养土块铲起定植于大田。株距33～37厘米，行距40厘米，每亩栽4500～5000株。直播时以穴播为好，每亩用种50～100克，播后覆盖0.5厘米厚细土，搂平压实。在3～4片叶时进行第一次间苗。5～6片叶时定苗。为保湿除草，定苗后在菜田用麦秸或稻草覆盖。

3. 肥水管理

夏季温度高，应始终保持土壤湿润，严防土壤干湿不均匀，在高温、干旱天气，应加大浇水量，降雨时或雨后应及时排水，以防田间积水。夏大白菜包心前10～15天浇1次透水，中耕蹲苗。在浇蹲苗水后，再追1次壮心肥。结球期要注意保持土壤水分，地表发白要及时浇水，结合浇水追施速效粪肥。一般在结球初期和结球中期，应施沤制腐熟的花生饼，兑清水或沤制腐熟的粪水淋施。结球期应保持水分均匀，充足供应，切忌时多时少，时干时湿，以保持土壤湿润为宜，一般早、晚各淋1次清水，以每次每株1～1.5千克为宜。切忌中午或下午1～2时高温烈日下淋水。结球期淋水不能浇到叶球里。雨水过多应及时排水。同时，还要用稻草或其他杂草将畦面覆盖住，草厚3～5厘米，以减少水分损失，保持土壤湿润。收获前5～7天停止浇水。

（三）秋大白菜栽培技术

1. 整地施肥

选择非十字花科蔬菜茬口，每亩施腐熟有机肥 2000～3000 千克。

2. 播种育苗

选择丰产、抗病、优质的早、中、晚熟品种。秋白菜适宜播种期既不能过早，也不能过晚，过早病虫危害加重，过晚影响成熟。一般选在 8 月 20～30 日，如遇多雨天气，播期可提前 1～2 天。每亩用种量 50～60 克，播种时种子要散开。幼苗“拉十字”时进行第一次间苗，每穴留苗 3～4 株。幼苗 6～8 片叶时定苗，定苗宜在下午进行。

3. 田间管理

在施好底肥基础上，一般追 2～3 次肥。第一次追肥在定苗后，开始结球后第二次追肥，可结合浇水每亩追施腐熟人粪尿 2000 千克。进入莲座期后要补充大量水分，每隔 7～8 天浇 1 次水，进入结球期一般每隔 5～6 天浇 1 次水，收获前 8 天停止浇水。

4. 及时采收

秋大白菜在叶球充分长成时收获，但白菜的抗寒力不强，也不能收获过迟，以避免冻害。白菜能耐轻霜，在已有轻霜时还可以留在田间继续生长。在温度降至－3℃时，白菜就会发生冻害。

四、大白菜病虫害综合防治技术

（一）农业措施

1. 合理轮作

选禾本科作物及非十字花科蔬菜轮作，避免重茬。

2. 深耕翻土

前茬收获后，及时清除残留枝叶，立即深翻 20 厘米以上，晒垡 7～10 天，压低虫口基数和病菌数量。

3. 适期播种

秋大白菜应适期晚播，一般于立秋后 5～7 天播种，以避开高温、减轻病毒病等为害。春大白菜适当早播，阳畦育苗可提前20～30 天播种，减轻病虫害。

4. 起垄栽培

夏、秋大白菜提倡起垄栽培，夏菜用小高垄栽培或半高垄栽培，秋菜实行高垄栽培或半高垄栽培，利于排水，减轻软腐病和霜霉病等病害。

5. 加强管理

苗床注意通风透光，不用低湿地作苗床。及时间苗、定苗，促进苗齐、苗壮，提高抗病力。田间雨后及时排水，降低田间湿度。发现软腐病株及时清除，防止软腐病菌传播。用充分腐熟的沤肥作基肥。酸性土壤结合整地施用生石灰 100～300 千克/亩，调节土壤酸碱度至微碱性。

(二) 种子处理

精选种子后，将种子在冷水中浸润，然后放入 55℃温水中，保持 15 分钟，立即捞出放入冷水中降温，捞出催芽。

(三) 物理防治

蚜虫具有趋黄性，可设黄板诱杀蚜虫，用 60 厘米×40 厘米长方形纸板，涂上黄色油漆，再涂 1 层机油，挂在行间或株间，每亩挂 30～40 块，当黄板粘满蚜虫时，再涂 1 次机油。或挂铝银灰色或乳白色反光膜避蚜传毒。有条件的在播种后覆盖防虫网，可防止蚜虫传播病毒病。可在田间设置黑光灯诱杀害虫。

(四) 生物防治

可使用苏云金杆菌乳剂或可湿性粉剂兑水喷雾，防治菜青虫、菜螟、小菜蛾等。使用 2%宁南霉素水剂 200～250 倍液喷雾，可防治病毒病。用 1%武夷霉素水剂 150～200 倍液喷雾防治大白菜白粉病、霜霉病、叶霉病。用 72%硫酸链霉素可溶性粉剂 4000～5000 倍液或 2%中生菌素水剂 200 倍液防治软腐病、黑腐病。用 100 万单位新植霉素粉剂 4000～5000 倍液喷雾防治软腐病、黑腐病。

（五）植物灭蚜

用1千克烟叶兑水30千克，浸泡24小时，过滤后喷施。小茴香籽（鲜品根、茎、叶均可）0.5千克加水50千克密闭24～48小时，过滤后喷施。辣椒或野蒿加水浸泡24小时，过滤后喷施。蓖麻叶与水按1∶2相浸，煮15分钟后过滤喷施。桃叶浸于水中24小时，加少量石灰，过滤后喷洒。1千克柳叶捣烂，加3倍水，泡1～2天，过滤喷施。2.5%鱼藤精600～800倍液喷洒。烟草石灰水（烟草0.5千克，石灰0.5千克，加水30～40千克，浸泡24小时）喷雾。

第三节　生　　菜

生菜（*Lactuca sativa* Linn. var. *ramosa* Hort.）是菊科莴苣属能形成叶球的一、二年生草本植物。又称千金菜，原产地中海沿岸，世界各地普遍栽培（图2-1-3）。肥嫩多汁，甜中带苦，清香爽

图2-1-3　生菜

口。其耐寒性强，生长期间对光照要求不严格，很适合日光温室生产，栽培面积不断增加。生菜内有乳状液，含糖、甘露醇、蛋白质、莴苣素及一些矿物质。莴苣素有苦味，有催眠镇痛之效，可提炼制药。而且还是肯德基、麦当劳等快餐及西餐中的佳品，要求周年均衡供应。

一、对环境的要求

（一）温度

生菜喜欢冷凉，忌高温，稍能耐霜冻。生菜种子在4℃以上开始发芽，温度较低，则发芽缓慢。发芽的最适温度为15～20℃，在28℃以上时，发芽受到抑制。故夏季播种时宜对种子做适当的低温处理。茎叶生长的最适温度为10～20℃，结球品种适温为13～18℃，开花结籽最适温度为22～29℃。温度升高，能促进抽薹开花。

（二）光照

生菜为喜阳性植物，但也能耐一定弱光。在光照充足时，植株生长较健壮，叶片较厚，叶球较紧实。若光照不足，或遮阳密闭，则植株生长较弱，叶片变薄，节间变长，叶球较松散。在长日照下，生菜的抽薹开花随温度的升高而加快。此外，生菜种子具有需光性，适当的散射光可促进发芽。播种后，在适宜的温度、水分、氧气供应和防止曝晒的条件下，不覆土或浅覆土时可比厚覆土的种子提前发芽。

（三）水分

生菜的叶片多，叶面积大，蒸腾量大，消耗水分多，故不耐旱。但若水分过多，则不利于根系的生长，并易造成发病腐烂。一般来说，前中期要有充足而均匀的水分供应，保持土壤湿润。灌溉要适度，不可过湿，特别是结球生菜生长后期要控制水分供应，防止因水分过多导致裂球和发病。灌溉用水的水质应符合GB 5084的规定。

(四) 土壤

生菜对土壤的适应性虽较广，但由于其根系较浅，根的吸收能力弱，且根对氧气的要求较高，故以选择地势较高、疏松、较肥沃、排灌方便的地块种植较好。土壤以微酸性（pH 值 6～6.5）为宜。有机生菜种植的土壤环境质量应符合 GB 15618 中的二级标准，在有机生菜种植前土壤要经过 2～3 年的转化，并对土壤有盐渍化、酸化、板结等现象进行改良。

(五) 肥料

由于生菜的食用部位是叶片，所以要求氮肥的供应必须足够，磷、钾肥也不可缺少。据分析，每公顷产 22500 千克的生菜，吸收氮、磷、钾的量分别为 57 千克、27 千克和 100.5 千克。有机蔬菜生产中只能使用有机肥，并优先使用有机蔬菜基地内或其他有机蔬菜基地的有机肥，商品有机肥应符合 GB/T 19630.1—2011 附录 C 的要求，生产中使用的土壤培肥和改良物质应符合 GB/T 19630.1—2011 附录 A 的要求。

二、类型与品种

(一) 类型

生菜依株型和叶形可分为三类。一是皱叶莴苣，其叶片近圆形或卵圆形，叶全缘、波状或浅裂，叶面皱缩，不结球或冷凉季节结成松散叶球，如广东玻璃生菜、软尾生菜，从国外引进的奶油生菜、红叶生菜、全年生菜等。二是长叶莴苣，又称直立莴苣，植株呈直立或半直立生长，叶片倒卵形，叶缘波状或锯齿状，叶面微皱，不结球或在冷凉季节能结成松散的圆筒形或圆锥形叶球，如广东牛利生菜，从国外引进的罗马直立生菜等。三是结球莴苣，又称包心生菜，叶片椭圆形或倒卵形，叶全缘、锯齿状或浅裂，叶面平滑或皱缩，外叶展开，绿色，心叶向内抱合成叶球，呈圆球形或扁圆球形，绿白色，主要品种有万利、皇帝、奥林匹亚、绿湖、大湖等。

根据在冷凉季节能否结成紧实叶球可分为散叶莴苣和结球莴苣

两种类型。其中散叶莴苣即包括上述的皱叶莴苣和直立莴苣两种。

根据叶的质地又可分为软叶（绵叶）、脆叶两种类型。软叶型的口感柔软嫩滑，如奶油生菜、红叶生菜、玻璃生菜、软尾生菜等。脆叶型的口感爽脆可口，如罗马直立生菜、结球生菜等。

（二）生菜的品种

1. 散叶生菜

（1）红花叶生菜　引自日本，半结球型，外叶生长直立，叶片近椭圆形，叶面多皱缩，叶缘缺刻，呈波纹状，叶为浅绿色，边缘为紫色，叶肉较厚，质地柔嫩，略带苦味，品质佳，生育期60～70天，平均单株重550克，每亩产3000千克左右。

（2）83～98皱叶生菜（紫红）　由北京市蔬菜中心选育，叶色紫红，外叶鲜艳美观，叶片花球状，抗病性强，定植后40天左右可收获，每亩产1500千克左右，适于北方地区春季大棚和露地栽培。

（3）83～70皱叶生菜　北京市蔬菜中心选育，叶面皱缩，叶色浓绿，叶片花球状，外观鲜艳，为餐果点缀的好品种，定植后30天左右即可收获，每亩产1500千克。

另外，还有绿波生菜、岗山沙拉生菜、红帆紫叶生菜、东方凯旋生菜等品种。

2. 结球生菜

（1）大将　我国台湾农友公司育成的早熟品种。该品种结球整齐、紧实，外叶少而球大，单球重1千克左右。叶球淡绿色，脆嫩多汁，品质优良，耐热性强，抗枯萎病。一般栽培密度为30厘米×25厘米，每亩约产3000千克。

（2）凯撒　从日本引进的极早熟优良品种。株型紧凑，生长整齐。叶球高圆形，浅黄绿色，品质脆嫩，单球重约0.5千克。该品种耐热性强，在高温下结球良好，抽薹晚，抗病，耐肥，生育期80天左右，适合春、秋季保护地及夏季露地栽培，每亩产2000～3000千克。

（3）米卡多　由日本引进的早熟品种。外叶中等大小，油绿色，叶缘齿状缺刻，叶球扁圆形，油绿色，品质优良，单球重0.5～0.6千克。该品种耐热性强，抽薹较晚，夏、秋季栽培表现良好，夏季可直播栽培。耐病，不焦边，从定植至收获约需45天。

此外，还有北山3号、皇帝、皇后、前卫75号、大湖659、绿湖、玛莎659、美国PS、东方翠星、东方福星等优良品种。

选择的品种应符合GB/T 19630.1—2011的要求。

三、生菜栽培技术

（一）茬口安排

生菜在华北及中原地区从9月初至12月底，依据日光温室的温度及定植时间安排播种。秋冬茬在8月上旬至9月上旬直播或育苗，苗龄25～35天。9月下旬至10月上旬定植在未扣膜的温室内，元旦前开始上市。

冬茬在9月上旬至10月上旬播种育苗，苗龄30～35天，10月下旬至11月上旬定植，1月上旬至2月上旬收获。

冬春茬在12月下旬至2月上旬播种，苗龄30～40天，收获期从2月下旬至4月初。

（二）冬茬、冬春茬栽培技术

1. 播种前的准备

用育苗盘育苗需配制营养土，生产中按洁净菜田表土、细炉灰、草炭、腐熟细粪3∶2∶2∶3的比例配制，pH值要求6.0～7.0。

用育苗畦育苗，则要求选择光线良好、有机质含量高的沙质壤土或壤土，每10平方米施腐熟细有机肥30～50千克。

精细整地，耕翻深度在25厘米左右，使土壤和肥料充分混匀，以免烧苗。做成宽1～1.5米的平畦，以利于操作。播种前2～3天浇足底水，要使畦内保持3～5厘米的明水。温度较低时要提前扣小棚烤畦，以提高畦温度。

2. 播种

生菜种子千粒重0.8～1.2克，每亩定植10000株左右。用育苗盘育苗，每亩需要种量10～15克，60厘米×25厘米的育苗盘播1克左右。育苗畦播种，每亩播种量为20～30克，每平方米播种2～3克。播前在浇透水的育苗畦或盘内撒薄薄一层细干土，厚度约0.1厘米，防止种子滚浆，以利于发根。生菜种子小且轻，播种时可以混细干沙，既便于撒播，还有利于观察种子撒得是否均匀。一般先播3/4，再用1/4补播，务必使种子撒播均匀。播完种后，上覆0.3～0.5厘米厚的细干土或营养土，搭设小棚保湿增温，育苗盘也可以放在电热线上，温度维持在18～20℃，5～6天幼苗即可出齐。

3. 苗期管理

幼苗拱土后，及时撤掉小棚，要求白天18～20℃，夜间8～10℃，白天超过22℃时立即通风，低于20℃关风。苗期生长恰逢外界气温较低，应注意覆盖保温。当植株长至2叶1心时，育苗畦育苗应及时进行间苗，保证单株营养面积为5厘米×5厘米，间苗后应适当浇水稳苗，一般用喷壶喷水或加0.5%的尿素，可起到轻度追肥的作用。而后适当控水，“团棵”时准备定植。育苗盘育苗，2叶1心时及时移植，移植前2～3天浇透水，使幼苗含水充足。分苗畦的准备同育苗畦，可以适当增加有机肥的含量。分苗畦浇大水后，按5厘米见方拉方，扎孔栽苗，此后喷水稳根，促进根系发育。

4. 整地做畦和定植

冬茬或冬春茬栽培，前茬多为秋延后或秋冬耐寒速生菜，茬口比较紧张，定植前更应仔细整地，施足有机肥料，每亩施充分腐熟的有机肥3000～4000千克，过磷酸钙30～40千克，草木灰100千克。北方温室多做成平畦，畦宽1米，畦长依温室跨度而定，多为6～7米。

地整好后，铺地膜，早熟品种按25～30厘米见方、中熟品种按35厘米见方的株行距打孔定植，定植后将定植穴压土盖严，以利于提高地温和减少杂草发生。浇定植水时以点浇为好，严禁大水漫灌。有些地方不覆盖地膜，则采用开沟坐水定植后不再浇水。苗定植后应适当提高温室温度，白天保持在18～20℃，夜间12～15℃，少放风以利于缓苗。

5. 定植后的管理

结球生菜定植时第 1 叶已形成，至植株开始包心（莲座期），此间要求白天保持在 18～22℃，夜间 10～12℃。结球期白天保持在 20～24℃，夜间 12～14℃，保持较大的昼夜温差是生产高质量叶球的必要条件。

生菜叶片柔嫩多汁，对水分要求多，整个生育期水分供应要充足。定植缓苗后适当控水，以促进根系发育。不铺地膜定植的，应及时中耕，深度为 2～3 厘米，缓苗后 7～10 天再浇水、中耕，植株进入莲座期后不要中耕。铺地膜定植的要适当控水，促进根系发育，防止植株徒长。当结球开始时，适当增加肥水，以满足结球的需要。生菜要求田间土壤持水量在 60%左右，空气相对湿度为 70%～80%。

6. 病虫害防治

反季节有机生菜主要的病虫害有霜霉病、白粉病、炭疽病、蚜虫、白粉虱等。

(1) 防治措施　选抗病品种，进行种子消毒，降低床内湿度。病害发生时，还可采用高温闷棚抑制病情发展。选择晴天中午密闭棚室，使其内温度迅速上升到 44～46℃，维持 2 小时，然后逐渐加大放风量，使温度恢复正常。为提高闷棚效果和确保黄瓜安全，闷棚前一天最好灌溉水，提高植株耐热能力，闷棚后要加强肥水管理，增强植株活力。针对其他病虫害可采用物理诱杀和生物防治方法进行防治。

(2) 物理诱杀　利用有特殊色谱的板质，涂抹黏着剂，诱杀室内的蚜虫、斑潜蝇、白粉虱等害虫。可在作物的全生长期使用，其规格有 25 厘米×40 厘米、13.5 厘米×25 厘米、10 厘米×13.5 厘米三种，每亩用 15～20 片。也可铺银灰色地膜或张挂银灰膜膜条进行避蚜。还可在棚室的门口及通风口张挂 40 目防虫网，防止蚜虫、白粉虱、斑潜蝇等进入，从而减少由害虫引起的病害。还可以利用频振式杀虫灯诱杀多种害虫。

(3) 生物防治　有条件的，可在温室内释放天敌丽蚜小蜂控制白粉虱虫口密度，即在白粉虱成虫低于0.5头/株时，释放丽蚜小蜂黑蛹3～5头/株，每隔10天左右放一次，共3～4次，寄生率可达75%以上，防治效果好。宜采用病毒、线虫、微生物活体制剂控制病虫害。可采用除虫菊素、苦参碱等植物源农药防治虫害。

(三) 秋冬茬栽培技术要点

1. 浸种催芽

秋季播种时外界温度尚高，除选用适宜的品种外，还要进行催芽。具体方法是用20℃温水浸种3～4小时，搓洗沥去多余水分后，置于20℃温度下催芽。农民有时在水井或窑洞等自然低温处催芽。

2. 遮阴

生菜秋冬茬无论直播或育苗，都要进行遮阴，有条件的可利用遮阳网进行遮阴。否则可利用冬瓜、丝瓜架下的遮阴环境育苗。

3. 定植

秋冬茬是定植在尚未扣膜的温室，应修好排水沟，防止因雨水淹引起沤根及病害。

4. 覆膜

生菜属耐寒性蔬菜，但外界最低气温降到10℃以下，初霜来临之前日光温室亦应覆膜、盖苫，但在覆膜后要加强通风，使之逐步适应保护环境。生菜进入冬季后，参考冬春茬栽培技术，灵活应用，以达到优质高产的目的。

5. 病虫草害防治

参见冬茬、冬春茬防治技术。

(四) 采收和包装

1. 采收

结球生菜采收的标准是，叶球松紧适中，用手自顶部轻压时，叶球稍有承受能力。未成熟时，叶球发松，过度成熟时常造成叶球爆裂或腐烂。收获时从地面割下，剥除外叶，长途运输时保留3～4片外叶以保护叶球。

2. 包装

包装袋由聚乙烯膜制成，每个包装袋上要事先打好 6～8 个直径为 0.3 厘米的小孔。采收后每袋装 1 个叶球，装袋后再行装箱，每箱装 24 个叶球，重约 10 千克。如果长途运输，在装箱后要进入冷库预冷。

采后的清洗、分级、包装等应采用物理的、生物的方法，不应使用 GB/T 19630.2—2011 附录 A 以外的化学物质进行处理。

第四节 花 椰 菜

花椰菜（*Brassica oleracea* L. var. *botrytis* L.），又名菜花、花菜，为十字花科芸薹属甘蓝种的一个变种，以短缩肥嫩花枝和花蕾等聚合而成的洁白花球为产品（图 2-1-4）。原产地中海沿岸，19 世纪传入中国南方，由于其营养丰富、柔嫩多汁、味道鲜美，深受广大消费者的喜爱。近年来栽培面积迅速扩大，已从传统的“细菜”发展成为我国的主要蔬菜作物之一。

一、对环境的要求

花椰菜生育习性喜冷凉，属半耐寒蔬菜，它的耐热耐寒能力均不如结球甘蓝，既不耐高温干旱，亦不耐霜冻。生育适温比较狭窄，栽培上对环境条件要求比较严格，这主要是由它的植物学特征决定的。由于花椰菜的产品器官是短缩的花枝、花轴、花蕾等聚合而成的花球，花球既是生殖器官，又是养分储藏器官。

反季节有机花椰菜种植的土壤环境质量应符合 GB 15618 中的二级标准，在有机花椰菜种植前土壤要经过 2～3 年的转化，并对土壤有盐渍化、酸化、板结等现象进行改良；灌溉用水的水质应符合 GB 5084 的规定；环境空气质量应符合 GB 3095 中二级标准的规定；有机蔬菜生产中只能使用有机肥，并优先使用有机蔬菜基地内或其他有机蔬菜基地的有机肥，商品有机肥应符合 GB/T 19630.1—2011 附录 C 的要求，生产中使用的土壤培肥和改良物质

图 2-1-4　花椰菜

应符合 GB/T 19630.1—2011 附录 A 的要求。

二、类型和品种

(一) 类型

根据生长期长短，花椰菜可分为早熟、中熟和晚熟 3 个类型。早熟类型一般指定植后 40～60 天收获的品种，中熟类型指定植后 70～90 天成熟的品种，晚熟类型指定植后 90 天以上收获的品种。在上述类型之间还存在着中间型，这就构成了适应不同地区、不同季节栽培的各类品种。北方地区春花椰菜栽培多选用中晚熟品种，秋季则适宜选用早、中熟品种。南方地区可根据花椰菜对生长条件的要求，结合当地气候条件和适宜栽培时间及生产上市目的等综合考虑来选用不同类型的品种。

(二) 品种选择

华南夏热冬暖地区，通常在秋、冬两季栽培花椰菜，宜选用冬性强、耐寒的大花球晚熟品种。长江流域至黄河流域的春花椰菜也应选用冬性强的晚熟品种，而秋花椰菜宜选用耐热、冬性弱的早熟品种，也可选用中熟品种。北方春、夏花椰菜应选用冬性强的大花球晚熟品种，而秋花椰菜应选用早熟品种或中熟品种。以下是一些优良品种的介绍。

1. 耶尔福

由也门引进。植株健壮，株高38.6厘米，开展度52厘米。叶片绿色，呈披针形，约22片叶时出现花球。花球洁白，致密，匀称，整齐，品质好。花球高5.8厘米，横径23厘米。单球重0.5～0.75千克。耐寒性较好，耐热性较差。早熟，定植后40天左右开始采收花球。成熟期较集中。适宜春茬栽培。适于华北、西北、西南地区及河南等地栽培。

2. 瑞士雪球

原产于瑞士。植株外叶较直立，生长势中强，适于密植。花球圆球形，白色，高约6.6厘米，横径约22厘米。耐寒性强，不耐热，在高温下结球小而松散。早熟，定植后50天左右收获花球，适于早春栽培，收获期为5月中旬至6月上旬。适于华北、东北及陕西、四川、山东等地栽培。

3. 雪蜂

由天津市蔬菜研究所育成，属春早熟花椰菜类型。株高45厘米，开展度56厘米。单球重0.6～0.75千克。品质优良。早熟，定植后约50天成熟。每亩产量2000～2500千克。收获期较集中，5月中旬上市。适于早春露地、保护地栽培。已在华北各地普遍栽培。

4. 白蜂

是天津市蔬菜研究所用自交不亲和系交配而成的花椰菜杂种品种。株型紧凑，株高59厘米，开展度58厘米。单球重0.7千克左右。内层叶扣抱，中层叶上冲，可使花球免受阳光直射。早熟，耐热性强，抗病。每亩产量1800千克。适于秋季早熟密植栽培。已在北方各地推广种植。

5. 法国花菜

从法国引进的早熟种。植株生长势强，株高45～50厘米，适于密植。花球半圆形，紧实洁白，组织致密，品质优。单球重0.5～1千克。每亩产量1200～1500千克。耐寒，不耐热，不耐涝，抗病力中等。从定植至收获需65～70天。宜做春季露地和保护地栽培。适于北京及华北、东北、华东部分地区栽培。

6. 雪山

中国种子公司从日本引进的一代杂种。植株生长势强，株高70厘米左右，开展度80～90厘米。中晚熟，定植至收获70～85天。耐热性、抗病性中等，对温度反应不敏感，对温度适应性广。每亩产量2000～2500千克。适于我国大部分地区种植，南北方均可做春季栽培。

7. 荷兰早春

中国农业科学院蔬菜花卉研究所选育的品种。单球重0.4～0.7千克。易散球。极早熟。苗期抗猝倒病性差。从定植至商品成熟45～50天，可持续收获10～15天，每亩产量1500～2000千克。适于北京郊区、华北和东北地区早春保护地栽培。四川、云南和福建可做秋季栽培。

8. 荷兰48

从荷兰引入，现为兰州市及西北地区春季主栽品种之一。花球大而洁白，单球重2～2.5千克。花球质地鲜嫩。中早熟，从定植至采收需55～60天。适应性较强，耐瘠薄，较抗病。每亩定植2000～2200株。5月初至6月中旬收获。适于甘肃及西北部分地区栽培。

9. 荷兰雪球

自荷兰引进的品种。株高50～55厘米，开展度60～80厘米。花球呈圆球形，单球重0.75～2千克。花球紧实、肥厚、雪白，质地柔嫩，品质好。耐热性强。中早熟，从定植至收获需60天，每亩产量2000～3000千克。适于我国北方及华东地区做秋菜花栽培。

10. 福农10号

福建农学院园艺系选育的品种。株高57～60厘米。单球重1～1.3千克。中熟品种，从定植至初收需80天。每亩产量1500千克左右。较耐热，耐涝性弱。适于福建、东北、华北及长江流域等地种植。

11. 津雪88

由天津市蔬菜研究所育成的杂种一代，属春、秋两用型花椰菜品种。春季栽培定植后50天左右成熟。平均单球重1千克。5月上旬上市，每亩产量2500～3000千克。秋季栽培定植后约70天成熟。

12. 夏雪40

由天津市蔬菜研究所育成的杂种一代，属秋季耐热早熟花椰菜品种。定植后40天左右成熟。单球重0.5～0.6千克，每亩产量1600千克左右。由于品种成熟期早，8月下旬即可上市，可填补市场空白，经济效益很高。

13. 夏雪50

属秋早熟耐热的杂种一代，由天津市蔬菜研究所育成。株高60～65厘米，开展度58～60厘米。单球重0.75～0.8千克。定植后50天左右收获。品质优良。每亩产量2000～2500千克。

14. 云山1号

属秋晚熟和春季栽培两用型杂种一代，由天津市蔬菜研究所育成。定植后85天左右成熟。株高85厘米，开展度90厘米。平均单球重1.8千克左右，每亩产量4000千克以上。抗病性较强。

15. 登丰100天

浙江省温州市南方花椰菜研究所应用系统选育方法育成的品种。平均单球重2.5千克。中晚熟，从定植到收获约100天，抗病性好，抗寒性强，每亩产量2500～4000千克。适合长江流域以南地区做中早熟栽培，也适于北方地区做秋季中熟栽培。

三、花椰菜的反季节栽培

（一）品种选择与播期

有机夏秋花椰菜可在6月上旬至7月下旬播种，选用早熟或中早熟品种，如澄海早花、荷兰雪球等。

（二）培育壮苗

培育壮苗分为地栽苗和营养钵苗两种育苗方法。

1. 床土准备

选择近水源，地势高燥，通风，土质通透性好，前作未种过结球甘蓝、芥菜等甘蓝类蔬菜的肥沃沙质壤土作苗床，深翻后曝晒。每亩施入腐熟厩肥800～1000千克，复合肥适量，肥土均匀，耙细整平，做成畦宽（包沟）1.3～1.7米，畦高10～15厘米。营养钵育苗用新鲜园土60%，腐熟厩肥35%，草木灰、腐熟人粪尿5%，配制成营养土，土肥过筛混匀，装钵。

2. 催芽播种

可播干籽或催芽籽。催芽时先将种子置于60℃热水中浸泡15分钟，边浸泡边搅拌，去掉病粒、杂质和浮粒，自然降温后继续浸种25～40分钟，捞出后晾干，用湿布包住晾干的种子置于阴凉处催芽。地栽苗采用撒播，每亩播种1～1.5千克，营养钵每钵播种1～2粒，播前苗床浇足底水，待水渗下后薄撒一层过筛的细土，撒播或点播后均匀盖上一层3～5毫米厚的过筛细土，然后用稻草或其他遮阳物覆盖畦面。

3. 苗床管理

夏秋播种，天气炎热，必须在育苗畦上搭设高约1米的小拱棚，上盖遮阳网遮阳。播种2～3天后出苗，出苗前于傍晚将畦面的遮阳网揭去，次日早晨浇水至土粒充分湿润。长出第一片真叶后，每天浇水2次，阴雨天少浇水或不浇水。长出1～3片真叶时间苗、除草，每个营养钵内只留1株苗。生长期间酌情追肥，每次间苗除草后，结合浇水追肥10%的稀人粪尿。地栽苗苗龄20天左右，3～4片真叶时，选阴天或晴天傍晚，按大小苗进行分级假植，株行距8～10厘米见方，边移苗，边浇定根水，边遮阳，缓苗后浇1次薄肥水，约经15～20天，6～7片真叶时定植。

（三）及时定植

栽培季节多雨的地区，宜采用深沟高畦以利排水，选择保水保肥的壤土或黏壤土，基肥以速效氮肥为主，每亩施入充分腐熟的速效人粪尿 2500 千克。极早熟品种，每亩定植 2500～3000 株，早中熟品种每亩植 2000～2500 株。宜在傍晚定植，营养钵苗去钵，栽植深度以覆土至距钵苗原土球表面约 1 厘米且地栽苗子叶露出地面为宜。植后随即浇足定根水。

(四) 田间管理

加强水肥管理，是花椰菜优质高产栽培的关键性措施。定植成活后及时追肥。于旱天气要及时灌水，但不要漫灌，灌水至畦面湿透即可。生长前期及时结合追肥，中耕除草 2～3 次，适当培土，花球露出后，摘取植株中下部 2～3 片叶或将内叶折而不断覆盖在花球上，盖严盖实以防晒。

(五) 采收

适时采收花球是花椰菜优质高产栽培的一个重要环节。应在花球充分肥大、表面圆正而未松动前及时采收，采收时应带 3～4 片嫩叶一起收割。

第五节　芹　　菜

芹菜（*Celery coriandrum sativum* L.），别名药芹、旱芹等。是伞形科一、二年生草本植物。它原产地中海沿岸及瑞典等地的沼泽地带。芹菜经多年栽培，演化成两个类型，即中国类型（本芹）和欧洲类型（西芹）。我国广泛栽培的为本芹。芹菜，尤其是芹菜叶，对预防高血压、动脉硬化等都十分有益，并有辅助治疗作用(图 2-1-5)。

一、对环境条件的要求

(一) 土壤和养分

芹菜对土壤的适应性较强，但在含有机质丰富、保水保肥性好的壤土上生长良好，而在沙土、沙壤土上易缺水缺肥，造成芹菜叶柄发生空心现象。芹菜要求较完全肥料，吸收氮、磷、钾的比例为 3∶1∶4，生长前期易缺磷，后期易缺钾，而缺氮也会使叶片变小，

图 2-1-5 芹菜

叶柄易发生空心和老化。芹菜对硼较敏感，缺硼常引起裂茎。要求土壤酸碱度 pH 值为 6.0～7.6，pH 值在 5 以下或 8 以上则生长不良。

(二) 水分

芹菜一生中需水量较大，不耐干旱，要求有充足的水分供应，使产品鲜嫩。如生长过程中缺水，则叶柄中厚壁组织加厚，纤维增加，植株易空心、老化。

(三) 光照

芹菜的营养生长期对光照要求不严，如光照较强，植株开展度较大，相对的弱光植株直立，利于提高品质。但光对芹菜的生长发育有明显的作用，种子发芽有光比完全黑暗容易。长日照可促进抽薹开花，而短日照延迟开花进程，促进营养生长。

(四) 温度

芹菜属耐寒性蔬菜，要求冷凉湿润的环境条件。种子在 4℃即可发芽，最适温度为 15～20℃，7～10 天即出芽，低于 15℃或高于25℃就会降低发芽率并延迟发芽时间，30℃以上几乎不发芽。短时间30℃以上温度对生长影响不大，对低温忍耐力更强，可耐−10～−7℃的低温。幼苗接受10℃以下低温，经10～15天就能通过春化，遇长日照即开花。根系在10～35℃可生长，最适温度18～28℃。

反季节有机芹菜种植的土壤环境质量应符合GB 15618中的二级标准，在有机芹菜种植前土壤要经过2～3年的转化，并对土壤有盐渍化、酸化、板结等现象进行改良；灌溉用水的水质应符合GB 5084的规定；环境空气质量应符合GB 3095中二级标准的规定；有机蔬菜生产中只能使用有机肥，并优先使用有机蔬菜基地内或其他有机蔬菜基地的有机肥，商品有机肥应符合GB/T 19630.1—2011附录C的要求，生产中使用的土壤培肥和改良物质应符合GB/T 19630.1—2011附录A的要求。

二、栽培技术

（一）夏秋栽培技术

芹菜常规栽培适栽季节，一般是9月播种，11月移栽，春节前后收获上市。但近几年来，经生产实践，采用遮阳技术和其他技术措施配套起来，进行反季节栽培，可取得显著的经济效益。夏秋栽培从4月开始陆续播种，5月中下旬开始移栽，7～11月收获上市。

1. 育苗及苗期管理

(1) 浸种催芽　进行反季节栽培，怎样才能使得芹菜正常出芽，这是最关键的技术。特别是在6月以后，天气进入高温季节，一般温度都在30℃左右，若浸种催芽不采取相应的技术措施，芹菜种子很难发芽，即使发芽，发芽势和发芽率都很差。因此，必须进行相应的技术处理，常用的方法是在用清水浸湿擦种后，可采取0.5%的高锰酸钾55℃温水溶液浸10分钟，取出清水洗净，放入冰箱冷藏室5℃冷水浸15～18小时。此后，将处理后的种子放在透光好、凉爽通风处保湿催芽，每天早晚各用凉水洗1次，7～10

天可播种。

（2）播种　栽1亩地约需种子量50克。选择肥沃有机质丰富的壤土田作苗床，做成畦宽1.5米左右（连沟），畦沟深30～35厘米，在畦面撒上一定量腐熟猪粪和少量复合肥，浅翻耙碎、整平后播种（为使播种均匀，最好用细沙与种子按一定比例混匀再播种），播后盖上一层薄土，再盖上一层薄稻草淋湿，拉上遮阳网或搭遮阳棚遮阳。

（3）苗床管理　播种后每天要淋水，保持畦面湿润。出苗后要及时把稻草揭掉。幼苗长至两片叶时开始追肥，可用0.2%～0.3%的硫酸钾复合肥淋施，掌握一个星期淋施一次。幼苗生长期间及时做好除草工作。通过50天左右管理，幼苗长至10～12厘米时移栽定植。

（4）移栽定植　最好选择阴天移栽，起苗前苗床先淋足水，大小苗分开种，种植规格株行距8厘米×12厘米（亩栽6万株左右），要浅植，定植后即时拉上遮阳网。

2. 大田管理

根据芹菜生长喜欢湿润而不耐干旱的特点，要经常保持畦面湿润。反季节栽培宜采取高畦深沟种植，使畦沟里保持有水层，既起到降温作用，又便于淋水。

3. 病虫害防治

（1）主要病虫害　反季节有机芹菜主要病虫害有叶斑病、斑枯病、蚜虫、烟粉虱等。

① 叶斑病（又称早疫病）　主要危害叶片，病斑初期呈黄绿色水渍状，扩展后为圆形或不规则病斑，病斑不受叶脉限制，严重时病斑连成片，全叶枯死。空气潮湿时，病斑上密生灰色绒状霉层。

② 斑枯病（又称晚疫病）　主要危害芹菜叶片，病斑最初为淡褐色水渍状的圆形小斑点，边缘明显，扩大后变成不规则形，边缘黄褐色，中间黄白色至灰色，其上着生许多小黑点，病斑外有黄色晕圈。叶柄及茎部病斑为椭圆形，色稍深，微凹陷。

③ 蚜虫、烟粉虱　在芹菜整个生长发育期都可发生，初发生

时主要集中在心叶处吸食叶片汁液，使叶片生长不良而发生皱缩，叶柄不能伸展，危害严重时整株芹菜萎缩。在育苗期和移栽后都要及时用药防治。

(2) 病虫害防治

① 生物防治　释放丽蚜小蜂，每 10 天放一次，连续放 3～4 次，即可有效控制其为害。

② 物理防治　诱杀成虫。铺、挂银灰膜避蚜或利用黄板、黄皿诱杀蚜虫。设施栽培中可充分利用遮阳网、防虫网等保护设施，也可用高温闷棚，来净化温室，使棚室无病虫源。

③ 药剂防治　白粉虱可用0.5%黎芦碱乳油 600～800 倍液喷雾防治，蚜虫可用维绿特（苦参碱杀虫剂）800～1000 倍液或印楝素 400～600 倍液喷雾防治。温室内，也可利用草蛉、瓢虫等天敌昆虫有效防治蚜虫、温室白粉虱，或用 2.5%鱼藤酮 1000 倍液喷雾防治蚜虫、白粉虱。芹菜斑枯病发病初期，可用波尔多液（1：0.5：200）喷雾。

4. 采收

芹菜要适时收获，收获过早会影响产量；收获过晚，叶柄的养分会向根部转移，使叶柄质地变粗、纤维增多，甚至出现空心，从而降低品质，影响产量。一般秋芹菜上市期为 11 月中旬至 1 月中旬，冬芹菜上市期为 1 月下旬至 3 月中旬。

(二) 秋延后栽培技术

芹菜大棚秋延后栽培的设施较简单，环境条件适于芹菜的生长发育，芹菜的产量高、品质好，因而经济效益很高。上市期正值冬季绿叶菜缺乏季节，是芹菜周年供应重要的环节。

1. 栽培季节

秋延后栽培利用简易塑料大棚时，于 7 月下旬至 8 月上旬播种育苗，9 月上旬定植在大棚等保护设施中，初冬或深冬陆续收获上市。

2. 适宜品种

秋延后栽培的后期处于秋末冬初的低温季节，所以要选用耐寒性强、叶柄充实、不易老化、纤维少、品质好、株型大、抗病、适应性强的品种。由于收获期较长，且采收越晚价格越高，所以不要选速生品种，宜选用生长缓慢、耐储藏的品种。由于冬季人们对绿色菜有所偏爱，所以选用的品种有美国芹菜、津南实芹1号、玻璃脆、意大利冬芹等。

3. 育苗

秋延后栽培芹菜的播种育苗期应适当，如播种过早，则收获期提前，不便于冬季储藏；播期过晚，在寒冬来临前芹菜尚未完全长足，则产量不高。

（1）建育苗床　育苗床应选择地势高，易灌能排，土质疏松、肥沃的地块。苗期正值雨季，做畦时一定设排水沟防涝。畦内施腐熟的有机肥3000～5000千克/亩，然后浅翻、耙平，做成宽1.2～1.5米的平畦或高畦。

（2）种子处理　芹菜种子发芽缓慢，必须催芽后才能播种。先用凉水浸泡种子24小时，后用清水冲洗，揉搓3～4次，将种子表皮搓破，以利发芽。将种子捞出后用纱布包好，放在15～20℃的冷凉处催芽，每天用凉水冲洗1～2次，并经常翻动和见光，6～10天即可发芽。待80%的种子出芽时，即可播种。育苗期易发生斑枯病、叶枯病等病害，为防止种子带菌，可用48～49℃的温水浸种30分钟，以消灭种子上携带的病菌。

（3）播种　应选在阴天或傍晚凉爽的时间，播前畦内浇足底水，待水渗下后，将出芽的种子掺少量细沙或细土拌匀，均匀撒在畦内，然后覆土0.5～1厘米厚。用种量1～1.5千克/亩。

（4）苗期管理　秋延后栽培芹菜苗期正值炎热多雨季节，为了降低地温，防止烈日灼伤幼苗和大雨冲淋，播种后应采取方法在苗床上遮阴。在幼苗出土后，2～3片真叶期陆续撤去遮阴物。幼苗出土前应经常浇小水，一般是1～2天浇1次，保持畦面湿润，以利幼芽出土。严防畦面干燥，旱死幼苗。幼苗出土后仍需经常浇水，一般3～4天浇1次，以保持畦面湿润，降低地温和气温。雨后应立即排水，防止涝害。芹菜长出1～2片真叶时，进行第1次间苗，间拔并生、过密、细弱的幼苗。在长出3～4片真叶时，定苗，苗距2～3厘米。结合间苗，及时拔草。在幼苗2～3片真叶时追第1次肥。苗期根系浅，可在浇水后覆细土1～2次，把露出的根系盖住。定植前15天应减少浇水，锻炼幼苗，提高其适应能力。芹菜秋延后栽培定植前本芹的壮苗标准是，苗龄50～60天，苗高15厘米左右，5～6片真叶，茎粗0.3～0.5厘米，叶色鲜绿无黄叶，根系大而白。西芹的苗龄稍长，一般为60～80天。

(5) 定植　定植前施优质腐熟的有机肥5000千克/亩。然后深翻、耙平，做成宽1～1.5米的平畦。栽植前育苗床应浇透水，以便起苗时多带宿土，少伤根系。定植应选阴天或晴天的傍晚进行。定植株行距一般为12厘米×13厘米，单株较大的西芹品种，如美国芹菜为16～25厘米×16～25厘米。根据行距开深5～8厘米的沟，按株距单株栽苗。

(6) 田间管理　定植后4～5天浇缓苗水。待地表稍干即可中耕，以利发根。以后每3～5天浇水1次，保持土壤湿润，降低地温，促进缓苗。

定植15天后，缓苗期已过，即可深中耕、除草，进行蹲苗。蹲苗5～7天，使土壤疏松、干燥，促进根系下扎和新叶分化，为植株的旺盛生长打下基础。待植株粗壮，叶片颜色浓绿，新根扩大后结束蹲苗，再行浇水。以后每5～7天浇1次水。

定植后1个月左右，植株已长到30厘米左右，新叶分化，根系生长，叶面积扩大，进入旺盛生长时期。此时正值秋季凉爽、日照充足季节，外界条件很适合芹菜的需求，加上蹲苗后根系发达，吸收力增强。因此，在管理上应加大水肥供应，一般每3～4天浇1次水，保持地表湿润。蹲苗结束后追第1次肥，随水冲施人粪尿5000千克/亩。秋延后芹菜定植前期外界温度较高，浇水量宜大。待进入保护设施后，外界气温渐低，保护设施内的温度也不高，加上塑料薄膜的阻挡，土壤蒸发量很小，浇水次数应逐渐减少，浇水量也应逐渐降低。在华北地区11月上旬，露地土壤结冻的时候，可浇1次透水。以后只要土壤不干燥就无须浇水，如浇水也应在上午进行，下午及时掀开塑料薄膜排出湿气，防止空气湿度太大而发生病害。

芹菜秋延后栽培中，在华北地区早霜来临前的10月中旬，即应把大棚的塑料薄膜扣好。夜间加盖草苫保温。白天尽量保持在15～20℃，夜间6～10℃。入冬前多数植株尚未长足，适宜的温度条件可以保证芹菜继续生长，增加产量。在栽培后期，外界寒冷，保温覆盖物要晚揭早盖，减少通风，保证保护设施内夜间不低于0℃，白天尽量保持在15℃以上。有条件时，在畦上设小拱，利用多层覆盖，保持温度。

(7) 收获　由于市场价格是收获越晚价格越高，越接近元旦和春节价格越高，所以应尽量晚采收。一般株高60～80厘米即可采收。采后的清洗、分级、包装等应采用物理的、生物的方法，不应使用GB/T 19630.2—2011附录A以外的化学物质进行处理。

第二章　茄　果　类

茄果类蔬菜主要指茄科植物中的果菜类，包括茄子、番茄、辣椒等。这三种蔬菜都原产于热带，在生物学特性及栽培技术上有许多相似之处。茄果类蔬菜果实中含有比较丰富的糖类、有机酸、维生素、蛋白质和多种矿物质，营养价值较高。其熟食、生食与加工均可，既能提供营养，增进食欲，又具有一定的医疗作用和药用价值。

茄果类蔬菜不耐霜冻，要求温暖的气候条件，但对日照长短要求并不严格，只要创造适宜的温度、水肥等条件，就可以生产。近年来，一大批优良的茄果类蔬菜新品种相继育成，各种设施栽培技术不断成熟，积累了丰富的反季节生产经验，这对实现茄果类蔬菜周年均衡生产、调剂蔬菜市场供应起到了重要作用。同时，随着人们日常生活中保健意识的增强及对食物营养水平要求的提高，高产、优质的有机茄果类蔬菜的生产必将获得更快的发展。

第一节　茄　子

茄子（*Solanum melongena* L.），又名落苏、伽子、昆仑紫瓜，起源于亚洲东南部热带地区的印度（图 2-2-1）。早在 4～5 世纪，茄子就已传入我国，并很快成为农家自给性的蔬菜，因此中国也被认为是茄子的第二起源地。茄子在世界各地均有栽培，以亚洲分布最多，占世界总产量的74%左右；欧洲次之，占14%左右。

图 2-2-1 茄子

茄子的营养价值较高，据研究报道每千克鲜茄子含碳水化合物26～28克，蛋白质20克，脂肪0.8克，胡萝卜素0.34克，钙192毫克，磷270毫克，铁3.4毫克，纤维1.0克，维生素 B_1 0.26毫克，维生素 B_2 0.34毫克，维生素C 26毫克。由于茄子富含多种人体所必需的营养成分，因此，对防止微血管破裂、动脉硬化、黄疸病、肝肿大等都有一定的作用。

一、环境质量要求

有机茄子产地的环境质量，大气符合环境空气质量GB 3095二级标准规定要求，水质符合农田灌溉水质标准GB 5084—2005规定，土壤符合土壤环境质量GB 15618—1995二级标准要求，茄子栽培基地环境符合有机食品生产要求。栽培中应掌握土、肥、水、种、密、气、光、温、菌、地上部与地下部、营养生长与生殖生长、设施 12 项平衡管理技术。

有机茄子生产基地与传统生产地块相邻时需在基地周围种植 8～10 米宽的高秆作物、乔木或设置物理障碍物作为缓冲带，以保证有机茄子种植区不受污染和防止临近常规地块施用的化学物质的漂移。

二、栽培方式

（一）简易栽培设施

1. 露地栽培茬口安排

（1）露地春茬茄子栽培　露地春茬茄子的定植及收获供应期，在我国不同地区间的差异较大。东北及西北各地，一般于 5 月中下旬定植，收获供应期在 7 月中旬至 9 月中旬；华北地区定植期多在 4 月底至 5 月中旬，收获供应期为 6 月下旬至 8 月初；长江流域于 3 月底至 4 月中旬定植，收获供应期在 5 月底至 7 月底；华南等冬季温暖地区，适宜栽培季节较长，多于 10～12 月定植，收获供应期在 12 月至翌年 3 月。

（2）露地夏茬茄子栽培　茄子具有较强的耐热性，在我国北方许多地区均可在露地进行越夏栽培。在华北地区，一般在 3 月下旬至 4 月下旬播种，5 月下旬至 6 月中旬定植，7 月下旬至 9 月下旬采收供应市场，对缓解 8～9 月份蔬菜淡季供应起到一定的作用。夏茬茄子一般是在春季早熟速生蔬菜收获后进行定植，在一些粮菜混作区，也可在小麦生长的后期进行套种栽培，所以，夏茬茄子有时又称“麦茬”茄子。由于夏茬茄子定植后，正值高温多雨季节，对茄子的生长发育极为不利，容易出现落花落果和果实易腐烂等问题，因此，育苗和定植均应适当赶早，使门茄的花期避开雨季，延长田间生长期，以利于提高产量。

2. 地膜覆盖栽培

（1）普通地膜覆盖栽培　基本属于露地栽培。普遍实行垄作，在两条垄台上覆盖一幅地膜，可先盖地膜后栽苗，也可先栽苗后盖膜。覆盖地膜虽有增温保墒作用，但是不能防霜冻，所以定植期与露地栽培完全相同。由于定植后缓苗快，对根系发育有利，发棵早，可比露地早熟高产。

(2) 改良地膜覆盖栽培 不论采用哪种改良地膜覆盖栽培方式，都可在终霜前7～10天定植。缓苗后逐渐打孔通风，进行锻炼，终霜后把秧苗引出膜外。改良地膜覆盖比普通地膜覆盖可提早采收1周左右。

(二) 塑料拱棚茬口安排

大、中棚茄子栽培分为春、秋两大茬，主要与各种瓜类蔬菜进行轮作倒茬。

1. 大、中棚春茬茄子栽培

以早熟为目的，育苗需要在温床进行，培育长龄大苗。我国地域辽阔，利用大、中棚进行茄子早熟栽培的范围甚广，各地气候条件差异较大，定植期的确定主要根据大、中棚的小气候，当棚内10厘米地温稳定通过10℃以上，露地最低气温稳定通过－3℃以上，棚内气温不低于3℃即可定植。大、中棚茄子一般7月末采收结束，倒地生产秋茬蔬菜。

2. 大、中棚秋茬茄子栽培

夏季在遮阴苗床育苗，定植初期仍需进行一段时间遮阴。北纬40°及其以北地区大、中棚秋茬茄子很少栽培；北纬39°以南地区秋茬茄子栽培很普遍，南方大、中棚茄子栽培面积最大。纬度越高的地区，适合茄子生长发育的时间越短，必须充分利用有限的温光条件和适宜的时期，加强水肥管理，提高采收频率，才能获得可观的产量。

(三) 日光温室茬口安排

日光温室茄子反季节栽培以供应冬季、早春市场为主，根据地区和温室的性能，可分为冬春茬、秋冬茬和早春茬。

1. 冬春茬

秋天播种育苗，初冬定植，春节前开始采收，6月下旬至7月上旬结束。历时300余天，经过秋、冬、春、夏的不同气候条件，不但技术性强，对日光温室的温光性能也有较高的要求。要在北纬41°以南地区，日光温室采光设计科学，保温措施有力，凌晨极端最低气温不低于5℃，室内温度达到30℃，才能进行。冬春茬茄子近年发展较快，栽培技术比较成熟。

2. 秋冬茬

夏季播种育苗，秋季定植，深秋至初冬采收，春节前倒地定植早春茬果菜，是衔接冬春茬茄果类蔬菜的茬口。在北方广大地区，秋冬茬茄子栽培面积较小。秋冬茬栽培前期（育苗期）处在高温、长日照、强光和昼夜温差小的季节，需要进行遮阴育苗。定植初期温光条件比较适宜，进入结果期以后，温度下降，光照不断减弱，日照时间不断缩短。茄子生长过程中，由于环境条件从不适宜到适宜，接着又进入不适宜阶段，所以技术性也较强。必须针对各个生育时期的环境条件进行调节，才能生长发育正常，获得较高的产量和品质。

3. 早春茬

日光温室进行茄果类蔬菜栽培，最初就是早春茬。茄子早春茬栽培，育苗期处在光照弱、日照时间短、温度低的冬季，需要在日光温室内设置温床进行。定植时温光条件已开始好转，缓苗后就在适宜的环境条件下生长发育。早春茬茄子生产时间短，为了在有限时间内获得较高产量，需要培育长龄大苗，定植后促进早缓苗快发棵，利用光照条件适宜的优势，在适宜温度范围内采取偏高温，加强水肥管理，争取早上市，提高采收频率。

三、品种（种子）选择

禁止使用转基因或含转基因成分的种子，禁止使用经有机禁用物质和方法处理的种子或种苗，种子处理剂应符合GB/T 19630要求。应选择适应当地土壤和气候条件且抗病虫能力强的茄子品种。

（一）露地茄子品种

1. 早熟品种

适合春季早熟栽培。品种有早小长茄、辽茄1号、黑美长茄、龙茄1号。

2. 晚熟品种

适合夏季延秋栽培。品种有紫长茄、高唐紫圆茄、北京大海茄、济丰3号、北京灯泡茄、安阳紫圆茄。

(二) 保护地茄子品种

1. 早熟品种

适合早春大、小棚栽培。品种有鲁茄1号、辽茄2号、辽茄3号、沈茄1号、线茄、94-1早长茄。

2. 中熟品种

适合日光温室越冬栽培和大棚早春茬栽培。品种有青选长茄、齐茄1号、齐茄2号、吉茄1号、绿茄、成都墨茄、济杂长茄、湘杂5号。

3. 晚熟品种

适合温室大棚秋冬茬和越冬栽培。露地的晚熟品种均适合。

四、播种、育苗

(一) 种子处理

1. 选种晒种

选用有机认证种子或未经物质处理的常规种子，将种子于室外强光下曝晒8小时。选种时把种子放入1%的食盐水中充分搅拌，捞出下沉饱满的种子洗净。

2. 种子消毒及浸种

福尔马林300倍液浸泡10～15分钟，用水反复清洗。消毒后的种子放入20～30℃水中浸种10～12小时。

3. 催芽

在25～30℃下催芽，5～6天出苗，最好每天16小时30℃、8小时20℃变温催芽。

(二) 床土配制

大田土或葱蒜茬土4份、腐熟的马粪或厩肥料4份、炉灰或珍珠岩1份，每立方米床土中加入腐熟大粪干或鸡粪干20～25千克、草木灰 5～10 千克、尿素 1 千克、过磷酸钙 1 千克。每立方米床土加入多菌灵或甲基托布津 150～200 克。混合均匀后过筛。

(三) 播种

每亩用种量 35～50 克，播种面积 2.5 平方米。种子播入育苗盘内，覆土厚度 1 厘米，覆盖塑料薄膜保温保湿。低温季节在晴天中午进行。

(四) 苗期管理

1. 温度

播种后白天 25～30℃，夜间 20～22℃，苗床地温 16～20℃。

2. 覆土、分苗

幼苗出齐时在晴天中午向苗床覆土一次，3～5 天后再覆土一次，每次厚度为 0.3 厘米。床土干燥覆湿土，床土湿度大时覆干土。在 2～3 叶期，幼苗移栽到营养钵或 72 孔穴盘内。

3. 水分管理

分苗前保持床土见干见湿，表土见干时用喷壶喷水，避免床土积水；分苗时浇足水，成苗期保持土壤湿润。

4. 倒苗

育苗后期营养钵育苗的，秧苗植株间叶片相接触时，移动秧苗位置加大苗距，并调整大小苗的位置。

5. 定植

露地早熟栽培，行距 45～55 厘米，株距 33～40 厘米，每亩种 3500～4000 株；中晚熟栽培，每亩种 2500～3000 株。

五、田间管理

(一) 温度管理

苗期白天 25～30℃，夜间温度不要低于 12℃。开花结果期进行变温管理，上午 25～30℃，下午 28～20℃，上半夜 20～13℃，下半夜 13～10℃。土壤温度 15～20℃。

(二) 水分管理

定植水浇足后，要控制浇水实行蹲苗。幼苗长到 2～3 厘米时，蹲苗结束。低温季节 10～15 天浇一次水，高温季节 5～6 天浇一次水，空气相对湿度 80%。

(三) 光照管理

茄子的光饱和点 4 万勒，补偿点 2000 勒。

(四) 肥料管理

1. 有机肥料准备

应在基地内建有机堆肥场，堆肥场容积应满足本基地蔬菜生产的需要。如有机蔬菜生产基地周围有畜禽养殖场，可在基地建立沼气池，将畜禽粪便转化为沼液、沼渣。

应使用主要源于本基地或有机农场（或畜场）的有机肥料，可使用充分腐熟和无害化处理的动植物的粪便和残体、植物沤制肥、绿肥、草木灰和饼肥等。经认证机构许可可以购入一部分农场外的肥料，外购的商品有机肥，应通过有机认证或经认证机构评估许可。

有机肥料应在施用前 2 个月进行无害化处理，将肥料泼水拌湿、堆积、盖严塑料膜，使其充分发酵腐熟。发酵期堆内温度高达 60℃以上，以有效地杀灭肥料中带有的病菌、虫卵、草种等。

2. 水肥管理

每亩施入腐熟有机肥 1000～1500 千克。茄子定植水浇足，缓苗后开花前不旱不宜浇水，进行促根控秧。水分多容易徒长，延迟坐果。门茄瞪眼时是开始浇水的适期。各茬茄子生育期间的光照、温度条件不同，通风时间和通风量也有区别，浇水时间、浇水次数和浇水量除了以上条件外，还要根据植株长势进行。

3. 植株调整

把门茄以下的侧枝除去，后期除去植株底部的老叶、黄叶和病叶。

(五) 病虫害防治

下面介绍几种反季节有机茄子主要病虫害的防治方法。

1. 病害防治

(1) 茄子褐纹病

① 种子消毒　在无病地块或无病植株上留种，防止种子带菌。带菌的种子可用温汤浸种，或福尔马林100～300倍液浸种15分钟。浸种后用清水漂洗，再行催芽。

② 实行轮作　实行3年以上的非茄科作物轮作，并选用抗病品种。

③ 加强栽培管理　育苗床消毒，及时清洁田园，把病株残体深埋或烧毁。适当少施氮肥，增施磷、钾肥。采用高垄栽培、地膜覆盖、膜下暗灌、雨后及时排水、降低田间湿度等措施。

(2) 茄子黄萎病

① 种子消毒　在无病地块或无病植株上留种，防止种子带菌。带菌种子应消毒，方法同褐纹病。

② 实行轮作　与非茄科作物实行4年以上的轮作。

③ 环境消毒　施用腐熟的肥料，避免烧根。移植时少伤根，或不伤根。育苗尽量利用无病土。忌黏重土，宜沙土地。灌水时忌用冷水，尽量提高地温在15℃以上。及时清洁田园，病株残体应深埋或烧毁。

(3) 病毒病　自苗期开始防治蚜虫，畦面覆盖银灰地膜，轻病株喷施叶面肥，如1%过磷酸钙等。

(4) 茄子猝倒病　最好选非茄果类前茬的大田土壤配制育苗营养土。可采用稀播、撒草木灰降湿、及时拔除病株、在病区边缘撒生石灰等防止病害扩散。

(5) 茄子立枯病　客土育苗、苗床和床土消毒与防治猝倒病方法相同。

(6) 茄子绵疫病

① 选用抗病品种　选用抗病品种可提高抗病能力，一般圆茄品种比长茄品种抗病。

② 加强田间管理　实行与非茄科作物3～4年或以上的轮作；及时清理田间病株残叶，深埋或烧毁。选地势高燥地栽培，注意排水降低田间湿度。增施磷、钾肥。覆盖地膜。

(7) 茄子灰霉病　通风降湿，湿度过大时，要延长通风降湿的时间。严格掌握浇水方法与时间。实行地膜覆盖栽培，严格遵守膜下暗灌的灌水方法，防止湿度过大；选晴天上午浇水，浇后封闭大棚，当棚温上升到30℃时通风；及时清除田间病果病株。

(8) 茄子菌核病 ① 地膜覆盖栽培 用地膜一方面提高地温，另一方面阻止菌核孢子出土散发，切断传播途径。

② 严控温湿度 生长期温度应控制在29～31℃，利用膜下暗灌，将湿度控制在65%以下，经常通风降湿，及时拔除病株。

2. 虫害防治

(1) 蚜虫 蚜虫传播多种病毒病，其危害远远大于蚜害本身。防治方法包括采用银灰薄膜覆盖，达到驱蚜防病目的；黄板诱蚜，达到灭蚜防病目的。

(2) 白粉虱 白粉虱靠吸食植物汁液，群聚为害，被害叶褪绿变黄、萎蔫，并分泌大量蜜液，污染叶片和果实。非药物防治是人工释放丽蚜小蜂；黄板诱杀是在硬纸板上涂橙黄色油漆，干后涂上一层机油，每667平方米设30块，置行间与植株高度相同。

(3) 二十八星瓢虫 其成虫和幼虫舐食叶肉，残留上表皮呈网状，严重时全叶吃尽。防治方法有人工摘除卵块和幼虫分散前的受害叶，集中杀死。

(4) 茶黄螨 其成、幼螨刺吸为害，受害叶黄褐色，油浸状，叶变窄，僵硬直立，扭曲畸形，植株干枯。可人工捕捉成虫和虫卵。在茄子收获后，清洁菜园，及时处理残株败叶，以减少虫源。

有机茄子病虫害防治应以农业措施、物理防治、生物防治为主，化学防治为辅，实行无害化综合防治措施。药剂防治必须符合GB/T 19630要求，杜绝使用禁用农药，严格控制农药用量和安全间隔期。必须在各药剂安全间隔期采收。对有机茄子生产基地内的产品实行统一编码管理，统一包装和标识，建立良好的质量追溯制度，确保实现产品质量信息自动化咨询。

六、采收与保鲜

茄子以嫩果为食，当果实已长到较大限度，种子尚未发育时，品质最好。采收晚了，果肉变软，种子发硬，风味变劣；采收过早，不但影响产量，还容易萎蔫，不耐运输。判断茄子成熟度，要观察萼片与果实连接处的白色或浅绿色的环状条带，这条环状条带已趋于不明显或正在消失，是采收适期。

茄子嫩果果皮薄而柔嫩，最怕摩擦，所以冬季、早春时每条茄子都用纸包起来再装纸箱。应配置专门的整理、分级、包装等采后商品化处理场地及必要的设施，长途运输要有预冷处理设施。有条件的地区建立冷链系统，实行商品化处理、运输、销售全程冷藏保鲜。有机茄子的采后处理、包装标识、运输销售等应符合 GB/T 19630—2011 有机产品标准要求。

第二节　番　　茄

番茄（*Solanum lycopersicum*），又名西红柿、洋柿子，原产于南美洲的秘鲁、厄瓜多尔和玻利维亚等国家（图 2-2-2）。16 世纪番茄从墨西哥传入欧洲，最初主要作为庭院观赏植物，果实小巧，颜色艳丽。17 世纪番茄才被作为蔬菜栽培，但发展迅速，到 20 世纪下半叶，番茄已成为全球种植最广泛、消费最多的蔬菜作

图 2-2-2　番茄

物之一。

番茄具有外观美丽、酸甜多汁、营养丰富、果菜兼用等特点，深受广大消费者的喜爱。番茄果实中富含可溶性糖、有机酸、蛋白质、维生素、纤维素和多种微量元素等，营养价值较高。据营养学家研究认为，每人每天食用200～400克的新鲜番茄，就能保证人体对维生素A、维生素C及一些主要矿物质的需求。番茄既可作水果直接生食或凉拌，又可炒菜或做汤。此外，番茄还可制成原汁、罐头、番茄酱、番茄粉和番茄干等多种加工制品。

一、环境质量要求

有机番茄产地的环境质量，大气符合环境空气质量GB 3095—2012二级标准规定要求，水质符合农田灌溉水质标准GB 5084—2005规定，土壤符合土壤环境质量GB 15618—1995二级标准要求，番茄栽培基地环境符合有机食品生产要求。栽培中应掌握土、肥、水、种、密、气、光、温、菌、地上部与地下部、营养生长与生殖生长、设施12项平衡管理技术。

有机番茄生产基地与传统生产地块相邻时，需在基地周围种植8～10米宽的高秆作物、乔木或设置物理障碍物作为缓冲带，以保证有机番茄种植区不受污染和防止临近常规地块施用的化学物质的漂移。

二、茬口安排

（一）简易栽培设施

1. 露地栽培茬口安排

（1）春季露地栽培　番茄具有喜温、半耐旱的生态特点，因此番茄所处的栽培环境既不能发生低温危害，又要避免高温多雨。我国东北、西北及华北北部的高寒地区，冬季严寒，是限制番茄露地生产的主要因素，但由于夏季并不炎热，且雨水较少，可进行越夏栽培，1年种植1茬，生长期长，单季产量高。一般于3月中下旬播种育苗或5月露地直播，7～9月采收，早霜前拉秧。华北地区虽然无霜期比东北长，但冬季寒冷，夏季炎热多雨，露地栽培不能越夏。春季露地生产于1月下旬至2月上旬利用温室或阳畦育苗，4月下旬定植，6月下旬至7月上旬采收上市，8月初拉秧。长江中下游地区则于冬前11～12月利用酿热温床和阳畦育苗，翌年4月上旬定植，5月下旬开始采收，7月中下旬拉秧。总的来说，露地春茬番茄栽培是我国番茄生产的主要方式，种植面积广，对市场供应的影响较大。

（2）秋季露地栽培　由于各地气候条件不同，番茄适宜播种期也不一样。一般以早霜期为界，向前推算120天左右为适宜播种期。播种稍迟些，可以减轻苗期病毒病及青枯病的危害。但播种期过迟，会因后期气温低，植株生长减缓，果实成熟推迟，造成减产。四川东部多在7月上旬播种，长江流域多在7月中下旬播种，而上海、南京等地以7月下旬至8月初为适宜播种期。有的地区高温雨季病害发生严重，可适当把播种期推迟到8月上旬，然后通过矮架密植、早摘心、加强肥水管理、果实人工催熟和后期搭设小拱棚等措施，也能获得良好的栽培效果。

2. 地膜覆盖栽培

基本属于露地栽培。普遍实行垄作，在两条垄台上覆盖一幅地膜，可先盖地膜后栽苗，也可先栽苗后盖膜。覆盖地膜虽有增温保墒作用，但是不能防霜冻，所以定植期与露地栽培完全相同。由于定植后缓苗快，对根系发育有利，发棵早，可比露地早熟高产。

（二）塑料拱棚茬口安排

大、中棚番茄栽培分为春、秋两大茬，主要与各种瓜类蔬菜进行轮作倒茬。

1. 大、中棚春茬番茄栽培

以早熟为目的，育苗需要在温床进行，培育长龄大苗。我国地域辽阔，利用大、中棚进行茄果类蔬菜早熟栽培的范围甚广，各地气候条件差异较大，定植期的确定主要根据大、中棚的小气候，当棚内10厘米地温稳定通过10℃以上，露地最低气温稳定通过－3℃以上，棚内气温不低于3℃，即可定植。

塑料大棚春季栽培番茄，可比春季露地番茄提早上市1个月左右。而且由于大棚内水、气、温度等条件可进行适度调节与控制，对番茄的生长更为有利，产量也可比春季露地番茄提高1倍左右。近年来，随着各地栽培技术不断提高，设施条件不断改善，许多地方采用双层覆盖（双层棚、大棚加盖地膜、大棚加盖小拱棚）、3层覆盖（大棚加盖小拱棚和地膜、大棚加盖小拱棚和草苫、双层棚加盖地膜等）以及采用地热线提高地温或增加一些临时加温设备，使得番茄定植期逐渐向前推移，采收期最早可比露地提前2个月左右，不仅改善了早春蔬菜淡季供应，而且生产经济效益大大提高，因此，华北、东北、西北等地塑料大棚栽培面积逐年扩大。

2. 大、中棚秋茬番茄栽培

夏季在遮阴苗床育苗，定植初期仍需进行一段时间遮阴。华北大部分地区难以进行秋季露地番茄栽培或产量很低，而利用塑料大棚秋季延后栽培，不仅可以减轻病虫害的发生，而且可使得生长中后期的温度提高，相对延长了适宜生长期，因此可以取得较好的栽培效果。大棚秋茬番茄的供应期一般从10月份开始，经储藏保鲜后可延长至元旦，丰富新年和春节的蔬菜市场，经济效益也较好。纬度越高的地区，适合番茄生长发育的时间越短，必须充分利用有限的温光条件和适宜的时期，加强水肥管理，提高采收频率，才能获得可观的产量。

（三）日光温室茬口安排

日光温室番茄反季节栽培，以供应冬季、早春市场为主，根据地区和温室的性能，可分为冬春茬、早春茬和秋冬茬。

1. 冬春茬

秋天播种育苗，初冬定植，春节前开始采收，6月下旬至7月上旬结束。历时300余天，经过秋、冬、春、夏的不同气候条件，不但技术性强，对日光温室的温光性能也有较高的要求。要在北纬41°以南地区，日光温室采光设计科学，保温措施有力，凌晨极端最低气温不低于5℃，室内温度达到30℃，才能进行。冬春茬番茄栽培起步较早，栽培面积较大，栽培技术相对成熟。

2. 早春茬

日光温室进行茄果类蔬菜栽培，最初就是早春茬。冬季生产耐寒叶菜类蔬菜，春节前倒地，下茬定植番茄，露地番茄开始上市时采收结束，下茬仍然生产耐寒叶菜类蔬菜，形成一年两大茬的栽培制度。20 世纪 80 年代中期，北纬 40°地区冬春茬茄果类蔬菜栽培成功以来，北纬 40°～41°地区，日光温室采光、保温达不到标准的，仍然进行一年两大茬生产，早春茬栽培面积比较大。

茄果类早春茬栽培，育苗期处在光照弱、日照时间短、温度低的冬季，需要在日光温室内设置温床进行。定植时温光条件已开始好转，缓苗后就在适宜的环境条件下生长发育。早春茬番茄生产时间短，为了在有限时间内获得较高产量，需要培育长龄大苗，定植后促进早缓苗快发棵，利用光照条件适宜的优势，在适宜温度范围内采取偏高温，加强水肥管理，争取早上市，提高采收频率。

3. 秋冬茬

夏季播种育苗，秋季定植，深秋至初冬采收，春节前倒地定植早春茬果菜，是衔接冬春茬番茄的茬口。北方广大地区秋冬茬番茄栽培面积最大，辣椒和茄子面积较小。秋冬茬栽培前期（育苗期）处在高温、长日照、强光和昼夜温差小的季节，需要进行遮阴育苗。定植初期温光条件比较适宜，进入结果期以后，温度下降，光照不断减弱，日照时间不断缩短。番茄生长过程中，由于环境条件从不适宜到适宜，接着又进入不适宜阶段，所以技术性也较强。必须针对各个生育时期的环境条件进行调节，才能生长发育正常，获得较高的产量和品质。

三、品种（种子）选择

禁止使用转基因或含转基因成分的种子，禁止使用经有机禁用物质和方法处理的种子或种苗，种子处理剂应符合 GB/T 19630 要求。应选择适应当地土壤和气候条件、抗病虫能力强的番茄品种。

（一）露地栽培番茄品种选择

品种有中杂 10 号、红玛瑙 140、佳粉 10 号、佳粉 15 号、双抗1号、京丹2号、L-402、利生7号、东农704、苏杭3号、佳红、中杂8号、西农72-4、中蔬5号、鲁番茄6号等。

(二) 塑料拱棚番茄品种选择

品种有苏抗9号、苏抗10号、东农704、浙粉杂4号、佳粉15号、中杂9号、L-402、利生8号、鲁番茄5号、春雷2号等。

(三) 日光温室番茄品种选择

品种有中杂7号、豫番茄5号、秋丰、鲁粉2号、佳粉15号、毛粉802、中杂9号等。

四、播种、育苗

(一) 种子处理

选用有机认证种子或未经有机禁用物质处理的常规种子，晒种2～3天，搓掉种子茸毛，用25℃温水浸种半小时后利用1000倍的高锰酸钾或者10倍的磷酸三钠溶液浸种20分钟后，反复冲洗种子上的药液。或用55℃温水烫种10分钟。种子消毒后用25～30℃温水浸种8～10小时。在28～30℃条件下催芽，2天后即可出齐芽。

(二) 床土配制

田土5份、腐熟的马粪或厩肥料5份、炉灰或珍珠岩1份，每立方米床土加入1500克复合肥。

(三) 播种

每亩用种量30～50克，播种床面积6平方米。在播种盘内播种，覆土厚度1厘米。

(四) 苗期管理

春季育苗要注意保温，秋季育苗要注意遮阴避雨，培育适龄壮苗。幼苗出土前，可保持床温30℃左右。子叶展开后，逐渐降低苗床温度、湿度，以防止幼苗徒长，一般白天保持在18～20℃，夜间12～16℃。初生真叶显露后，需提高温度，白天保持在20～25℃，夜间15～25℃，并尽量增加光照。幼苗长到具3～4片真叶时，为避免幼苗过分拥挤，需分苗到分苗床上继续培养。分苗后应提高温度，促进缓苗。缓苗后，白天保持在25～30℃，夜间20℃左右，并根据幼苗长势，适当浇水、追肥。定植前7天左右，进行幼苗锻炼，以增强幼苗定植后的抗逆性。

五、田间管理

(一) 温度管理

低温季节保护地栽培，刚定植3～4天内不通风，温度30℃左右，超过33℃通风降温。缓苗后通风降温，白天温度20～25℃，夜间15～17℃。进入结果期，白天温度25～28℃，夜间15～17℃。高温季节栽培需要降温，尽量避免出现32℃以上的高温。利用水帘、遮阳网、微雾等方法实施降温。但注意覆盖遮阳网要在上午10时之后下午3时以前覆盖，早晚和阴天不覆盖，以免光照不足。

(二) 水分管理

定植时浇透水，勤中耕松土。5～7天后浇一次缓苗水，以后连续中耕松土2～3次，根据品种、苗龄、土质、土壤墒情、幼苗生长情况适当蹲苗。自封顶的早熟品种、大龄苗、老化苗、土壤干旱、沙质土壤的，蹲苗期要短，当第一穗果为豌豆大小时结束蹲苗；反之则要长一些，当第一穗果乒乓球大小时结束蹲苗。

进入结果期，要保持土壤湿润状态，土壤含水量达到80%，低温季节6～7天浇一次水，高温季节3～4天浇一次水。灌水要均匀，避免忽干忽湿。保护地栽培要在晴天上午浇水，浇水后要加大通风量。空气相对湿度控制在45%～65%。

(三) 光照管理

光照强度3万～3.5万勒以上，低温寡日照保护地栽培，要采取加反光幕、草帘早揭晚盖、擦洗透明覆盖物、人工补光等措施增强光照。高温季节为防止高温进行遮阴时，也要保证光照的充足，一般只是中午遮阴，早晚和阴天不覆盖。

(四) 肥料管理

1. 有机肥料准备

应在基地内建有机堆肥场，堆肥场容积应满足本基地蔬菜生产的需要。如有机蔬菜生产基地周围有畜禽养殖场，可在基地建立沼气池，将畜禽粪便转化为沼液、沼渣。

应使用主要源于本基地或有机农场（或畜场）的有机肥料，可使用充分腐熟和无害化处理的动植物的粪便和残体、植物沤制肥、绿肥、草木灰和饼肥等。经认证机构许可可以购入一部分农场外的肥料，外购的商品有机肥，应通过有机认证或经认证机构评估许可。

有机肥料应在施用前 2 个月进行无害化处理，将肥料泼水拌湿、堆积、盖严塑料膜，使其充分发酵腐熟。发酵期堆内温度高达 60℃以上，以有效地杀灭肥料中带有的病菌、虫卵、草种等。

2. 整地施肥

长江流域雨水较多，宜采用深沟高厢（畦）栽培。沟深 15～25 厘米，宽 20～30 厘米，厢（畦）面宽 1.1～1.3 米（包沟）。地膜覆盖栽培要深耕细耙，畦土平整。定植前 7～10 天，整地做畦，施足基肥（占总用肥量的 70%～80%）。一般每亩施腐熟有机肥 2500 千克，或腐熟大豆饼肥 100～130 千克。其中，饼肥不应使用经化学方法加工的，磷矿石为天然来源且镉含量小于等于 90 毫克/千克的五氧化二磷，钾矿粉为天然来源且未经过化学方法浓缩的，氯含量小于 60%。另外，宜每 3 年施一次生石灰，每次每亩施用 75～100 千克。小架苗栽培留 2～3 穗果，可在每穗果乒乓球大小时追肥一次。高架栽培，留果穗数多的，可在第一、第三、第五、第七穗果乒乓球大小时分别追肥一次。

(五) 植株调整

番茄整个生长期，要注意整枝、支架、除老叶。

六、病虫害防治

(一) 种子处理

用种子重量 0.2% 的 40% 拌种双拌种；或用 53℃温水浸种半

小时，浸种后催芽或晾干播种。或用0.1%的硫酸铜溶液浸种5分钟，洗净后催芽；或70℃干热灭菌72小时。防治病毒病于播种前用清水浸种3～4小时，再放入10%的磷酸三钠溶液中浸30～40分钟，捞出后用清水洗净催芽，或用0.1%的高锰酸钾溶液浸种半小时。

(二) 棚室消毒

反季节有机番茄保护地栽培于定植前用硫黄粉熏蒸大棚或温室，每55立方米用硫黄0.13千克、锯末0.25千克，混合后点燃，把棚密闭，熏一天。

(三) 病害防治

下面介绍几种反季节有机番茄主要病害的防治方法。

1. 番茄溃疡病

可用硫酸链霉素及72%农用硫酸链霉素可溶性粉剂4000倍液防治。

2. 番茄青枯病

可用南京农业大学试验的青枯病拮抗菌MA-7、NOE-104于定植时大苗浸根；也可在发病初期用硫酸链霉素及72%农用硫酸链霉素可溶性粉剂4000倍液或农“401”500倍液防治。

3. 番茄疮痂病

可用硫酸链霉素或新植霉素4000～5000倍液，隔7～10天喷一次，防治1～2次。

4. 番茄病毒病

可用弱病毒疫苗N14和卫星病毒S52处理幼苗，提高植株免疫力，兼防烟草花叶病毒和黄瓜花叶病毒。

反季节有机番茄病虫害防治应以农业措施、物理防治、生物防治为主，化学防治为辅，实行无害化综合防治措施。药剂防治必须符合GB/T 19630要求，杜绝使用禁用农药，严格控制农药用量和安全间隔期。必须在各药剂安全间隔期采收。对有机番茄生产基地内的产品实行统一编码管理，统一包装和标识，建立良好的质量追溯制度，确保实现产品质量信息自动化咨询。

七、采收与保鲜

番茄是以成熟果实为产品的蔬菜，果实在成熟过程中，淀粉和有机酸的含量逐渐减少，糖分含量不断增加。不溶性果胶转化为可溶性果胶，风味品质随成熟度的增加而提高。叶绿素逐渐减少，番茄红素、胡萝卜素、叶黄素逐渐增加，达到果实完全着色时风味最佳。番茄果实成熟大体分为4个时期。

（一）绿熟期

果实已充分长大，颜色已由绿变白，种子发育基本完成，经过一段时间后熟，果实即可着色。过去长途运输，因需要时间很长，在绿熟期采收，经过后熟可着色，但风味品质很差。近年因交通运输发达，已基本不在绿熟期采收。

（二）转色期

果实顶部开始着色，面积占1/4，采收后1～2天可全部着色。销往外地多要此期采收。

（三）成熟期

果实已呈现特有的色泽、风味，营养价值最高，适于作为水果生食，不耐储藏运输，只能就地销售，或小包装近距离运销。

（四）完熟期

已经充分成熟，含糖量最高，果肉已经变软，只可加工成番茄酱或采种。

当前反季节栽培的番茄，多数是外向型生产，选择果皮厚、耐储运的品种。采收宜在早晨进行，采收后用容量5千克或10千克的纸箱包装。运输过程中防止碰撞和挤压。其中，长途运输可在绿熟期（果实绿色变淡）采收；短途运输可在转色期（果实1/4部位着色）采收；就地供应或近距离运输可在成熟期（除果实肩部外全部着色）采收。应配置专门的整理、分级、包装等采后商品化处理场地及必要的设施，长途运输要有预冷处理设施。有条件的地区建立冷链系统，实行商品化处理、运输、销售全程冷藏保鲜。有机番茄的采后处理、包装标识、运输销售等应符合GB/T 19630—2011

有机产品标准要求。

第三节 辣 椒

辣椒（*Capsicum annuum* L.），别名青椒、菜椒、番椒、秦椒、辣子、辣角等，原产于中南美洲热带地区的墨西哥、秘鲁等地，是一种古老的栽培作物（图 2-2-3）。相传我国的辣椒，一是经东南亚沿海传到广东、广西、云南等地，现云南西双版纳原始森林里仍有半野生型的“小米椒”，二是经丝绸之路传入，在甘肃、陕西等地栽培，故有“秦椒”之称。现世界各国及中国各地均普遍栽培，类型和品种较多。

图 2-2-3 辣椒

辣椒果实未成熟时为绿色，成熟后为红色，也有少数品种成熟后为黄色。果实中含有蛋白质、维生素、钙、磷等多种营养物质，其中维生素 C、维生素 A 的含量要高于黄瓜、茄子、番茄等果菜类蔬菜，每百克鲜果含维生素 C 高达 73～342 毫克。辣椒之所以有辣味，是由于果实中含有辣椒素这种物质。辣椒素能刺激食欲，振奋精神，促进人体血液循环，故辣椒既是人们喜食的蔬菜，又是不可缺少的重要调味品。除了生食外，辣椒也可炒食、凉拌、做馅或加工晒干，制辣椒粉、辣椒酱、辣椒油和蜜饯，还可做腌制品、酱制品或泡菜等。辣椒的果实、茎和种子还可供药用，有温中下气、开胃消食、驱寒除湿的作用，可治寒滞腹痛、呕吐泻痢、消化不良、冻疮疥癣等症。辣椒的上述医疗功能，主要是辣椒素所起的作用。

一、环境质量要求

有机辣椒产地的环境质量，大气符合环境空气质量 GB 3095 二级标准规定要求，水质符合农田灌溉水质标准 GB 5084—2005 规定，土壤符合土壤环境质量 GB 15618—1995 二级标准要求，辣椒栽培基地环境符合有机食品生产要求。栽培中应掌握土、肥、水、种、密、气、光、温、菌、地上部与地下部、营养生长与生殖生长、设施 12 项平衡管理技术。

反季节有机辣椒生产基地与传统生产地块相邻时，需在基地周围种植 8～10 米宽的高秆作物、乔木或设置物理障碍物作为缓冲带，以保证有机辣椒种植区不受污染和防止临近常规地块施用的化学物质的漂移。

二、茬口安排

(一) 简易栽培设施

1. 露地栽培茬口安排

辣椒属喜温蔬菜。在热带和亚热带地区，如广西、广东及云南的南部，辣椒可以周年生产。但一般于 9 月下旬播种，11 月上旬定植，次年 1 月下旬至 2 月上旬采收。这一季辣椒栽培外界条件适宜，产量较高，除满足本地市场外，还可长途调运至华北、东北等地，供应冬春辣椒市场。而北方广大地区只能在无霜期内进行辣椒栽培，一年一茬。东北、西北及华北北部的高寒地区多在 2 月中旬至3月中旬播种育苗，5月中旬至5月下旬定植，7月中旬至9月为采收期。华北地区无霜期较东北长，露地生产于1月中下旬利用温室或温床育苗，4月下旬定植，6月中旬开始采收上市，7、8月份高温雨季管理得当，采收期能延至9月下旬。长江中下游地区于冬前11月中旬至12月上旬利用阳畦或酿热温床育苗，翌年4月上中旬定植，6月上旬开始采收，7月拉秧。

2. 地膜覆盖栽培

地膜覆盖辣椒日历苗龄80～90天，生理苗龄以大部分植株现蕾为好，这样定植后在地膜覆盖的良好小气候条件下，幼苗能很快恢复生长，促进早熟。北方各地气候差异较大，适宜的播种期因地而异。通常播期为1月下旬至2月下旬。

（二）塑料拱棚茬口安排

1. 塑料大棚一大茬栽培

利用塑料大棚栽培辣椒，成熟期比露地栽培提早30～40天。管理得好，能在露地条件下度过炎夏，秋季继续扣棚，可一直生长到秋末冬初，结果采收期比露地栽培延伸20～30天，即进行从春到秋的一大茬栽培。实践表明，塑料大棚栽培辣椒能早熟，产量高，其产值远远超过露地栽培。因此，近年来塑料大棚辣椒栽培面积发展迅速，栽培技术也日益成熟，尤其在我国北方地区，它已成为辣椒栽培的一种主要形式，经济效益突出。

2. 塑料大棚辣椒套种黄瓜

大棚辣椒与黄瓜间作，可以充分利用大棚空间，实现立体栽培一地双收。采用这种间作方式，在生长前期，黄瓜、辣椒植株矮小，互不遮光。中后期，黄瓜植株比辣椒高大，为辣椒遮花荫，对其生长有利。在共生期间，辣椒植株矮小，对黄瓜生长影响不大，管理技术以黄瓜为主。进入7月份黄瓜拔秧后，剩下辣椒，可以充分生长，获得较高产量。辽宁省1982年以来推广了大棚黄瓜套种辣椒的栽培技术，获得了较好的经济效益和社会效益。

（三）日光温室茬口安排

日光温室栽培辣椒，主要利用设施的优势，重点解决北方广大地区冬季早春的新鲜辣椒供应，与大、中、小棚及露地栽培配套进行，实现周年生产、周年供应。在茬口安排上，既以冬季早春上市为重点，又要考虑与大、中棚辣椒生产的衔接，尽量避开大、中棚辣椒的产量高峰，而向秋延后、春提早方向发展。目前日光温室的辣椒栽培主要有3个茬口，即秋冬茬、早春茬和冬春茬。

1. 日光温室秋冬茬栽培

日光温室秋冬茬辣椒是指深秋到春节前供应市场的栽培茬口，一般是11月至翌年2月。秋冬茬辣椒栽培有两种方式：一是育苗移栽，多在7月中下旬播种，苗龄60～70天，9月中下旬定植，11月上旬开始采收，次年2～3月结束；二是老株更新栽培，即日光温室早春茬或冬春茬辣椒进行越夏连秋栽培，立秋前剪枝更新，转入秋冬茬生产。进行老株更新必须保证植株正常生长，没有病虫害，根系未受到损伤，剪枝后能较好地萌发新枝，正常结果。日光温室秋冬茬辣椒生产，由于气候条件特点和与其他茬口的衔接，生育期比较短。为了争取时间，在栽培技术措施上，始终应以创造最有利的生活条件来促进其生长为主。在整个生长过程中要掌握“重促，忌控”的原则，并要注意防止病毒病的危害。

2. 日光温室早春茬栽培

日光温室早春茬辣椒栽培重点是解决早春到初夏或秋季的市场供应，是生产管理相对容易、经济效益较好的一茬辣椒栽培。早春茬辣椒栽培，育苗期处在光照弱、日照时间短、温度低的冬季，需要在日光温室内设置温床进行。定植时温光条件已开始好转，缓苗后就在适宜的环境条件下生长发育。早春茬辣椒生产时间短，为了在有限时间内获得较高产量，需要培育长龄大苗，定植后促进早缓苗快发棵，利用光照条件适宜的优势，在适宜温度范围内采取偏高温，加强水肥管理，争取早上市，提高采收频率。

3. 日光温室冬春茬栽培

冬春茬辣椒是日光温室辣椒栽培中的主要生产茬口，重点是解决春节前后及早春、初夏的市场供应。一般在8月末到9月初播种育苗，11月上中旬定植，元月上旬开始采收，直到7月份结束，整个生育期跨越秋、冬、春、夏季节，栽培管理上有一定难度。冬春茬辣椒栽培技术的关键是培育适龄壮苗，定植后促根控秧，为结果期打好基础；进入结果期以后，随着温光条件的好转，加强肥水管理夺取高产。

三、品种（种子）选择

禁止使用转基因或含转基因成分的种子，禁止使用经有机禁用物质和方法处理的种子或种苗，种子处理剂应符合GB/T 19630要求。应选择适应当地土壤和气候条件且抗病虫能力强的辣椒品种。

（一）露地栽培辣椒品种选择

1. 灯笼椒早熟品种

品种有农乐、农大8号、中椒5号、甜杂1号、津椒2号、辽椒3号、吉椒1号、吉椒2号。

2. 灯笼椒中晚熟品种

品种有农大40号、农发、中椒4号、茄门甜椒。

3. 长角椒中早熟品种

品种有中椒6号、津椒3号、湘研2号。

4. 长角椒中晚熟品种

品种有苏椒2号、苏椒3号、中椒6号、吉椒3号、农大21号、农大22号、农大23号、湘研3号。

（二）保护地栽培辣椒品种选择

1. 灯笼椒

品种有中椒5号、甜杂3号、苏椒4号。

2. 长角椒

品种有苏椒6号、津椒3号、中椒10号。

3. 彩色甜椒

品种有黄欧宝、紫贵人、菊西亚、白公主。

四、播种、育苗

(一) 种子处理

选用有机认证种子或未经有机禁用物质处理的常规种子，用30℃温水浸泡30分钟后，用55℃温水浸种15分钟，或用10%磷酸三钠溶液浸种20～30分钟，洗净种子上的药液，然后用25℃水浸种7～8小时。在25～30℃条件下催芽。

(二) 床土配制

同番茄。

(三) 播种

在育苗盘内播种。每亩需要种子170～200克，播种面积4～5平方米。覆土厚度1厘米。

(四) 苗期管理

1. 覆土

在幼芽拱土和出齐苗时分别覆土一次，每次厚度0.5厘米。

2. 分苗

第二片真叶展开时，把幼苗从育苗盘移栽到营养钵或72孔穴盘内。灯笼椒2株栽在一起，长角椒3株栽在一起。

3. 温度

播种后保持床土温度20～25℃，出苗后白天20～25℃，夜间15～18℃。

4. 水分

播种时浇透水，分苗时浇足水，成苗期不能缺水，保持土壤湿润状态。

5. 秧苗锻炼

定植前7～10天逐渐降低苗床温度，加强通风。最后3～4天白天20℃，夜间10～12℃。

6. 苗龄

露地栽培80～90天；保护地早熟栽培80～100天；中晚熟品种120天。

7. 定植

塑料大棚每亩栽3500～4000穴，每穴双株，行距50厘米，穴距30厘米；日光温室采用大小行栽培，大行距65～70厘米，小行距45～50厘米，穴距25～30厘米，每穴双株。

五、田间管理

（一）温度管理

苗期，白天25～32℃，夜间16～17℃；开花结果期，白天25～27℃，夜间16～18℃。

（二）水分管理

定植时浇足水，5～7天后再浇一次水。低温季节12～15天浇一次水，高温季节5～7天浇一次水。

（三）光照管理

辣椒的光饱和点3万勒，补偿点1500勒，所以冬季要加强光照，夏季要遮阴。

（四）肥料管理

1. 有机肥料准备

应在基地内建有机堆肥场，堆肥场容积应满足本基地蔬菜生产的需要。如有机蔬菜生产基地周围有畜禽养殖场，可在基地建立沼气池，将畜禽粪便转化为沼液、沼渣。

应使用主要源于本基地或有机农场（或畜场）的有机肥料，可使用充分腐熟和无害化处理的动植物的粪便和残体、植物沤制肥、绿肥、草木灰和饼肥等。经认证机构许可可以购入一部分农场外的肥料，外购的商品有机肥，应通过有机认证或经认证机构评估许可。

有机肥料应在施用前2个月进行无害化处理，将肥料泼水拌湿、堆积、盖严塑料膜，使其充分发酵腐熟。发酵期堆内温度高达60℃以上，以有效地杀灭肥料中带有的病菌、虫卵、草种等。

2. 水肥管理

一般每亩有机辣椒底肥可施用有机粪肥6000～10000千克，追施专用有机肥或饼肥100千克。辣椒根系浅，根量少，在土壤中分布范围小，栽培密度大，从单株来看需水量不是很大，但是必须小水勤浇，经常保持适宜的土壤水分，才能生育正常。定植水浇足，覆盖地膜的坐果前一般不需要浇水，不覆盖地膜的缓苗后就要小水勤浇，保持见干见湿，浇1次水在表土见干时进行1次中耕，促进根系发育，地上部加速生长。

（五）植株调整

辣椒整个生长期，要注意整枝、支架、除老叶。

六、病虫害防治

（一）床土消毒

参见番茄床土消毒。

（二）种子消毒

可用1%的硫酸铜溶液浸种5分钟，捞出后拌少量草木灰。

（三）病害防治

参见番茄同种病。

有机辣椒病虫害防治应以农业措施、物理防治、生物防治为主，化学防治为辅，实行无害化综合防治措施。药剂防治必须符合GB/T 19630要求，杜绝使用禁用农药，严格控制农药用量和安全间隔期。必须在各药剂安全间隔期采收。对有机辣椒生产基地内的产品实行统一编码管理，统一包装和标识，建立良好的质量追溯制度，确保实现产品质量信息自动化咨询。

七、采收与保鲜

辣椒从青熟到老熟的果实都可食用，所以采收期比较长。

反季节有机栽培辣椒，以青熟果供应市场，应在品质最佳时采收。采收的标准是果实的体积已长到最大限度，果肉加厚，种子开始发育，重量增加，种子开始变硬，果皮有光泽。这时，不但品质最佳，单果重量也达到最大。此时，呼吸强度和蒸腾作用也最低，有利于运输和短期储藏。但是果实期争夺养分，特别是种子的发育要消耗大量的养分，下部的果实往往影响上部果实的发育，前期采收不适当，会造成果实坠秧，使营养生长和生殖生长不平衡。所以前期要适当提早采收，进入盛果期以后，可在果肉加厚时再采收，植株生长势弱的提早采收，生长势旺的适当延迟采收。

秋冬茬和秋茬，在结果期提高采收频率，后期尽量延迟采收。同时应配置专门的整理、分级、包装等采后商品化处理场地及必要的设施，长途运输要有预冷处理设施。有条件的地区建立冷链系统，实行商品化处理、运输、销售全程冷藏保鲜。反季节有机辣椒的采后处理、包装标识、运输销售等应符合 GB/T 19630—2011 有机产品标准要求。

第三章　瓜　类

第一节　黄　瓜

黄瓜（*Cucumis sativus* L.）原产于热带森林地区，土壤富含有机质，通透性好，潮湿多雨，所以其根系对氧气要求高，要求土壤水分充足（图 2-3-1）。黄瓜的根分为主根、侧根和不定根。主根是种子的胚根发育的，垂直向下生长，在适宜的条件下自然伸长可达 1 米以上，侧根在主根上发生，在侧根上还发生一级侧根，自然伸展可达 2 米左右。不定根从根颈部和茎的基部发生。保护地栽培经过育苗移栽，主根已断，栽培密度较大，根群主要分布在深 20 厘米左右、30 厘米半径范围内，尤以表土 5 厘米最为密集。经过嫁接换根，不再发生不定根。黄瓜的根木栓化早，损伤后恢复比较困难，育苗需要容器，第一片真叶出现前移植于装有营养土的容器中。黄瓜的根系一般不能忍受土壤中空气少于 2%的低氧条件，以含氧量 5%～20%为宜，栽培上要求土壤疏松，增施有机肥，及时供给水分。

黄瓜茎具有攀缘性，中空，五棱，生有刚毛。5～6 节后开始伸长，不能直立生长，需立支架或用塑料绳吊蔓。从第三片真叶展

图 2-3-1　黄瓜

开后，之后的每节都发生不分枝的卷须。黄瓜的子叶两片对生，呈长圆形或椭圆形，真叶呈五角形，叶缘有缺刻，叶片和叶柄上有刺毛。黄瓜属于雌雄同株异花，但偶尔也会出现两性花。雌花出现的早晚和雌雄花的比例，因品种而异，受环境条件的影响较大。黄瓜大部分花芽在幼苗期分化，刚分化时具有雌蕊和雄蕊两面性原基，当环境条件适合雌蕊原基发育，雄蕊原基退化，发育成雌花，反之则发育成雄花。偶然的条件雌蕊原基、雄蕊原基都得到发育，就形成完全花。黄瓜果实为假果，表皮部分为花托的外表皮，皮层由花托皮层子房壁组成。开花时瓜条的细胞数已确定，开花后主要是细胞的增大。黄瓜有单性结实的特性，在没有昆虫授粉的情况下能正常结果，这一特性对保护地反季节栽培是有利的。

一、对环境条件的要求

有机黄瓜种植的土壤环境质量应符合 GB 15618 中的二级标准，在有机黄瓜种植前土壤要经过 2～3 年的转化，并对土壤有盐渍化、酸化、板结等现象进行改良；灌溉用水的水质应符合 GB

5084 的规定；环境空气质量应符合 GB 3095 中二级标准的规定；有机蔬菜生产中只能使用有机肥，并优先使用有机蔬菜基地内或其他有机蔬菜基地的有机肥，商品有机肥应符合 GB/T 19630.1—2011 附录 C 的要求，生产中使用的土壤培肥和改良物质应符合 GB/T 19630.1—2011 附录 A 的要求。

黄瓜性喜温暖，既不耐寒冷，也不耐高温；在 10～35℃的温度范围内能生长，但以白天 25～32℃、夜间 15～18℃生长最好。黄瓜在昼夜温差较小的地区生长不良，特别是昼夜都持续高温的地区，黄瓜生长较差，结果少而小；白天和夜间温差以 10～15℃最宜。黄瓜生长的低温界限，在正常情况下为 10～12℃，12℃以下生长缓慢，10℃以下生长停止，5℃时易受冻害。黄瓜对高温的忍受力最高为 35～40℃，40℃以上生长发育停止。由开花到果实成熟，需要大于或等于 14℃的有效积温为 800～1000℃。发芽期要求温度高，幼苗期适温较低，而开花结果期适温持续时间越长，产量越高。

黄瓜对地温要求严格，地温在 15℃以上，根系才能正常生长。最适地温为 20～25℃。当地温低于 10℃或高于 38℃时，根系停止生长。经过锻炼的植株，对高温或低温的耐受能力可以增强。许多研究表明，黄瓜生育要求一定的昼夜温差，在 10～15℃范围内比较有利，10℃左右最理想。夜间温度低，有利于减少呼吸作用，增加光合产物的积累，但要防止徒长。设施栽培时，尤其要注意保持合理的昼夜温差。

黄瓜在果菜中是比较耐弱光的，当光照强度降到自然光照的 1/2 时，其同化量基本不下降；当下降到自然光照的 1/4 时，则同化量明显降低。因此，黄瓜也适于温室等保护地栽培。为了达到高产，还是需要较强的光照。

黄瓜植株高大，叶片大而薄，蒸腾量大；根系分布浅，吸水能力弱；果实多次采收，果实含水量在 95%以上。这些特点决定了黄瓜喜潮湿、不耐旱、需水量大，故有“水黄瓜”之说。不同生育时期，黄瓜需水量不同。发芽期需水量为种子重量的 40%～50%。

水分过多，尤其在土壤温度过低不利于种子发芽时，往往引起种子腐烂，对已经发芽的种子可能引起根尖发黄或烂根。幼苗期水分过多易引起徒长，雌花出现迟。要适时控制水分，适宜的土壤相对含水量是80%～90%。黄瓜开花结果期气温高，生长量大，需水量也大，尤其在结果盛期需要大量水分，在这个时期如果水分供应不足或不及时，会大大削弱连续结果能力。

黄瓜根系生长较弱，对土壤条件的要求也较其他蔬菜为高，要求肥沃的土壤。在有机肥充足的情况下，结构性、通气性良好的土壤条件下，能获得高产。黄瓜的根系弱，喜肥但不耐肥，对高浓度肥料反应特别敏感，在施肥浓度高的情况下，容易发生烧根现象。黄瓜生长快，结果早，营养生长和生殖生长几乎同时进行，对土壤营养要求严格。施肥要掌握勤施薄施的原则。黄瓜对各种元素的吸收量随生育的进行而增加。抽蔓前吸收量占15%～25%，抽蔓至结果初期吸收量占20%～40%，结果中后期吸收量占35%～45%，所以，结果期及时追肥极为重要。

二、栽培方式与季节

（一）春季黄瓜早熟反季节栽培

1. 品种选择

春季气温较低，宜选用早熟、耐寒性较强的品种，种子或种苗应符合GB/T 19630.1—2011的要求。

2. 播种育苗

早春栽培在1月中下旬播种育苗。黄瓜育苗播种前，要进行种子处理，可采用温汤浸种和消毒。温汤浸种即用55℃温水浸种5分钟后，冷却到30℃左右，继续浸种3～4小时。消毒一般是采用有机生产中允许使用的可湿性粉剂的1000倍液消毒30分钟，洗后浸种3～4小时。消毒后的种子在28～30℃的温度下催芽，“露白”后即可播种。播种时直接播在营养钵中，定植时带土移栽。播种后到开始出苗，应控制温度为25～30℃，促使快出苗。一般在温度适宜的情况下，2天左右就开始出苗。从部分出苗到第一片真叶显露，即破心，这段时间要及时降温，控制较低的温度，一般白天在20℃左右，夜间为12～15℃。从破心到移栽定植前7～10天，白天可保持到20～25℃，夜间为15～18℃。定植前7～10天，应进行低温锻炼，育苗床的温度条件尽量与定植田块相近，以提高黄瓜秧苗的适应能力和成活率。一般白天在15～20℃，夜间在12～14℃。

黄瓜苗期应经常保持土壤湿润，但要控制浇水次数，浇水过多易降低苗床温度和引起病害发生。如果苗床干旱需要浇水时，要选晴天上午进行，浇水后要注意通风，降低空气湿度。苗床在施足底肥的情况下，一般不必追肥。

3. 土壤选择

黄瓜栽培宜选择土层深厚，排水性能好，保水、保肥力强的地块建大棚生产。

4. 肥水管理

基肥使用充分腐熟的自制有机肥，菇渣∶鸡粪∶蔬菜废弃物=1∶4∶2，每亩施3000千克，结合耕翻全耕作层全面施肥。或每亩施腐熟有机肥2500千克（或腐熟大豆饼肥200千克，或腐熟菜籽饼肥250千克），加磷矿粉40千克、钾矿粉20千克。定植后要控制肥水的施用，定植后20～30天，每亩追施有机肥250千克，现蕾前再追施一次，每亩施有机液肥210千克。

5. 栽培定植

黄瓜定植前先将土按1.3米开厢，定植前10～15天施足底肥。行窝距65～75厘米×40～50厘米，每窝2株，亩栽约2500窝。黄瓜根系浅，不宜深栽，定植后浇足定根水。

6. 田间管理

（1）光照管理　黄瓜喜光，春季光照不足时，适当升高棚温，加强光合作用，注意保持棚膜清洁，减少灰尘污染，以增加透光度。

（2）温度管理　大棚内气温随外界气温变化而变化。幼苗定植后至缓苗前一般不通风，以提高棚内的地温和气温，根据黄瓜各生长发育阶段最适宜的温度范围，可以采用加地膜、加小拱棚等措施，来提高增温保温效果，促进幼苗的成活和生长，随着季节的推移，气温增高，棚内温度也逐渐升高，当气温达到30℃以上时，要敞开棚门或四周通风，棚内温度降到26℃左右关闭通风口。4～5月温度进一步提高时，可考虑揭开薄膜。

（3）湿度管理　大棚内湿度比露地高，根据黄瓜对空气相对湿度的要求，幼苗定植后至开花前，一般不施肥水，阴天、晴天中午要适当通风排湿。坚持经常刮去棚膜内侧的水珠或在棚内放置一些石灰等吸潮物质，降低棚内湿度。

（4）植株调整　黄瓜植株高30厘米左右搭架，在大棚内最好采用吊绳，一株一绳，绳的上端系在顶架上，下端用小木桩固定或直接系在黄瓜根部。用细绳将黄瓜的蔓与吊绳捆在一起，并随瓜蔓的生长7～10天绑1次。主蔓结瓜为主的黄瓜，侧蔓刚一发生就要及时摘除，以免养分的损耗，要及时摘除主蔓下部的老叶、黄叶、病叶、畸形瓜、卷须以改善通风透光条件。一株黄瓜保留25～30片叶即可。

7. 病虫害防治

反季节有机黄瓜病虫草害的防治应综合运用各种防治措施，创造不利于病虫草害滋生和有利于各类天敌繁衍的环境条件。应优先采用抗病虫品种、温汤浸种、嫁接育苗、清洁田园、轮作换茬等一系列农艺措施，为有效控制病虫害可使用GB/T 19630.1—2011附录A中允许使用的植物保护产品。

黄瓜主要的病虫害有霜霉病、白粉病、炭疽病、蚜虫、白粉虱等。防治措施有，不要用种过瓜类的土壤作苗床土，选抗病品种，进行种子消毒，降低床内湿度。黄瓜病害发生时，还可采用高温闷棚抑制病情发展。选择晴天中午密闭棚室，使其内温度迅速上升到44～46℃，维持2小时，然后逐渐加大放风量，使温度恢复正常。为增强闷棚效果和确保黄瓜安全，闷棚前一天最好灌溉水提高植株耐热能力，闷棚后要加强肥水管理，增强植株活力。针对其他病虫害可采用物理诱杀和生物防治方法进行防治。

（1）物理诱杀　利用有特殊色谱的板质，涂抹黏着剂，诱杀室内的蚜虫、斑潜蝇、白粉虱等害虫。可在作物的全生长期使用，其规格有25厘米×40厘米、13.5厘米×25厘米、10厘米×13.5厘米三种，每亩用15～20片。也可铺银灰色地膜或张挂银灰膜膜条进行避蚜。还可在棚室的门口及通风口张挂40目防虫网，防止蚜虫、白粉虱、斑潜蝇等进入，从而减少由害虫引起的病害。还可以利用频振式杀虫灯诱杀多种害虫。

（2）生物防治　有条件的，可在温室内释放天敌丽蚜小蜂控制白粉虱虫口密度，即在白粉虱成虫低于0.5头/株时，释放丽蚜小蜂黑蛹3～5头/株，每隔10天左右放一次，共3～4次，寄生率可达75%以上，防治效果好。宜采用病毒、线虫、微生物活体制剂控制病虫害。可采用除虫菊素、苦参碱等植物源农药防治虫害。

8. 采收

采摘时应避开高温，成熟果实应及时采收。采摘前，最好浇一次大水，使瓜条含充足的水分。托住果实剪下，宜带2～3厘米的瓜柄。采后的清洗、分级、包装等应采用物理的、生物的方法，不应使用GB/T 19630.2—2011附录A以外的化学物质进行处理。

（二）冬季黄瓜反季节栽培技术

1. 品种选择

由于冬季、早春光照弱，温度低，黄瓜品种应选择耐低温和弱光、雌花节位低、易结瓜、抗白粉病和霜霉病性强、品质好的品种。砧木品种应选择嫁接亲和力及共生亲和力强、耐低温、丰产性能好、能较好地保持黄瓜风味的黑籽南瓜品种。种子或种苗应符合GB/T 19630.1—2011的要求。

2. 育苗

（1）选好播种期　若播种过早，温度高，秧苗生长快，严冬到来时已进入盛果期，植株不耐低温和弱光而易早衰，从而降低产量；播种过晚，温度过低，不易缓苗，春节前不能形成批量商品，效益差，因此播种期应选在9～11月为宜。

（2）播种　为了使幼苗整齐，健壮无病，播种前应进行选种、消毒和催芽。先将选好的饱满种子在55℃热水中搅拌浸泡15分钟，再在30℃左右水中浸泡5～6小时（黑籽南瓜6～8小时），然后取出搓掉黏液，洗净稍晾至种皮微干，用干净的湿毛巾包好，放在28～30℃下催芽，胚根露白即可播种。苗床须提前准备，一般用富含营养的菜园土50%，充分腐熟的农家肥30%，细沙土20%，拌匀过筛后铺成苗床，育苗基质采用蒸汽消毒法消毒。播种后温度应保持在25～30℃，夜间为18～20℃。为了保持温湿度，可在育苗畦上加盖薄膜。80%幼苗出土后揭去薄膜降温4～5℃，防止幼苗徒长，培育壮苗。

（3）嫁接　黄瓜子叶展开，第1片真叶破心为嫁接的适宜苗龄。嫁接可以用插接法和靠接法，目前易被接受的方法是靠接法，此法嫁接容易成活，便于操作管理。方法是当黄瓜第1片真叶展开时，即播种后约6天进行嫁接。起出黄瓜和黑籽南瓜苗，削去南瓜真叶，在子叶下1.0～1.5厘米处下刀，斜度为30°～35°（刀口与子叶方向平行），切口长约1厘米，深度达到胚轴直径的1/2～3/5；接穗在子叶下1.5～2.0厘米处向上斜切约1厘米，斜度30°，深度达到胚轴直径的1/2～2/3（切口与子叶垂直）。而后将两株幼苗的切口相互插入，吻合后用专用嫁接夹固定，栽进备好的分苗床。

（4）嫁接后管理　嫁接后必须加强温、光、水的调控，提高嫁接苗的成活率。接后1～3天扣严小棚，并喷水，使棚内空气相对湿度保持在95%左右。定植前一般不再浇水。白天温度保持在25～28℃，晚上为18～20℃，4天后开始放风，白天温度保持在22～26℃，夜间为14～17℃。为减少植株水分蒸腾，嫁接后的前3天内实行全天遮阳网遮光，4～5天上午10时至下午3时遮光，6天以后揭除遮阳网，7～8天撤除小拱棚。嫁接苗成活后，即可剪断黄瓜的胚茎。

3. 定植前准备

（1）日光温室的选择　黄瓜生产要求土壤疏松、肥沃，pH值为5.5～7.2。pH值过高易烧根死苗，发生盐害，而酸性土易发生多种生理障碍，黄化枯萎。连作易发生枯萎病，应选择3～5年内未种黄瓜的温室，清洁田园。夏季高温季节进行闷棚消毒，以减轻病虫害的发生。

(2) 整地施肥　为保证黄瓜的品质和风味，达到高产稳产的目的，要求床土肥沃疏松、土温高，必须增施有机肥，一般增施150吨/公顷以上充分腐熟的有机肥。施肥后深翻耙平，灌足底水，定植前20天扣棚以提高地温。棚内土壤表面见干后，起垄覆膜。采用宽窄行，窄行50厘米，宽行80～100厘米，宽行中间开沟以备浇水。地膜覆于垄上，地面不可全面覆盖，以利于二氧化碳的释放。

4. 定植

选择阴雨天气刚过晴天开始时定植。按株距20～25厘米，边栽边灌稳苗水。定植苗成活后去除嫁接夹。

5. 定植后管理

(1) 缓苗至初花期　白天温度控制在20～25℃，夜晚为13～15℃。定植后一般不放风，保持较高的湿度。此时植株无缺水症状不需浇水，避免生长过旺影响结瓜，另外，要避免长势弱、根瓜坠秧现象，根瓜坐住后表现出缺水症状则必须及时浇水。

(2) 植株调整　长到5片叶时进行扎绳吊蔓，扎绳时在上端预留出一段以备落蔓用，并及时除去滋生的侧蔓。

(3) 结果期　在结瓜期要提高温度，但在蹲苗期和根瓜采收后，换根期（顶瓜采收后）温度要稍降，特别是降低夜温，促进根秧生长。严冬季节以保温为主，主要通过揭盖草苫进行温度调节。结瓜后进行四段变温管理，每天8:00～14:00，室内气温应为28～30℃；14:00～17:00，室温应为25～29℃；17:00～24:00，室温应为13～20℃；0:00～8:00，室温应为10～13℃。早上尽可能早揭苫，以揭苫后温度不下降为准；下午盖苫尽可能晚盖，以室温降到15～18℃为宜。遇连阴天要适当晚揭早盖，白天室温应维持在18～19℃，夜间为16～17℃，骤晴后中午应间隔盖苫遮阴，下午阳光稍弱时再揭开。大风雪天气中午要短暂揭苫，温度过低应用电炉或煤炉在室内适当加温，同时进行灯光补光。翌年2月温度开始回升，白天棚内温度出现30℃时开始放风，以拨缝放顶风为主。温度渐高后，加大通风量。4月下旬至5月上旬撤掉草苫，并逐渐随着放风量的加大撤去棚膜。

要浇地下水，并在膜下暗灌或滴灌。浇水一定要在晴天上午进行，量要适中，忌浇大水、明水，雨天到来前不浇水。浇水前最好先喷1次药。浇水后要闭棚1～2小时升温，然后通风排湿。防止室内湿度过高引起病害。随着温度的提高，植株生长逐渐旺盛，增加浇水次数。

日光温室基肥充足，但仍需在根瓜坐住后结合浇水进行第1次追肥，每亩追施有机液肥210千克。追肥原则上应根据天气变化和产量的增加而定，间隔天数与浇水相似，在结果期每7～10天进行1次根外追肥。日光温室夺取高产的重要保证是进入结果期后，每7～10天追加1次稀释300倍液的腐熟人粪尿。

6. 采收

瓜把深绿，瓜皮有光泽，瓜上瘤刺变白，瓜顶稍现淡绿色条纹即可收瓜。根瓜要早采，植株长势弱时提前采收，以防止植株早衰或感病，及时采收较嫩瓜条，防止漏摘，避免老瓜坠秧。采后的清洗、分级、包装等应采用物理的、生物的方法，不应使用GB/T 19630.2—2011附录A以外的化学物质进行处理。

7. 病虫害防治

病虫害防治参见春季黄瓜早熟栽培的相关部分。

（三）黄瓜越夏栽培

1. 品种选择

我国南方广大地区，夏季高温干旱，最高气温可达40℃以上，而且持续时间长，许多喜温但不耐热的蔬菜，如茄果类和喜冷凉的秋冬菜和叶菜，在7～8月难以正常生长发育，从而形成8～10月的"秋淡"，蔬菜供应市场表现为上市数量不足，蔬菜价格居高不下。选择适宜地区进行黄瓜越夏生产，有利于提高收益。

越夏黄瓜在5月下旬播种，结果期处在春黄瓜即将拉秧，秋黄瓜上市前。采收宜在早晨进行，瓜条含水量大，品质鲜嫩。在发芽期、幼苗期，外界条件对黄瓜生育适宜，进入结果期正值高温多雨季节，生长较快，衰老也早，故越夏栽培要选择耐热的品种。早熟品种不宜做越夏栽培。种子或种苗应符合 GB/T 19630.1—2011 的要求。

2. 培育壮苗

种子处理和播种方法与早春黄瓜栽培相同。播种后管理更容易，外界气温能够满足种子发芽、幼苗生长的需要，故此期间育苗只须注意保持苗床湿润，防病即可。

3. 适时定植

夏季炎热多雨，如果排水不良，枯苗病、疫病等会严重发生。所以，各地要因地制宜采用高畦、厢式栽培方式，以利于排水。苗龄 15 天即可定植，最好选在雨后或者傍晚定植，定植完及时浇透定植水。

4. 抗热措施

越夏栽培黄瓜，一般定植后缓苗期到抽蔓期前，都要求遮阳网覆盖降温。可搭简易小拱棚，上午 9～10 时盖上遮阳网，下午 5～6 时去除，搭架后，即去除遮阳网。在高温到来时，植株一般要封垄盖地，使地面不裸露，创造一个荫蔽、地温较低的小气候环境。为避免地面温度过高，可在垄间铺稻草、麦秸，有利于降低土壤温度。

5. 田间管理

（1）整枝绑蔓　当苗长到 5～6 片叶时，植株已有 20～25 厘米高，就应插架。夏天植株生长较快，要及时绑蔓，防止互相缠绕，影响生长。下部老叶、病叶及时摘除，可减少养分的消耗和减少病源，有利于通风透光。

（2）肥水管理　由于夏季温度高，地面土壤水分蒸发快，叶子蒸腾作用大，蹲苗时间不宜长。要根据天气的特点，改在清晨或傍晚灌水，有利于降低地温，促进根系发育。伴随灌水次数的增多，追肥用量相应增加，以补充营养的不足。

（3）间歇间促　黄瓜越夏栽培采取间歇间促法。前期蹲苗，促进根深叶茂，为采收高峰期早点出现做好准备。摘瓜开始后，加强肥水管理，促进多结瓜。炎夏到来之际，进行控秧。在原来经常中耕的基础上，进行深中耕，有意将土表层一部分毛细根切断，促进新根下扎，土壤表层以下温度较低，有利于根群的扩大。这时果实生长会受到一定的限制，营养生长暂时减弱，再加上夏季叶片感病，下部叶片易于干枯脱落，果实采摘会出现短暂的空当。深中耕缓秧后，摘除下部老黄叶、病叶，促进通风透光。以后转入浅中耕松土，拔除杂草。在这个基础上，进行促秧。及时追肥，不宜过多，拉秧前7～10天停止追肥。

6. 及时采收

初夏播种后，温度逐渐升高，幼苗生长快，植株生长旺盛。播种后40天左右就可以采收。开花结果期由于光照条件好，在肥水充足情况下，瓜条生长快，应提高采收频率，每天早晨采收1次，以确保果实鲜嫩和植株旺盛生长。采后的清洗、分级、包装等应采用物理的、生物的方法，不应使用GB/T 19630.2—2011附录A以外的化学物质进行处理。

（四）黄瓜秋延后栽培

1. 品种选择

黄瓜秋延后栽培（也称延秋栽培）前期高温多雨，病虫害严重，后期温度降低，光照偏短，昼夜温差大，但持续期不长。一般要求采用大棚栽培。黄瓜延秋栽培要求选择耐热、耐涝、抗病、高产的品种。种子或种苗应符合GB/T 19630.1—2011的要求。

2. 播种期

为了避免延秋栽培黄瓜与露地秋黄瓜的产量高峰期相遇，播种期应比露地推迟。长江流域及以南地区在8月上旬至9月上旬播种，9～11月供应市场。

3. 培育壮苗

大棚延秋黄瓜采用子叶苗移栽或育苗移栽。

（1）子叶苗移栽　先做苗床，铺7～8厘米厚的细沙，把种子均匀撒在床面上，盖 2 厘米厚细沙，浇透水，3～4 天后两片子叶展开即可移栽。在畦面上按 50 厘米×25～30 厘米行株距挖穴，穴内浇水，水渗下一半时用拇指与食指捏住子叶，使幼苗根系舒展地放入穴内，用细土填入根系周围，再用坑外的土将穴填平，使子叶高出畦面 2 厘米。

（2）育苗移栽　在大棚内做苗床，每平方米苗床施有机肥 8～10 千克，肥土拌匀过筛后做畦浇透底水，水渗后按 10 厘米×10 厘米间距放入催芽露白的种子，覆营养土 2 厘米厚。由于育苗期温度较高，多暴雨，因此，降温防雨水冲刷是关键。大棚四周围裙要去除，顶棚上盖遮阳网，全程防雨遮阴。勤浇水，防苗床干旱。

4. 适时定植

3 片叶展开时即可定植，秋黄瓜的苗龄 15～20 天。按株行距 25～30 厘米×50 厘来定植，深度以苗坨上表面与地面相平齐，栽完后浇透定植水。

5. 田间管理

大棚秋黄瓜生育期处于高温强光时期，土壤水分蒸发量大，温度高，要昼夜通风，早晚灌水降低地温，根瓜坐住后开始追肥。每隔 8～10 天 1 次。

前期棚四周围裙揭开，两端门敞开，昼夜通风，随着气温下降，要逐渐缩小通风量。白天控制在 25～28℃，夜间 15～17℃，外界温度降到 12℃时夜间不通风，降到 10℃时闭棚保温，延长采收期。

其他管理与黄瓜春季早熟栽培相同。

6. 采收

秋黄瓜从播种到采收需 40～50 天，采收初期，正处于对黄瓜生长发育有利的温度与光照条件，瓜长得快，品质好，每天可采收 1 次。采收中后期，温度下降，瓜生长速度减慢，2～3 天才能采收 1 次。采后的清洗、分级、包装等应采用物理的、生物的方法，不应使用 GB/T 19630.2—2011 附录 A 以外的化学物质进行处理。

（五）黄瓜高山反季节栽培

1. 品种选择

高山蔬菜栽培，一般选择在海拔800～1500米的中坝地区进行规模化蔬菜栽培，于4～6月播种，8～11月上市。黄瓜高山栽培可以因地制宜，选择当地海拔较高、立体地理气候明显和交通方便的山区。

高山地区栽培黄瓜，生育前期温度低、湿度大，雨水较多，日照少，生育中、后期气温较高，故生产上宜选用耐低温、耐弱光与抗逆能力强的品种。种子或种苗应符合GB/T 19630.1—2011的要求。

2. 栽培季节与育苗

（1）栽培季节　培育适龄壮苗，是丰产栽培的基础。高山栽培黄瓜一般在5月上中旬播种，采用地膜加小拱棚育苗，每667平方米用种量需200～250克。具体播种方法见春季黄瓜早熟栽培有关内容。播种前需要浇足底水，播种后覆盖营养土厚约2厘米，再用喷雾器喷水。然后盖地膜，加盖小拱棚。

（2）苗期管理　由于育苗期间温度较低，整个苗期管理的关键是升温、保温、降低湿度。2片真叶长出前要求温度较高，管理的关键是升温、保温，即播后浇足底水，覆盖地膜，加盖小拱棚，密闭苗床，出土后及时揭去地膜，保留拱棚。降湿的方法是，白天中午气温高时，揭开小拱棚两端，及时通风，傍晚盖上。苗期严格控制浇水，随着幼苗生长，分次覆土，既可保持床土湿度，少浇水，又能增加下胚轴上不定根的发生，壮大根系，防止徒长。适时防治猝倒病和立枯病。定植前10天加大通风量，进行炼苗。视秧苗情况选择晴天上午结合浇水进行追肥。

3. 整地施肥

前茬作物收获后及时深翻，进行炕土，使土壤疏松。定植前15天施基肥，黄瓜喜欢疏松、肥沃的沙壤土，施用有机肥增产效果显著。一般每667平方米施有机肥3000～4000千克，保证每窝有1千克有机肥，施肥方法是沟施或穴施。高山地区黄瓜栽培季节雨水多，容易渍水，做高畦栽培为宜，畦宽 1.33 米（包沟），畦面宽 1 米，沟宽 0.33 米，畦面略呈瓦背形，中间高，两边略低，畦高 10～15 厘米。

4. 适时定植

黄瓜的适宜定植期是气温稳定在 12℃以上的时期。高山栽培的黄瓜苗龄一般 30～40 天，秧苗有 4～5 片真叶时为最适定植期。每畦种 2 行，株行距 50 厘米×60 厘米，每窝定植 1 株，每 667 平方米植 2000～3000 窝。

5. 田间管理

（1）搭架绑蔓　抽蔓期秧苗节间增长，卷须出现，由直立生长转向匍匐生长，如不及时搭架和绑蔓扶直，卷须会相互缠绕，生长不良。绑蔓后，植株向上生长，茎叶舒展，有利于减少病害发生。黄瓜的枝叶繁茂，结果较多，开花结果期如常遇到刮风下雨，极易引起支架倒塌。因此，要求支架的稳定性要好，最适宜的架形是“人”字形架。每窝 1 根竹竿，插于植株小行靠沟一边。插竿后紧接着绑 1 次蔓，以后每隔 3～4 节绑 1 次蔓。绑蔓时间以晴天下午最好。

（2）中耕除草　雨后或浇水后，适时中耕，清除杂草，在插支架前，畦面畦沟须彻底中耕除草并适当培土。在搭架后畦面不便中耕，可根据雨水及杂草发生情况，进行畦沟清理并结合培土。

（3）合理追肥、浇水　黄瓜产量高，需肥量大。生长期间要及时进行多次追肥，特别是结果期，每采收 2 次就要追肥 1 次，共需追肥 6～8 次。黄瓜根不耐浓肥，若根部肥料浓度过大，易引起根系失水而萎蔫，俗称“烧根”。故追肥应掌握薄施勤施的原则。

6. 采收

高山黄瓜采收期长，可从 7 月初采到 10 月上中旬，适时采收是增产增收的措施之一。雌花谢后 10～15 天即可采收，特别是根瓜要及早采收。盛果期，每天采收 1 次。采后的清洗、分级、包装等应采用物理的、生物的方法，不应使用 GB/T 19630.2—2011 附录 A 以外的化学物质进行处理。

第二节　丝　　瓜

丝瓜（*Luffa cylindrica*）根系发达，深可达 1 米以上，侧根多，再生能力较强，根群多分布于 0.3 米范围的土层中，茎为蔓性，呈五棱，分枝多，节节有卷须（图 2-3-2）。主蔓长达 5～10 米，分枝力极强，但一般只分生一级侧枝，很少有二级侧枝。叶为掌状深裂或心脏形叶，互生，深绿色。叶脉明显，叶片宽大光滑，很少发生病害和虫害。丝瓜花黄色单生，主蔓 10～20 节出现第一雌花，侧蔓一般 5～6 节出现雌花，以后每节也都出现雌花。丝瓜雌雄异花同株，靠昆虫传粉，保护地栽培，在没有昆虫活动时，需要进行人工授粉。丝瓜的果实有短圆筒形、棍棒形，嫩果有茸毛。果面分为有棱和无棱两种，有细皱纹，果皮绿色，果肉绿白色，以嫩果供食用。棱丝瓜种子椭圆形，黑色或白色，扁平，也有盾形，千粒重 120～180 克；普通丝瓜种子表面光滑，有翅状边缘，千粒重 100～120 克。丝瓜种子寿命为 2 年。

图 2-3-2　丝瓜

一、对环境条件的要求

有机丝瓜种植的土壤环境质量应符合 GB 15618 中的二级标准，在有机丝瓜种植前土壤要经过 2～3 年的转化，并对土壤有盐渍化、酸化、板结等现象进行改良；灌溉用水的水质应符合 GB 5084 的规定；环境空气质量应符合 GB 3095 中二级标准的规定；有机蔬菜生产中只能使用有机肥，并优先使用有机蔬菜基地内或其他有机蔬菜基地的有机肥，商品有机肥应符合 GB/T 19630.1—2011 附录 C 的要求，生产中使用的土壤培肥和改良物质应符合 GB/T 19630.1—2011 附录 A 的要求。

丝瓜起源于高温多雨的热带，喜高温潮湿，极不耐寒，在高温下生长健壮，茎粗叶大，果实膨大较快。种子发芽的适温为 25～30℃，20℃以下发芽缓慢；茎叶生长的适温为 20～25℃，开花结果期要求的温度更高，以 25～30℃表现最好，在炎热夏季，只要水肥不缺，开花结果仍是旺盛的。丝瓜的幼苗有一定的耐低温能力，在 18℃时生长受到抑制。当温度超过 40℃时，植株机能失调，亦会造成死亡。

丝瓜属短日照植物，大多数品种在短日照条件下雌花发生较早且较多，开花坐果良好，在长日照条件下雌花发生较晚且少。丝瓜对短日照的要求因品种有所不同，有些品种只需几天的短日照便能促进发育，而另一些品种要有 10 天以上的短日照才能迅速发育。丝瓜的短日照处理，在子叶展开后便有效果。丝瓜又有一定的耐阴能力，在树阴下也能生长，但在晴天、光照充足的条件下更有利于丰产优质，连续的阴雨天气或过度的遮阴会严重影响植株的生长和雌花的形成，造成落花化瓜。

丝瓜是最耐潮湿的瓜类蔬菜，在雨季即使受到一定时间的水淹，也能正常开花结果。丝瓜的根系发达，有较强的抗旱能力，但在过于干旱的情况下，果实易老，纤维增加，品质下降。故栽培上丝瓜对水分的要求比较严格。

丝瓜对土壤和肥料的要求不很严格，适应性广。但以土壤深厚、含有机质较多、排水良好的肥沃黏壤土最适宜栽培丝瓜，适宜的土壤 pH 值为 6～6.5。

二、栽培方式与季节

（一）春季丝瓜早熟反季节栽培

1. 品种选择

春季丝瓜早熟栽培宜选择耐低温能力较强、雌花节位低的品种。种子或种苗应符合 GB/T 19630.1—2011 的要求。

2. 培育壮苗

春早熟丝瓜一般在头年 12 月初育苗，每 667 平方米定植 2400～2600 株，需种子 0.3～0.5 千克。因丝瓜种皮较厚，播种前需浸种 8～10 小时，沥干后放在 30℃的条件下催芽，2～3 天后即可出芽，种子有 50%露白时即可播种。由于种子较大，播种时要求覆土，以 1～1.2 厘米厚为宜。

早春外界气温较低，并且气温不稳定，而丝瓜发芽要求 25～30℃的较高温度，故一般在电热温床内育苗。播种后要浇足底水，在苗床上盖薄膜，以利于保水保温。当幼苗长出 3～4 片真叶时即可定植，苗龄 40 天左右。

3. 整地施肥

施足基肥是丝瓜高产优质的关键之一。一般每 667 平方米施有机肥 7000～8000 千克，由于丝瓜的行株距较大，所以基肥以开沟条施或穴施效果最好。大棚春早熟丝瓜栽培的重点在早期产量，此期丝瓜单价高，效益好，故栽培上采取密植栽培。行距 80 厘米，株距 35～40 厘米，每 667 平方米定植 2100～2300 株。到 5 月中下旬拆除大棚膜后，可隔 1 行拔掉 1 行，以减小植株密度，棚架上的瓜蔓自由生长。根据确定的株距开穴施肥，浇足水，整平畦后盖地膜。

4. 适时定植

当幼苗有 3～4 片真叶时，即可移栽，定植前两天，苗床要先浇透水，以便取苗移栽时能带有完整的土坨。尽量减少根系的损伤，有利于缓苗成活。定植时，根据事前穴施的肥料株行距，破膜取出一小块土，把营养钵内的瓜苗完整地放入小洞中，再四周压实，浇定根水后，把薄膜四周用土压紧压严。定植完后，即扣严大棚保温升温，5～7天即可缓苗。

5. 田间管理

(1) 温度管理　大棚丝瓜棚温应控制在20～28℃，如若15℃以下或35℃以上，很难坐果。棚温升到30℃以上时，要及时揭棚膜通风降温，早揭晚盖。当进入5月中下旬后气温升高，应及时揭除大棚顶膜，丝瓜可爬上棚架自然生长。大棚内温度偏高，特别是夜间温度高，昼夜温差小，氮肥多，水足，光照较弱，植株的茎蔓细，节间长，叶片颜色淡绿，叶片薄而大，表明植株徒长。应降低夜间温度，增大昼夜温差。白天控制在25～30℃，夜间降至12～14℃，使昼夜温差达到15℃以上。

(2) 肥水管理　丝瓜性喜潮湿而耐肥，适宜在潮湿肥沃的土壤条件下生长；在干旱贫瘠的土壤条件下，丝瓜纤维增多且易老化。因此，在丝瓜的生长发育过程中，必须加强肥水管理。在整个生长期都要保持土壤湿润，开花结果期需水分更多，一般宜保持土壤相对湿度80%～90%。若雨水少时，可5～7天沟灌1次，宜在早晚进行，避开高温强光的中午。土壤要经常保持湿润，不能忽干忽湿或田间积水。土壤水分供应不均匀，易造成瓜条粗细不均匀。丝瓜虽能耐短期积水，但长期积水对根系生长也会有不良影响，特别是有棱丝瓜，根部积水易造成根系腐烂，故宜及时排除田间积水。

丝瓜虽然较耐贫瘠的土壤，但在肥水充足的条件下，生长旺盛，根深叶茂，花多果多，瓜条顺直。所以，栽培中除施足基肥外，开花结果期还应经常追肥。才能满足植株旺盛的营养生长和生殖生长的需要。如果是采用护根育苗的带土坨定植，浇定根水时就可掺入稀薄的人粪尿，以促进缓苗生长。由于丝瓜能够忍受较高浓度的肥料，肥料充足时叶不易发生徒长，故丝瓜的追肥次数和追肥量可比其他瓜类多。如果追肥不及时，易发生脱肥现象，引起植株早衰，雌花黄萎、脱落，正在发育的果实会出现细颈、弯腰、大头或大肚等各种畸形瓜，产量降低，品质下降。实际栽培中，每采收1～2次追肥1次，在大雨后更要注意加强追肥。

（3）植株调整　丝瓜是茎攀缘作物，必须搭架以引蔓上架，防止丝瓜触地而造成烂瓜，同时增大了植株生长的空间，有利于获得高产。在主蔓40厘米左右时须插竹竿引蔓上架，棚架竹竿可搭成“井”字架或“人”字架，然后以人工绑蔓辅助上架。主蔓上初见幼瓜时，及时在幼瓜节以上留3～4叶打顶，以换新蔓上架，并打掉侧枝。在新蔓又产生雌花并开花坐果时，仍按以上办法打顶摘心，循环操作。当新蔓上架到棚顶时，可及时摘除基部老叶，回蔓70%于地面，适当培薄土，并施薄肥，再绑蔓上架。

在丝瓜生长中、后期，摘除下部老叶、黄叶，以改善通风透光条件，减少病虫害。由于丝瓜雄花多而密，为了避免雄花消耗过多的养分，除留一部分用来授粉外，宜将多余的雄花剪除，以集中养分，促进果实肥大。结合整枝摘叶选留发育正常的果实，及时摘除子房发黄、生长缓慢的畸形果和僵果，对表现染病或弯曲的不正常幼瓜也要摘除。对平躺在架上或夹在两物之间的幼果，应使之悬挂生长，即进行理瓜。对坐瓜过多者应疏去弱小的幼瓜，选留生长健壮的幼瓜。以上各项植株调整工作，宜在晴天下午进行。

（4）加强人工授粉　丝瓜是异花授粉植物，在早春保护地栽培条件下，棚内极少有昆虫活动，必须搞好人工授粉才能保证正常结瓜。有棱丝瓜一般傍晚至翌日10时前开花，普通丝瓜开花时间较长，夜间至第二天上午开花。因此，宜在傍晚或上午进行人工授粉。授粉方法是选刚开放的雄花与雌花对花，或用毛笔蘸取雄花粉，然后涂抹于雌花柱头。注意应在没有露水时授粉，以提高效率。

6. 病虫草害防治

反季节有机丝瓜病虫草害的防治应综合运用各种防治措施，创造不利于病虫草害滋生和有利于各类天敌繁衍的环境条件。应优先采用抗病虫品种、温汤浸种、嫁接育苗、清洁田园、轮作换茬等一系列农艺措施，为有效控制病虫害可使用GB/T 19630.1—2011附录A中允许使用的植物保护产品。已经发现丝瓜的病害主要有病毒病、疫病、霜霉病和蔓枯病等，虫害有白粉虱、蚜虫。具体防治措施参见有机黄瓜反季节栽培的相关部分。

7. 丝瓜采收

丝瓜要在瓜长到一定的大小、种子尚未发育、果皮未硬时采收，削皮后炒食或做汤食用。采收过早影响产量，稍晚品质下降，过晚就不能食用。一般开花后10～14天，果实充分长大、果肉脆嫩、削皮后果肉中不见种子时，为采收最佳时期。丝瓜采收应在早晨进行，用剪刀从瓜柄处剪下，即可上市。采后的清洗、分级、包装等应采用物理的、生物的方法，不应使用GB/T 19630.2—2011附录A以外的化学物质进行处理。

(二) 延秋丝瓜反季节栽培

1. 适时播种、培育壮苗

6～8月均可播种育苗，这段时间外界气温较高，能够满足种子发芽需要，生产上可采取直播。种子或种苗应符合GB/T 19630.1—2011的要求。将浸种催芽后的露白种子，按种植行株距直播于大田，每穴2～3粒种子，播后浇足水，并覆盖玉米秸或稻草等，以降低局部温度，减少水分蒸发，防大雨冲刷后土壤板结。由于大田直播易受不良气候条件影响，尤其是育苗期正是南方高温干旱季节，需要增加浇水次数，而集中育苗可提高土地利用率，减轻自然灾害的影响，集中进行病虫害防治，提高瓜苗质量，易培育成壮苗供大田定植。营养钵育苗可减少根系损伤，定植后缓苗快，为丝瓜优质丰产打下良好基础。育苗床的准备、营养土的配制及浸种催芽等可参照春早熟丝瓜的播种育苗。夏、秋季气温较高，苗子长得快，一般25～30天即可长成3～4片真叶的大苗供大田定植。

2. 整地施肥

夏、秋季丝瓜的生长期比春提早栽培时间短，产量低，故基肥施用量要少一些。每667平方米施腐熟有机肥4000千克。提前翻土晒土，定植前3天开厢，厢面宽2米，沟宽20～30厘米，厢高20～30厘米，双行定植，株距25～30厘米，每667平方米定植

1900～2300株。基肥开沟沟施或打窝穴施，定植头1天浇足底水。

3. 适时定植

苗龄25～30天，有3～4片真叶时即可定植。最好选在下雨天的下午定植或阴天傍晚定植。定植前1天下午把苗床浇足水，以利于取苗时不伤根，缓苗快。定植时边松定植穴的土，边把营养钵分散到各定植穴边，然后小心地把幼苗连土坨倒出，放入窝中，四周覆土，浇足定根水。7～9月气温较高，缓苗期多采用搭小拱棚、盖遮阳网的方法，早盖晚揭，晴天盖阴天揭，以遮光降温，促进缓苗。

4. 田间管理

(1) 勤浇缓苗水，及时中耕　定植后成活的关键在于水分是否充足。夏日气温高，正午达35℃以上。做要求定植后每日傍晚浇水，连续3～4天，同时若条件充足，可搭小拱棚，上盖遮阳网，早盖晚揭，以遮光降温，促进缓苗。夏季气温高，雨水不均匀，且降雨多为暴雨，土壤易板结开裂，故定植后4～5天即进行第一次中耕，主要目的是松土保墒，同时去除田间杂草。苗四周中耕要浅，约5厘米，离苗远处可适当深一些。搭架绑蔓前进行第二次中耕。

(2) 肥水管理　定植后4～7天幼苗即可成活。应及时追1次提苗肥，每667平方米施稀粪50千克，兑水200升浇施。夏季植株生长旺盛，对水肥的要求较高，应时常保持土壤湿润。若雨水少，每隔7～10天就应浇1次透水，结合浇水，进行追肥，直至清园前20天左右停止追肥。

(3) 搭架绑蔓，植株调整　从有3～4片真叶的幼苗定植到成活约需7天，再过10天左右，丝瓜开始伸出卷须，此时需及时搭架。露地栽培一般采取一厢上的两行之间用“人”字形架，用一拉杆把各“人”字形架连在一起，以增强抗风抗倒伏能力。搭架后及时绑蔓，可采用交叉引蔓，即将瓜蔓引向对方的竹竿，呈交叉式。由于丝瓜的茎节处易发生不定根，故在引蔓的同时要注意压蔓，用花铲等工具按引蔓方向将茎节下面土壤铲一浅沟，压入茎节，并盖土压紧，注意不要把生长点压入土中。这样可使茎节长出不定根，使植株根系发达，有利于水分和养分的吸收。

丝瓜的主侧蔓均能结果，栽培后可不用整蔓。但延秋丝瓜栽培较密，为防止瓜蔓过多过密，宜进行适当整蔓。把上架前的侧蔓全部摘除，上架后除留1～2条强壮侧蔓外，其余侧蔓全部摘除。结合整蔓，及时摘除下部老叶、黄叶，疏去多余雄花，同时进行理瓜。

5. 病虫害防治

夏秋期间，丝瓜的嫩梢和新叶易被蚜虫取食，引发病毒病。延秋丝瓜易出现枯萎病、疫病、炭疽病，具体防治方法参见丝瓜春早熟栽培部分。

6. 及时采收

在肥水充足条件下，延秋丝瓜生长速度快，一般定植后15～20天即可开花，花后8～15天即可达到商品成熟，必须及时采收。若采收过晚，在高温条件下，纤维增加快，丝瓜的品质严重下降。盛产高峰期每天采收1次，9月中下旬后，每隔1天采收1次。

延秋丝瓜生育期短，全生育期100～130天，比常规栽培丝瓜的开花结果期短，故单产较低，每667平方米产量2000千克左右，但此期丝瓜的单价较高，市场销售潜力大。采后的清洗、分级、包装等应采用物理的、生物的方法，不应使用GB/T 19630.2—2011附录A以外的化学物质进行处理。

(三) 丝瓜的高山反季节栽培

1. 品种选择

高山地区夏季气候较冷凉，夜间降温快，昼夜温差较平坝地区明显，适于发展瓜菜夏季生产。丝瓜高山栽培一般选择海拔800～1500米地势较平坦的地块种植。各地可根据本身具有的土地资源，选择立体气候强的地势进行高山丝瓜规模化生产。只要是当地露地栽培表现好的品种，高山栽培均适宜。种子或种苗应符合GB/T 19630.1—2011的要求。

2. 育种

高山栽培丝瓜，一般在5月上中旬播种，6月中下旬定植，采收延长到9月中下旬。采取营养钵护根育苗。浸种8～10小时，催芽2～3天即可出芽播种。由于种子较大，播种时应覆土1.5厘米左右，以防戴帽出土，影响苗的质量。苗期管理要注意防雨水冲刷而导致的苗床板结，时常观察营养土内是否缺水，保持苗床湿润。当幼苗长到3叶1心时即可定植，苗龄35～40天。

3. 适时定植

前茬收获后，及时深翻土壤进行晒土，定植前1周，每667平方米施有机肥4000～5000千克，以沟施或穴施最好。以160厘米宽做畦，每畦两行，株距40～50厘米，每667平方米植2000株左右。

4. 田间管理

（1）及时中耕除草　浇过缓苗水后，幼苗新叶开始发生，应及时进行中耕松土，以增加土壤的通透性，减少土壤水分的损失，促进缓苗，同时能除灭杂草。中耕时，近苗根部宜浅不宜深，以不伤幼苗根系和不松动幼苗基部为原则。搭架前再进行1次中耕，将行间的土适当地向两边培于植株根部，使之由平畦变成瓦垄畦，促进不定根的发生。

（2）搭架和植株调整　露地栽培一般用“人”字形搭架，每畦上的2行间用2排竹竿相向靠拢成“人”字形，用1根竹竿把各“人”字架连接起来，以增加棚架的牢固性。植株调整参见前面“（二）延秋丝瓜反季节栽培”相关内容。

（3）肥水管理　高山丝瓜的采收期较长，应加强肥水管理，定植浇定根水时，即可随水施入稀粪，以促进缓苗生长。缓苗后及时追施提苗肥，每667平方米施有机肥1000千克，兑水浇施。以后随着结果盛期到来，肥水需求更严格，要求每采收2～3次即追肥1次。

5. 采收

开花后10～12天，当果梗稍变色，茸毛减少，果皮稍软，瓜身已饱满，皮色呈现本品种特征，即可采收上市。采后的清洗、分级、包装等应采用物理的、生物的方法，不应使用GB/T 19630.2—2011附录A以外的化学物质进行处理。

(四) 丝瓜冬季反季节栽培

1. 品种选择

由于丝瓜的开花结果期需较高的温度，冬季反季节栽培多采用节能型日光温室，可使室内气温保持较高温度，最冷时节可通过加盖覆盖物等保温措施来使植株免受冻害。海南南部和云南部分地区可进行露地反季节栽培。种子或种苗应符合GB/T 19630.1—2011的要求。

冬季温室内气温低，湿度大，通风不够经常易发生多种病害。故宜选择耐低温性好、雌花多、瓜形短、抗霜霉病和白粉病能力强的品种。

2. 播种育苗

冬茬丝瓜，南方地区可在9～10月播种，10月下旬至11月定植，翌年1月即可上市。需采用浸种催芽和营养钵护根育苗等措施来保证苗齐、苗壮，育苗时外界气温仍较高，可采用遮阳网覆盖来遮阴、降温、保湿。

3. 田间管理

(1) 适时定植　幼苗在4叶1心时即可定植。定植前每667平方米施6000千克有机肥，然后整地做畦，畦宽150～160厘米，每畦栽2行，株距35～40厘米，可定植2200株左右。温室冬季栽培一般结合地膜覆盖进行。

(2) 肥水管理　定植前浇水再盖地膜，定植完后及时浇定根水。由于地膜有保水作用，缓苗过程中一般不需再浇水，到根瓜坐住，可结合浇水施1次肥。到采收盛期，每15～20天追1次肥，随水施入。在外界气温较高时，注意通风排湿。

(3) 温度管理　定植后密闭保湿，促进缓苗，要求白天25～32℃，超过35℃通风。缓苗后进行7天左右的促根控秧，适当降低温度，然后逐渐提高到适宜温度，要求白天25～32℃，夜间

15～18℃。进入结果盛期，正是外界气温较低的月份，应尽量采取加盖覆盖物等措施保持较高温度，促进生长，提高采收频率。

（4）植株调整　日光温室冬季生产一般密植栽培，为了改善室内的光照条件，一般采用塑料绳吊蔓，绳的上部要留出 1 米左右，以便以后落蔓之用。绑蔓一般采用单干整枝。整枝时打去所有的侧枝，也可在侧枝上留 1～2 条瓜后再把侧枝摘心。栽培过程中要经常引蔓、绑蔓，打去下部的老叶、病叶。当蔓长到一定高度时，要及时落蔓。

日光温室栽培丝瓜，当管理得当、肥水充足时，雄花和雌花均较多，要及时疏花疏果。除留一部分雄花供授粉用外，其余的雄花应在未开花前摘去，以免过多消耗养分。对畸形幼瓜也要及早摘除。

（5）人工授粉　参见春早熟栽培。

4. 及时采收

丝瓜要在果实长到一定大小、种子尚未发育、果皮未硬时采收。冬季反季节栽培的丝瓜由于气温较低，生长较慢，一般开花后 14 天左右方可采收。为了促进瓜秧生长，第一和第二条瓜要适时早采，弱秧的瓜也宜早采。一般在清晨采收，用剪刀从果柄处剪下。采后的清洗、分级、包装等应采用物理的、生物的方法，不应使用 GB/T 19630.2—2011 附录 A 以外的化学物质进行处理。

第三节　冬　瓜

冬瓜（*Benincasa hispida*）属深根性作物，直播主根入土可达 1～1.5 米深（图 2-3-3）。育苗移植，侧根、须根大量分布于15～25 厘米耕层，根展开可达 1～1.2 米。根系有趋肥、趋水、趋氧的特性，在土壤疏松、有机质含量多而潮湿的近地表层，根系密集。茎为蔓性无限生长，攀缘性强，抽蔓后每个叶腋都有腋芽萌发的侧蔓。从叶腋发生卷须起攀缘作用。叶为掌状，暗绿色，表面密生刺毛，叶片与黄瓜叶片相似，但叶片较小。雌雄同株异花，单性花靠

图 2-3-3　冬瓜

昆虫授粉，有的品种出现两性花。冬瓜果实为瓠果。果实大小因品种有较大的差异，大果型品种，单果重10～20千克；小果型品种，单果重1～2千克。果实有长筒形、圆形。成熟后果面布满蜡粉。冬瓜种子的种皮较厚，由厚壁细胞和海绵柔软细胞组成，透过水分和氧气的能力很差，所以催芽难度大。发芽年限为4～5年，但第三年发芽率只有30%～40%，生产上需选用1～2年的种子。

一、对环境条件的要求

有机冬瓜种植的土壤环境质量应符合GB 15618中的二级标准，在有机冬瓜种植前土壤要经过2～3年的转化，并对土壤有盐渍化、酸化、板结等现象进行改良；灌溉用水的水质应符合GB 5084的规定；环境空气质量应符合GB 3095中二级标准的规定；有机蔬菜生产中只能使用有机肥，并优先使用有机蔬菜基地内或其他有机蔬菜基地的有机肥，商品有机肥应符合GB/T 19630.1—2011附录C的要求，生产中使用的土壤培肥和改良物质应符合

GB/T 19630.1—2011 附录 A 的要求。

冬瓜喜温耐热，生长适温为 23～30℃，在 40℃条件下也有较强的同化功能。在塑料棚内的高温环境下，冬瓜可以安全度过短时间 50℃高温。早春育苗经过低温锻炼的幼苗，可以忍受短时间 2～3℃的低温。冬瓜果实对高温烈日的适应能力因品种不同而异，一般晚熟大型有白蜡粉的品种适应能力较强，无蜡粉的黄皮冬瓜适应能力较弱。

冬瓜属短日照作物，幼苗期低夜温和短日照有利于花芽分化。可使雌花和雄花发生的节位降低。但冬瓜对光照长短的适应性较广，在其他条件成熟时，一年四季都可开花结果。尤其是小果型的早熟品种，在光照条件很差的保护地栽培，也能正常开花结果。

冬瓜根系发达，吸水能力强，但茎叶茂盛，蒸腾面积大，果实发育快，生长发育消耗水分多，因此，对水分的要求较高。特别是进入开花结果期后，必须保证水分供应。适宜的空气相对湿度在 80%左右。

冬瓜对土壤的要求不太严格，但要疏松透气。有机质充足的肥沃沙壤土栽培最为适宜。冬瓜对氮、磷、钾的需求较严格，在一定范围内，增施氮肥与植株的生长势呈正相关，增施磷、钾肥可以延缓早熟品种的衰老时间而提高产量。

二、栽培方式与季节

(一) 冬瓜的早春反季节栽培

1. 播种

春季提早栽培以早熟来追求高产值，所以要求选用生育期短、早熟性强、雌花着生节位低、植株生长势较弱、叶面积小、耐低温、耐阴性较强、适宜于密植的小果型早熟品种，如一串铃冬瓜。采用加温大棚育苗，定植前炼苗，以地膜加小拱棚、地膜加大棚或地膜加小拱棚加大棚等方式栽培。

2. 培育壮苗

(1) 育苗　将种子放入洁净的盆中，一边加入 70～80℃的水，一边不停地用木棒顺一个方向搅拌，直至水温降到30～40℃。在保持水温30～40℃条件下，浸种8小时即可；若水温偏低，则浸种时间可长一些。将浸好的种子反复搓洗，用清水冲洗净种子上的黏液，稍沥水后即可用干净的湿布包好进行催芽。冬瓜种子一般在30～35℃时发芽最快，发芽率也高。催芽期间，每天须翻动2～3次，以使种子受热均匀。一般情况下，毛边种子比光滑种子发芽快2～3天，同时发芽整齐，发芽率高。

冬瓜的根系再生能力较弱，故最好采取护根育苗。在进行护根育苗时可以1次播种育成苗，即将催好芽的种子直接播种到营养钵，不要分苗。冬瓜育苗时要求较高的空气和土壤温度，在没有加温设备的苗床里育苗如果遇上连阴天，很有可能引起烂籽导致育苗失败。故早春育苗一般采用电热温床或火道温床。由于冬瓜的育苗时间较长，所以对营养土的要求较高。一般用肥沃的菜园土配以适量的氮、磷、钾肥。每立方米营养土加1.5千克磷酸二铵和40千克草木灰，或者用2千克复合肥加25千克草木灰。将配好的营养土装入营养钵（9厘米×9厘米）内，装到八成满，整齐地平铺于苗床。

（2）播种　选晴好的天气，用小竹片在营养钵的中央挖个小洞，将催好芽的种子舒展地放入，用土固定芽的方向，随即用过筛细土盖住种子即可。

① 苗期管理　播种后要封闭苗床，提高温度，白天28～32℃，夜间18～20℃。大部分苗出土后，要适当降低温度，白天22～25℃，夜间16～18℃。定植前7～10天炼苗，使其能够适应定植后的环境条件，白天18～22℃，夜间10～14℃，到临近定植的前2～3天还可给予4～6℃的低温锻炼。在灌足底水的基础上，在出苗后还应根据苗子的颜色和天气情况补充水分。

② 壮苗标准　冬瓜根系木栓化早，再生能力差，苗龄不宜太长，移栽后不易生根缓苗。在有加温条件的温床育苗条件下，苗龄35～45天。壮苗标准是，3～4片真叶，叶片青绿色，肥厚，2片子叶健壮完好，下胚轴短粗，根系发达，植株无病虫害。

3. 适时定植

(1) 整地施肥、开厢铺膜　早熟栽培一般采用大、中、小棚加地膜覆盖的方法来提高地温。由于地膜覆盖土壤有机质分解快，土温较高，冬瓜植株长得快，产量较高。地膜覆盖后，很难向土壤里再补充有机肥料。一般每667平方米施腐熟有机肥6000～7000千克，磷矿粉50～75千克，钾矿粉20～30千克，有条件的地方可每667平方米施饼肥150千克。地面普施或按栽培行开沟集中施用后，翻耕耙细，把肥料与土充分混匀，再按要求开沟做畦。早熟品种行距50厘米左右，故以1.2米开厢（包括20厘米沟）。沟开好后，整平厢面上的土，再盖1米宽的膜。要求拉紧铺平，使薄膜紧贴土壤表面。并用土将四周压平、压实，以达到最佳的土壤增温效果。厢沟不盖膜，留作灌水追肥之用。

(2) 适时定植　棚内的定植期比普通露地栽培早30天左右。要求棚内温度达到10℃，地温稳定在15℃左右，一般在“暖头寒尾”定植。定植的密度为50厘米×40厘米，每667平方米定植2700株。先将地膜切“十”字形口，取土，开穴，栽苗，浇定根水，填土后将膜尽量复原盖到苗根，然后再用土封压严。栽苗要保持深浅一致，覆土后保持与厢面平齐。

4. 田间管理

(1) 温度管理　定植后要特别注意温度的调节管理，棚内的温度主要通过通风和揭盖棚膜来调节。定植初期，要尽可能提高棚内的气温和地温，使棚内气温白天30℃左右，夜间16℃左右。定植后1周内，当棚内温度不超过40℃可不通风。当缓苗后新叶发生时，可选晴天中午逐步开始通风，使棚内适当降温。开花坐果期要求白天25℃左右，夜间15℃左右。随着天气转暖，必须逐渐加大通风量。果实膨大期要注意增加光照强度，保证光合作用进行，白天28～30℃，夜间15～18℃。到露地气温适于冬瓜生产时，可除去薄膜进入露地生产。同时，可将茎蔓引到棚架上，以扩展植株可利用的空间。

(2) 中耕培土　冬瓜在早春定植后一般地温偏低，同时又由于浇定植水引起地温下降，所以要及时中耕松土，敲碎板结的土块，增强土壤透气性，提高地温，促进缓苗和新根发生。中耕深度以不松动苗根部土壤为原则，近苗根部宜浅，划破表土即可，距苗根部远宜深。结合松土，适当地在苗基部培土，厚度以埋住子叶节位为宜。

(3) 肥水管理　早春栽培一般采用地膜覆盖，底肥施用量较多，在整个生产过程中不再需要大量补充肥料。但应视天气情况，随浇水施入追肥，水顺着沟渗入厢内。定植后及时浇足定根水，10天左右后，植株缓苗正常生长，即行蹲苗。一般蹲苗期为15～20天。到甩蔓期，轻浇小水，并随水追入有机液肥每667平方米210千克，以促进叶蔓生长。开花坐果期一般不浇水或少浇水，避免化瓜。瓜坐稳后要及时浇"催瓜水"，同时追施"催瓜肥"。果实旺盛膨大期是冬瓜植株需水、肥最多的时期，也是决定产量高低的关键时期。此时应根据具体情况浇水，如果雨水少，土壤干旱，气温高，傍晚叶缘或茎生长点发软、萎蔫，必须及时浇水。此期由于气温逐渐升高，追肥、浇水宜在傍晚或早晨进行，以免中午田间高温闷热，水分蒸腾强烈而造成"烂瓜病秧"。

(4) 植株管理　抽蔓不久，由于节间和叶片的急剧增大，茎蔓由直立生长转为匍匐生长，此时需即时搭架。引蔓上架，按1株1根竹竿直插成篱壁架，立竿1.5米左右，棚边略短一些。立竿的中间用3～4道横竿逐一与立竿绑缚固定。2个小行间的篱壁也有用短竹竿与立竿互相固定，使壁架能尽量牢固，不致倾斜。

瓜蔓长到30厘米左右，即开始引蔓上架。绑蔓时，采取1次朝北、1次朝南呈"之"字形上升，第一次绑蔓先在南侧距地面18厘米左右处进行，第二次绑在北侧离地面50厘米左右处。这样可使冬瓜的果实正好生于两根竹竿之间，不与地面接触，既能避免地下害虫危害，又能避免浇水时湿度过大而引起烂瓜。第三次绑蔓时瓜秧已接近架顶，此时气温逐渐上升，露地冬瓜已能正常生长，可视天气情况去除薄膜，把蔓引到棚架上，从而扩展植株生长的空间，布满整个棚面。绑蔓时要松紧适度，过松瓜身下坠，瓜易下垂地面，易引起烂瓜；过紧又会影响瓜身生长，妨碍水分和养分的运输。绑蔓的同时，要去掉多余的侧须和卷须，第二次绑蔓时有的主蔓可以摘心，以减少养分的消耗。

（5）人工授粉和选留瓜　大多数情况下，早熟栽培都应人工辅助授粉，促进坐果，果实生长整齐。上午 11 时前应结束授粉。当小果型品种幼果长到 1 千克、大果型品种幼果长到 2 千克左右时，选择瓜形正、无病斑或畸形的幼果留住，摘除畸形果和其他小果。此时每株只留 1 果。

5. 病虫害防治

冬瓜对病虫害的抗性较强。但也有一些病虫害会对其造成危害，如疫病、炭疽病、蔓枯病和苗期猝倒病害等。可参照黄瓜春季早熟栽培的病虫害防治进行。

6. 采收

冬瓜果实的生长发育各个时期的长短与品种有关，从开花到商品成熟，早、中熟品种需要 21～28 天；从开花到生理成熟，需要 35～50 天。早熟栽培一般以采收嫩瓜为主，采收后期收获老熟瓜。开花授粉后的 3 周内是冬瓜果实生长发育最快的时期，此后生长速度减慢。当瓜重 1～2 千克，靠近瓜柄处出现白粉时陆续上市。也可以视植株生长情况及市场随时采收上市。嫩瓜采收后应及时追肥提苗，促进再次坐果，提高总产量。

冬瓜皮厚又有蜡粉，较耐储藏，不需要包装，装筐后即可运输，只要在运输过程中不受挤压碰撞，就不会受损失。采后的清洗、分级、包装等应采用物理的、生物的方法，不应使用 GB/T 19630.2—2011 附录 A 以外的化学物质进行处理。

（二）冬瓜冬季反季节栽培

1. 播种

冬瓜冬季反季节栽培播期选择，南方一般在 9 月底至 11 月上旬播种，12 月至翌年 2 月收获冬瓜。比计划上市期提前 100 天播种冬瓜。

2. 培育壮苗

由于播种时高温多雨，冬瓜种子发芽比较困难，故应采用催芽播种、护根育苗移植方式。苗期控水、控肥、防徒长。

3. 适时定植

当幼苗长到具有2～3叶时就可定植。一般每667平方米施腐熟有机肥4000千克。按2米做垄，株距40～60厘米。一般每667平方米可定植600～800株。

4. 田间管理

定植后浇透定植水，定植后5～7天追干肥1次，开始伸蔓时搭矮棚架，可使用栽培网，架高80厘米左右。将留果节引到架顶上，开花前3～5天追肥灌水1次，开花期人工辅助授粉。当幼瓜长到1～1.5千克时追肥灌水。及时排水，摘除老叶、病叶和主蔓外的一切侧枝，每株留1果。根据植株长势进行根外追肥，以维持植株长势。

5. 病虫害防治

可参照黄瓜春季早熟栽培的病虫害防治进行。

6. 及时采收

一般当黑皮冬瓜表面出现光泽时可采收。由于冬瓜可存放一定时间，故可在地里待价而沽一段时间。采后的清洗、分级、包装等应采用物理的、生物的方法，不应使用GB/T 19630.2—2011附录A以外的化学物质进行处理。

(三) 高山反季节栽培

冬瓜高山反季节栽培是利用不同的海拔高度在垂直方向上的温度差异进行反季节栽培，错开上市高峰期，延长冬瓜供应期。冬瓜高山反季节栽培是生产优质无公害冬瓜的方法之一。

1. 海拔高度选择

一般冬瓜高山反季节栽培选择的海拔高度在500～1000米以内。由于海拔每相差100米，气温相差1℃，因此，海拔高度过低反季节特性不明显，过高则有效生育期不够。选择的原则是，所在高度的冬瓜生育期的两端最低气温超过15℃的天数在100天左右。

依不同品种而有一定变化。

2. 播种期

冬瓜高山反季节栽培播期选择的原则是，收获时最低气温在15℃以上，倒推100天即为播期，或计划上市期前100天为播期。

3. 品种选择

冬瓜高山反季节栽培一般不搭架，宜选择粉皮杂交、抗病品种，不宜选择黑皮品种，以防日灼。种子或种苗应符合GB/T 19630.1—2011的要求。

4. 栽培季节和育苗

高山冬瓜的栽培季节一般在6～8月。采用营养土护根育苗移栽方式，以穴盘育苗方式最省工省力。一般进行催芽播种，播后4～7天出苗，15～25天即可定植。

5. 合理密植

高山冬瓜生产阳光充足，叶面易受光，适当密植有利于提高产量，特别是一些叶片较小的品种更应适当密植。一般采取2米做畦，单向，蔓向下坡爬。株距40～60厘米，每667平方米可定植600～800株。

6. 田间管理

高山冬瓜生产最怕排水不畅而导致山雨冲毁瓜园。因此，不管是台地还是坡地都必须做好防雨排水工作。做畦整地前挖好排水沟。按等高线做畦，每20米左右挖1条排水沟。

高山冬瓜生产的另一个特点是山风大，因此，爬地冬瓜必须压蔓定蔓，防蔓被风吹动而导致叶片或瓜表面受伤。其他管理措施如整枝留果、追肥灌水等与平地架冬瓜生产相似。

7. 病虫害防治

参见黄瓜春季早熟栽培相关部分。

8. 采收

粉皮冬瓜上两次粉以后，即可采收上市，或带叶采摘下储存后陆续销售。粉皮冬瓜采收后在室内可放置3～6个月。

第四节　南　瓜

南瓜（*Cucurbita moschata*）含有丰富的碳水化合物、蛋白质、氨基酸、胡萝卜素（维生素 A 前体）等多种营养物质，又有一定药效，可补中益气、防治糖尿病、防癌。南瓜含有的某些酶，能催化分解亚硝胺和食品中某些农药残留等有毒物；它含有的甘露醇，有通大便作用，可防止结肠癌发生。所以南瓜是一种可贵的保健食品，越来越受人们青睐。

南瓜是葫芦科南瓜属，叶片具白斑、果柄五棱形的栽培种（图 2-3-4）。根系发达，主根可深达 1～2 米。侧根水平方向生长直径达 7～8 米。茎蔓性，主蔓长 5～8 米，也有短蔓品种。主蔓上的每个叶腋都能发生侧枝。茎节上生卷须，并易发生不定根。叶互生，掌状，边缘浅裂。雌雄同株异花，多数品种雄花先开，早熟种则雌花先开。果大，扁圆形、长圆形、枕形等。嫩果绿色，成熟果红褐色。

图 2-3-4　南瓜

南瓜品种繁多，根据熟性可分为早、中、晚品种；根据瓜的大小可分为大南瓜与小南瓜；根据用途可分为食用型南瓜和观赏型南瓜。当前，早熟、品质优良的小南瓜备受欢迎，早熟南瓜品种有一串铃南瓜、黄瓤南瓜、金瓢南瓜等，小南瓜品种有锦栗南瓜等。

一、对环境条件的要求

南瓜喜温暖干燥气候。种子发芽适温25～30℃，生长适温18～32℃，果实发育的最适温度为25～30℃。当气温上升到35℃以上时，花器发育不正常，停止结果。南瓜属短日照作物，低温与短日照能使南瓜早着生雌花。耐旱力强。阴雨连绵易引起茎叶徒长、落花。对土壤要求不严，瘠薄地也能栽培。

有机南瓜种植的土壤环境质量应符合GB 15618中的二级标准，在有机南瓜种植前土壤要经过2～3年的转化，并对土壤有盐渍化、酸化、板结等现象进行改良；灌溉用水的水质应符合GB 5084的规定；环境空气质量应符合GB 3095中二级标准的规定；有机蔬菜生产中只能使用有机肥，并优先使用有机蔬菜基地内或其他有机蔬菜基地的有机肥，商品有机肥应符合GB/T 19630.1—2011附录C的要求，生产中使用的土壤培肥和改良物质应符合GB/T 19630.1—2011附录A的要求。

二、栽培方式与季节

传统栽培方式是露地栽培，爬地生长，3月育苗，4月定植，主要在7～9月采收。为提高土地利用率，南瓜可套种在越冬的莴笋、芥菜等菜地上，可在南瓜宽行中套种生长期短的叶菜及矮生四季豆等，也可在早熟番茄畦中套种南瓜。为满足消费者的需要和提高经济效益，南瓜也可进行反季节生产。早南瓜。利用大棚、小棚等设施，2月育苗，3月定植，5～6月收获。秋南瓜，老株复壮结秋瓜，或夏末初秋育苗栽培，9月中旬至11月上旬采收。

(一) 春季南瓜栽培

1. 适时早播

宜选用早熟、耐阴雨低温的品种。设施栽培2月中旬播种育苗，露地栽培3月上旬育苗。

2. 整地施肥

每667平方米施腐熟厩肥2500～3000千克。畦宽（连沟）1.3～1.4米，沟宽35厘米，露地栽培沟深30厘米，以利排水，设施栽培畦沟可浅些。畦面呈龟背形为好。

3. 覆盖早栽，合理密植

3月中旬定植于大中棚内，或定植后拱小棚，用薄膜覆盖15～20天。露地栽培4月上旬定植。一畦栽一行，每两畦将苗栽在离两畦中间的沟较远的畦边上，对应栽，以便以后搭架，株距60～70厘米，667平方米植600～800株。

4. 加强管理

坐瓜后和嫩瓜采收期间每10天左右追施肥料1次，结合浇水每次667平方米施腐熟干鸡粪200千克。

由于早熟南瓜的雄花比雌花晚开放，为提高坐果率，可采集同期开花的西葫芦的雄花与刚开放的南瓜的雌花进行人工授粉。大棚栽培的早南瓜密度大，应及时除侧蔓，只在第一瓜上方保留1～2条健壮侧蔓。开始抽蔓即搭架引蔓，每两畦搭一个1米多高的拱形架。早南瓜生长期间空气湿度大，易发生流行白粉病。

5. 及时采收

大棚栽培的南瓜4月底至5月初始收。注意勤采收嫩瓜，当瓜长至0.5千克左右即采摘，每隔1～2天采摘1次，不留大瓜和老瓜，以利幼瓜不断形成与生长。

(二) 延秋南瓜栽培

1. 老株复壮翻秋

夏播的南瓜，8月中旬摘去全部老嫩瓜，剪去枯老叶和部分侧枝，667平方米施腐熟有机肥4000～5000千克，在行间深中耕(15～20厘米)，将肥翻入土中，同时伤其部分老根，刺激发新根。接着灌足水，并经常保持土壤湿润，可促进植株抽生新枝叶，10月上旬前后可大量结秋瓜，提高总产量。

2. 秋播南瓜

选用耐热抗病品种，7月下旬至8月上旬催芽后直播。最好用营养钵育苗，遮阳网护苗，苗龄20多天定植。南瓜行距1.5～2米，株距0.6～0.7米。667平方米施腐熟有机肥4000～5000千克作基肥。畦面盖草降温保湿。有条件的9月上旬前能覆盖遮阳网则更好。抽蔓后搭篱壁架，单蔓整枝，除去所有侧枝。及时浇水抗旱，坐果后追肥1～2次，每次667平方米追施50%的粪水1000～1500千克。9月中下旬可开始收嫩瓜，10月收老瓜，直收至11月上旬，667平方米产约1500～2000千克。可储藏至元旦、春节上市。

（三）早春早熟南瓜栽培

嫩南瓜作菜，营养价值高。普通栽培的南瓜，入夏后才能大量上市，早春供应市场很少。采用南瓜早熟高产栽培技术，可使嫩南瓜上市期提早到4月初，比露地栽培的南瓜提前1个月上市。若采用半棚架式栽培南瓜，边畦还可套种其他蔬菜，经济效益就更为显著。

1. 品种选择

选耐低温、生长势较强、早期结果率高、嫩瓜肉质厚实、口味佳、适合早熟栽培的品种。

2. 适时播种

重庆地区在2月上旬播种，华东地区一般在2月播种。采用小拱棚保温育苗，幼苗有2片子叶时假植在营养钵中。每667平方米用种量为200～300克。育苗时营养土一定要疏松、肥沃，而且营养钵或营养土块直径要求10厘米左右，单粒播种。播后夜间用电加温线提高土温，以利发芽出苗，出苗后即停止加温。

3. 及时定植

苗龄约25～30天（3叶1心）时定植。定植前每667平方米施腐熟有机肥1500～2000千克作基肥，翻耕肥与土充分混合后，每棚作2畦，畦面覆盖透明地膜。每畦在中间沟两侧定植1行，定植秧苗距中间畦沟边约30厘米，株距35厘米，定植后搭小拱棚保温以利缓苗。

4. 田间管理

为了使早熟南瓜藤蔓能在棚内充分伸展，促进生长结果，需实行半棚架式栽培，即先在定植畦上各搭建 2.0 米左右高的篱壁式支架，顶端横向搭平棚，宽 4 米左右，平棚外边与大棚拱杆相连接，以便揭膜后使藤蔓向大棚架上伸展。可采用独蔓式整枝，将茎部发生的无效侧枝全部删除，以利通风透光和减少养分消耗，藤蔓长至 50 厘米时及时绑蔓，主蔓结瓜后，藤蔓开始往大棚上爬伸。

南瓜当前有两种整枝方式。一种是单蔓整枝法，将主蔓第十片叶以下部位的侧枝及雌花摘除，在主蔓 10～15 叶节坐果，其栽培密度要大些。常用的是三蔓整枝法，在主蔓 10 节下选留 2 个生长势强的侧枝，其余侧枝和雌花全部摘除，以主蔓结果为主，侧枝各结 1 个果。早熟南瓜的第一挡果要尽力保住，否则达不到早熟栽培的目的。每天上午 8 时前后雌花开放时，用小喷雾器对准雌花柱头，喷 30～50 毫克/千克防落素或保果灵 100 倍液，或用 10～20 毫克/千克 2,4-D 液涂雌花。人工授粉可在清晨采摘开放的雄花，去掉花瓣，对准雌花柱头授粉。经授粉和激素处理的瓜，生长快，能提前上市。开花结果时需适当通风，温度过高植株易徒长。4 月中下旬开始揭膜，揭膜前经常通风，使植株经受常温锻炼，以防揭膜后落花落果和产生畸形瓜。

早熟南瓜苗期要勤浇水，促进生长。第一次追肥在定植缓苗后进行，促进茎蔓生长；第二次在根瓜开花坐果期促进开花结果；第三次在根瓜膨大期，促进果实膨大；第四次在根瓜采收后再及时追施，促进中后期膨大，追肥量视植株营养状况而定。

5. 病虫防治

反季节有机南瓜主要病害有霜霉病、白粉病、病毒病，主要害虫有瓜蚜、白粉虱，防治措施参见反季节有机黄瓜春季早熟栽培的相关内容。

第五节　西　葫　芦

西葫芦（*Cucurbita pepo*）根系强大，吸收能力强，对土壤环境要求不严格，但再生能力较弱，育苗移植时需加强根系保护。西葫芦的茎有明显的棱和较硬的刺毛，分为长蔓和短蔓两种类型（图2-3-5）。长蔓西葫芦主蔓长达数米，分枝力也较强；短蔓品种分枝力较弱，节间很短，习惯称矮生西葫芦。作为商品生产普遍选用矮生西葫芦。西葫芦叶掌状深裂，叶面粗糙多刺，叶柄中空，无托叶。叶片形状随品种不同而有所差异，主要表现在裂刻的深浅和有无银色斑块。雌雄同株异花，雌花着生节位高低与品种有关，雌雄花的形成类似黄瓜，具有很强的可塑性，受环境条件的影响极为明显。西葫芦子房下位，3～5心室，以3心室居多。果实形状、颜色因品种而不同，形状有长筒形、长棒形、椭圆形，颜色有白色、墨绿色、浅绿色等。消费者多数喜欢长筒形、浅绿色、带花纹的品种。

图 2-3-5 西葫芦

一、对环境条件的要求

有机西葫芦种植的土壤环境质量应符合 GB 15618 中的二级标准，在有机西葫芦种植前土壤要经过2～3年的转化，并对土壤有盐渍化、酸化、板结等现象进行改良；灌溉用水的水质应符合 GB 5084 的规定；环境空气质量应符合 GB 3095 中二级标准的规定；有机蔬菜生产中只能使用有机肥，并优先使用有机蔬菜基地内或其他有机蔬菜基地的有机肥，商品有机肥应符合 GB/T 19630.1—2011 附录 C 的要求，生产中使用的土壤培肥和改良物质应符合 GB/T 19630.1—2011 附录 A 的要求。

西葫芦在瓜类蔬菜中是相对较耐低温的，但都不耐高温。生长发育的适温是 18～25℃，15℃以下生长缓慢，8℃以下生长停止。各生育期的适温和对温度的忍受能力不大一样。种子发芽的适温为 25～30℃，30～35℃发芽最快，但易徒长，芽子细长。开花结果期的适温是 22～25℃，低于 15℃授粉不良，高于 32℃花器发育不正常。根系伸长的最低温度是 6～8℃，最适温度为 30～32℃。

西葫芦属短日照作物，幼蕾期短日照有利于雌花的提早出现，但长日照有利于茎叶的生长。光照充足时，植株生长良好，果实发育快，品质好。但在塑料棚内相对较弱的光照条件下，西葫芦也能正常地开花结果。若遇连阴寡照，日照时数少，光强较弱，则会引起植株生长发育不良，表现为叶色淡、叶片薄，致使结瓜数减少。光照过强时，由于自身叶片大，蒸腾旺盛，易引起植株生理失水而萎蔫。

西葫芦根系强大，具有较强的吸水能力，抗旱性较强，既适于在干燥条件下生长，又较耐阴湿。在水分的管理上，结瓜前灌水不宜多，否则土壤含水量过高，造成徒长，瓜膨大期喜土壤湿润，要求土壤有较高的水分，土壤相对含水量以 70%～80%为宜。雌花开放时，若空气湿度较大，会影响正常授粉，导致“化瓜”或“僵瓜”。因此，保护地栽培时，应设法减少地面水分蒸发和通过通风来降低空气湿度。

西葫芦对土壤的要求不严格，但为获得高产优质，仍应选择疏松透气、保水保肥力强的沙壤土，并要增施有机肥，培肥地力。西葫芦喜欢微酸性土壤，适宜的 pH 值为 5.5～6.8。

二、栽培方式与季节

（一）西葫芦延秋栽培

1. 品种选择

西葫芦延秋栽培的前期温度高，植株生长不良，雌花分化晚而少，发育质量差，植株易徒长，病害也多，采收期温度较低，需采取保温措施。故在品种上须选择耐热、抗病与耐寒的早熟品种。种子或种苗应符合 GB/T 19630.1—2011 的要求。

2. 播期选择

西葫芦延秋栽培一般采用大棚，但大棚的保温能力有限，到12月上中旬就不能坐住瓜了。故必须把播种期安排好，以保证有充足的采收期，一般早熟品种从播种到采收需要 55～65 天，根据这一特点可将播种期安排到 8～9 月，9～10 月定植，10～12 月采收。

3. 培育壮苗

（1）浸种催芽　将种子放入干净无油污的盆内，倒入 75～80℃的温水，立即不停地朝一个方向搅拌，直至水温降到 30℃左右，继续浸泡 4～6 小时。然后边搓洗边用清水冲洗种子上的黏液，捞出并控去多余水分，晾至种皮发干，然后放在 25～30℃的环境下催芽。催芽期间每天用温水冲洗 1 遍，后晾至种皮发干再催芽。2～3 天开始出芽，3～4 天大部分种子露白，芽长 0.5 厘米即可播种。

（2）营养钵准备　西葫芦营养土配制参照冬瓜育苗。由于西葫芦的根系再生能力差，育苗时多采用纸筒育苗。西葫芦叶片较大，营养钵的尺寸应尽量大一点，尺寸为 12 厘米×12 厘米。定植时带纸筒定植，可大大减少伤根。

（3）播种　播种前 1 天把营养钵浇透，选择晴天播种，每钵中播一带芽种子，一定要将种子芽朝下，种子摆在土面上，盖 2 厘米厚的细土。

（4）苗期管理　幼苗出土子叶展开后，应及时降温，白天20～

25℃，夜间15～20℃，中午采用遮阳网覆盖苗床，以保温、降温和防止阳光直射。从第一片真叶展开到定植前10天，一般白天22～28℃，以加快幼苗生长。定植前1周，应去掉任何遮盖物进行炼苗。

影响延秋西葫芦高产的主要问题是病毒病。因此，育苗时要用网罩，防止蚜虫、白粉虱进入，同时进行叶面喷肥，以提高植株抗病毒能力。

幼苗期温度高，水分蒸发量大，易缺水。要注意保持营养钵的湿度。浇水时应使水从钵底往上渗，以免钵内土壤板结。子叶展开后，往营养钵内覆1厘米厚湿营养土。苗期一般不缺肥，若缺肥时可适量追肥。

4. 适时定植

(1) 整地施肥　前茬收获后，提早晒土。于定植前5～7天整地施肥。以1.2米开厢（包沟20厘米），定植2行，株距50厘米打窝，肥料穴施。每667平方米施5000千克有机肥。定植前先用锄头对定植穴松土，混匀肥土。

(2) 适时定植　幼苗长到4叶1心时即可定植。按事先施肥的株距定植，相邻株间错开。定植后浇透水，2天后可中耕保墒，促进缓苗。

5. 田间管理

(1) 水分管理　西葫芦缓苗后，一直到开花结果，以控水、促进发秧、防徒长为主，一般不浇水，确实缺水时，可轻浇1次。待根瓜坐住，可结合追肥浇第一次水，但必须掌握弱早浇、旺迟浇的原则，一般3～5天浇1次。由于西葫芦喜欢较高土壤湿度和较低空气湿度，所以要求上午浇水，中午通风、排湿、降温，才有利于西葫芦正常生长。

(2) 土壤追肥　由于基肥比较充分，前期可隔1水追1次肥；后期天气变冷，浇水次数减少，可浇1水追1次肥。这样，可提早结瓜期，延长结瓜盛期，保持瓜秧健壮，夺取延秋西葫芦高产。

(3) 加强人工授粉　西葫芦为虫媒异花授粉植物，11月中下旬扣棚后，棚内昆虫活动数量少，湿度大，雌花授粉不良，易造成落瓜。因此，必须在进行人工授粉的同时保花保瓜，促进早熟。

(4) 植株调整　植株调整是西葫芦高产的重要一环，主要目的是让植株在空间上分布合理，最大限度地利用光能、养分等，达到持续高产。

定植后10～15天，通过插杆绑蔓，使西葫芦的茎直立生长，可以充分利用光能和方便管理。及时摘除老叶、病叶，不仅可减少遮光，还可避免因通风不良引发病害，过多消耗养分。西葫芦以主蔓结瓜为主，应保证主蔓生长优势，对叶腋间萌生的侧芽应早打去。

6. 病虫害防治

西葫芦病害主要有病毒病、霜霉病、灰霉病、白粉病和菌核病等。虫害主要有蚜虫、白粉虱。重点加强田间管理，防止田间空气湿度过大，发现中心病株，立即重点防治。具体防治措施参见黄瓜春季早熟栽培的相关部分。

7. 西葫芦采收

西葫芦以采收嫩瓜为主。由于瓜蔓上第一个瓜开始发育膨大时，它有优发独占养分的特点，会使后面的3～4个瓜发育缓慢或化瓜。只有当雌瓜采收后，再开的雌花才有可能坐住瓜。当然这个瓜也对其后面的3～4个瓜产生同样的影响。这就造成了西葫芦结瓜呈现间歇的现象，这种情况在结瓜前期植株尚小时表现尤为明显。因此，适时采收也是植株调整的一个主要手段。特别强调适时早摘，一般第一个瓜要求在250～500克时采摘，以后各瓜也要在1000克时采摘，延秋西葫芦一般每667平方米产量3000～4000千克。

(二) 西葫芦冬季反季节栽培

1. 品种选择

冬季西葫芦品种应选用植株矮小、株型紧凑、叶柄短、叶片小、雌花多、结瓜节位低、耐低温、抗病的品种。种子或种苗应符合GB/T 19630.1—2011的要求。

2. 播种期

冬季反季节有机栽培的西葫芦重点在元旦、春节期间上市，此期间市场需求量大，市场售价高。早熟西葫芦品种从播种到采收只需60～70天，据此原则可安排播种期在9月底至10月初，11月定植于日光温室，12月可采收，一直延续到翌年3～4月拉秧。

3. 播种育苗

（1）自根苗育苗　方法与西葫芦延秋栽培相同。

（2）嫁接育苗　嫁接的西葫芦不但植株粗壮，叶片也变小变厚，节间和叶柄也变短，生长速度加快，结瓜期延长，可增产20%以上。

嫁接方法为在温室内做两个沙床，铺沙7～8厘米，黑籽南瓜（砧木）与西葫芦种子（接穗）分别催芽播种，砧木比接穗早播2～3天。嫁接时期为砧木与接穗两片子叶展开，第一片真叶出现。一般多选用靠接法。嫁接时要随取砧木和接穗苗。取砧木苗子，首先用嫁接竹签将砧木苗生长点全部去掉，然后在砧木子叶下1厘米处向下斜切一刀，深度为茎粗的1/2，斜切面角呈35°～40°。接穗在子叶下1.2～1.5厘米处向上斜切一刀，深度为茎的2/5，斜切面30°角，然后把接穗切口插入砧木切口，接口对合，接穗与砧木子叶呈“十”字状，用嫁接夹夹住接口后即可栽植，密度为15厘米见方。定植后需浇透水，扣上小拱棚，以保温保湿。

嫁接苗要尽量保持高温高湿，保持空气湿度90%～95%。第一至第三天，不见阳光，第四至第七天，部分遮阴，中午以叶子不萎蔫为准。7天后，可拆去棚膜，9～10天后断掉西葫芦根并拔出，去掉夹子。以后温度、水分管理与常规育苗相同。当西葫芦苗长出3～4片真叶时定植。

4. 适时定植

在11月上中旬定植，每667平方米撒施有机肥5000～6000千克，翻地25～30厘米，整细耙平。做成1.2米宽的畦（包沟20～30厘米），畦高10～12厘米。畦中间开沟深6～7厘米，形成两垄式。浇透水后，盖上地膜，形成膜下沟灌水。定植时，每畦栽两行，按株距 50 厘米把地膜切“十”字形口，揭开地膜，挖穴把苗坨栽入穴中，深浅一致，浇足定植水，水渗后将地膜口盖严。

5. 田间管理

（1）温度管理　为了提高地温，促进缓苗，定植后 3～5 天，白天温度要保持 25～30℃，夜间 10～13℃。进入开花结果期，温度管理最关键，在严冬季节要加强防寒保温管理，防止低温冷害。早春随外界气温的回升，要注意通风降温。

（2）肥水管理　为防止徒长，在浇足定植水的条件下，开花前一般不浇水。第一瓜坐住后，适量追肥。根瓜采收后，第二条瓜膨大时，结合浇水，进行第二次追肥。寒冷季节要减少浇水次数，以防止地温下降，一般 10～15 天浇一次水。春季天气变暖，隔 4～5 天浇水，隔一天追 1 次肥。

（3）植株调整　西葫芦传统栽培，茎蔓在地面匍匐生长，叶片互相遮盖。叶下湿度大，易发生病害，落花落果严重，产量低。在同样的栽培管理条件下，吊蔓比常规栽培增产 20%左右，有时高达 50%以上。定植后 10～15 天，具有 7～10 片叶时，将塑料绳拴在茎蔓基部，上端拴在专为吊蔓拉扯的铁丝或温室的棚架上，在生长中不断地将吊绳和茎蔓缠绕起来。对于短蔓矮生类型不需此项操作。

一般在瓜下部留功能叶 6～7 片，用刀割去老叶、病叶，叶柄留 2～3 厘米，以免病菌从伤口侵入。对茎基部发生的侧枝及时摘掉，以免植株长得过密。

（4）加强人工授粉　冬季设施栽培基本无昆虫活动，室内湿度较大，必须采取人工授粉来保花保果。人工授粉应在晴天上午 6～7 时最好，摘下雄花，去掉花瓣，把雄蕊在雌蕊柱头上轻轻一抹，使花粉粘在柱头上。

6. 采收

冬季反季节有机栽培以采收嫩瓜为主要目的。适时早摘有利于植株生长和后面的瓜坐瓜，可明显提高产量，提倡根瓜早摘，一般 200 克即可采收，其后也应该在 500 克左右采收。植株较弱的瓜宜早采收，以促进瓜秧生长。此茬采收时间长达 3～4 个月，产量也较高。

第四章 根 茎 类

第一节 白 萝 卜

萝卜（*Raphanus sativus*）又名莱菔，属十字花科二年生草本植物。萝卜是以肉质根为产品的蔬菜，形状、色泽、大小有极明显的差别。形状有圆筒形、圆锥形、圆形、椭圆形、扁圆形，颜色有红、白、绿、紫，重量差别更明显，大萝卜重达3～5千克，甚至更重，小萝卜只有几十克（图2-4-1）。我国栽培萝卜历史悠久，种植地区广泛。由于萝卜能长期储藏以及供应冬春市场，其在蔬菜周年均衡供应中占有重要位置。近年来萝卜冬春保护地栽培面积也逐渐增加。

萝卜营养丰富，含有碳水化合物，维生素C，钙、磷、铁等无机盐，另外还含有淀粉酶和芥子油，可以帮助消化，开胃消食，有增进食欲的功能。萝卜种子称为“莱菔籽”，是常用的中药。肉质根可以生食，也可熟食或加工腌渍，是深受广大消费者喜爱的一种大众蔬菜。随着人民生活水平的提高，人们对萝卜的消费提出了更高的要求，即由数量型向质量型转化，要求优质、中小型和周年供应。

图 2-4-1　萝卜

长期以来，北方秋季栽培大萝卜，储藏越冬，春季种植水萝卜，初夏短时期上市。萝卜的季节性很明显。近年来，由于人们生活水平的提高，消费习惯的改变，大萝卜和水萝卜的反季节栽培也有了发展，利用日光温室和塑料大、中、小棚配套栽培，实现了大萝卜和水萝卜的超时令上市，很受广大消费者欢迎。

一、对环境条件的要求

反季节有机萝卜种植环境，大气应符合环境空气质量 GB 3095 中二级标准规定要求，水质符合农田灌溉水质标准 GB 5084—2005 规定，土壤符合土壤环境质量 GB 15618—1995 二级标准要求。

(一) 温度

萝卜比较耐低温，生长适宜温度为 5～25℃，最适温度在 20℃左右，肉质根生长的最适温度为 13～18℃。长时间处于 18℃以上，肉质根不能膨大，低于 6℃生长缓慢。所以，长期以露地栽培，都是靠调节播种期，使肉质根生长处于最佳温度时期。萝卜的幼苗期适应温度性较强，但是大多数品种在 1～10℃条件下，经过 20～40

天通过春化阶段，再遇到长日照及温暖的气候条件就能抽薹，所以春天不但不适合种植大萝卜，水萝卜也需要选择合适的播种期，才能避免未熟抽薹。

（二）光照

萝卜对光照的要求中等，叶簇生长需要充足的阳光，肉质根生长期间比较充足的光照也是有利的。但是光照过强影响温度升高，对肉质根的膨大和充实不利。

（三）水分

萝卜生长过程对水分的要求严格。土壤水分是影响萝卜产量和品质的重要外界因素。在发芽期和幼苗期需水不多，只需要保证种植发芽对水分的要求和土壤湿润即可。此期应该小水勤浇，在初秋不但供应水分，还要起降低地表温度的作用。在萝卜的生长盛期，叶片较大，蒸腾作用旺盛，根系吸收水分的能力不强，不耐干旱，要求土壤保持湿润的状态，土壤含水量以最大含水量的60%～80%为宜。在肉质根形成期，土壤缺水则肉质根膨大受阻，表皮粗糙，辣味增加，糖和维生素C含量降低，易糠心。长期干旱，肉质根生长缓慢，须根增加，产量下降。如土壤含水量过高，则通气不畅，肉质根皮孔加大，表皮粗糙，侧根着生处形成不规则的突起，商品品质下降，且容易发生病害，棚室栽培应尽量降低空气湿度，保持土壤湿润。

（四）土壤

有机蔬菜基地选择土壤排水良好，且园土不受重金属污染，灌溉水不受工厂排放废水污染，其间不能夹有进行常规生产的地块，但允许存在有机转换地块，且符合有机农业生产条件。首选通过有机认证及完成有机认证转换期的地块；次之选择新开荒的地块；再次选择经三年休闲的地块。萝卜根系的生长需要消耗大量的氧气，栽培上宜选择土层深厚、排水透气性良好、富含有机质的壤土和沙壤土。萝卜对土壤的适应性较强，不过仍以土层深厚、保水排水良好、疏松通气的沙质土壤最好，土壤pH值以5.3～7.0为适宜。对于一些长根性品种和肉质根抽出土面少的品种，对土壤要求严格一些。土壤含水量以70%～80%为宜，如果土壤水分不足，不仅会降低产量，还会使肉质根的须根增加，外皮粗糙、味辣、空心等现象发生。

栽培地块选好后，需依该地生产环境尽量采取适地、适作及适时的栽培方式，并将豆科作物、水稻等作物或绿肥加入轮作制度中。其他如增加土壤有机质、添加土壤混合物、调节土壤酸碱度、施用有益微生物及抑病土壤的利用等应用，并配合淹水、土壤深犁、清园及杂草防除等措施，对萝卜的生长及病虫害防治有一定的效果。如果有机蔬菜生产地中有的地块有可能受到邻近常规地块污染的影响，则必须在有机和常规地块之间设置缓冲带或物理障碍物，保证有机地块不受污染。不同认证机构对隔离带长度的要求不同，如我国OFDC认证机构要求8米，德国BCS认证机构要求10米。

二、茬口安排

（一）日光温室茬口安排

1. 大萝卜茬口安排

在北方地区，4～8月市场上大萝卜出现空白。在日光温室栽培大萝卜，在此期间上市，因为数量较少，很受消费者欢迎。

2. 水萝卜茬口安排

水萝卜植株矮小，对温光适应能力强，可与多种果菜类蔬菜进行套作。利用果菜类蔬菜发育前期营养面积有剩余，直播在行间，共生一个阶段。由于生长周期短，在主栽作物开始繁茂生长前即可收获上市。

（二）大、中棚茬口安排

大、中棚主要是早春栽培水萝卜，利用水萝卜生长期短的特点，在果菜类蔬菜定植前抢一茬。但是必须提早扣棚，让土壤早化冻，还要选择生长期短、成熟整齐的品种。多数是套种，提前整地做垄，把水萝卜提前直播在垄台上，果菜类蔬菜定植在垄沟中，共生一段时间后，收获水萝卜。在不影响主栽作物正常生长发育的条件下，增收一茬水萝卜，而且提前上市。

(三) 小拱棚短期覆盖茬口安排

利用小拱棚比露地环境条件优越，可提前扣棚。土壤化冻后播种，水萝卜收获后定植果菜类蔬菜。既可提早上市，又不耽误果菜类蔬菜定植期，起到一棚多用、降低生产成本、增加产值的作用。

三、品种选择

(一) 大萝卜品种

反季节栽培的大萝卜不宜选用秋季栽培的品种，因为从秋到春长期食用，已经没有新鲜感，对消费者吸引力差，应该用新品种。近年来在市场上销量较好的品种有以下几个。

1. 红丰

沈阳市农业科学院研究所育成的一代杂交种。肉质根圆形，细嫩，产量较高。

2. 特新白玉春

由韩国引进的大白萝卜品种。外表光滑细腻，白皮白肉，肉质致密，较甜，口感鲜美。

3. 天春大根

由日本引进的春萝卜品种。肉质根较大，肉质较坚实，味甜。耐寒，耐抽薹，不易空心。

4. 夏速生萝卜

山东省农业科学院蔬菜研究所最新的一代杂交种。品质好，多汁，生长速度快。

5. 绿星大红

根皮红色，肉质全白、细腻，抗病毒病、霜霉病、软腐病、黑腐病。抗逆性强，风味品质优，耐储藏。

6. 春白二号

武汉市蔬菜研究所选育的品种。肉质细密，味甜多汁，春夏种植辣味轻。极少糠心和抽薹。

(二) 水萝卜品种

1. 小五缨

大连市农业科学研究院选育的品种。皮鲜红色，肉白色，肉质细密，品质优良，耐寒性强。

2. 锥子把

肉质根圆锥形，皮面光滑，耐寒早熟。

3. 水萝卜 501

大连市农业科学研究院选育。肉质根长，色泽佳，抽薹和糠心晚，性状稳定，商品性好，早熟，口感好，甜脆不辣。

4. 40日大根

日本引进种。肉质细腻，生长迅速，适应性强。

5. 美樱桃

日本引进种。生育期短，适应性强。

四、栽培技术

(一) 施用有机肥

有机肥的种类较多，养分含量也各不相同，同时，有机肥的当季利用率也仅在20%～40%，所以在施肥时，首先要确定作物全生育期所需的养分数量，再根据施用的有机肥的养分含量，结合肥料的当季利用率进行配方施肥。基肥的种类与用量因土壤的肥力与品种的产量等不同而异。

作物种植之前采取土壤样品分析其营养成分，作为确定有机质肥料施用量的参考，一般有机质肥料作为底肥每亩至少施用1500千克以上的腐熟堆肥或相当肥分且经发酵的其他有机质肥料或轮作绿肥作物。萝卜在生长中后期，直根发达，入土深，所以施足基肥很重要。在施肥上，一般以基肥为主（70%），追肥为辅（30%），盖籽粪长苗，追肥长叶，基肥长头，大多以粪肥作基肥，不过基肥除粪肥外，还应与腐熟的厩肥、堆肥等含氮、磷、钾的肥料配合施用，因单纯施用粪肥易使苗徒长（只长叶，不长根），肉质根甜味差。一般每亩撒施腐熟的厩肥2500～3000千克，草木灰50千克，过磷酸钙 25～30 千克，耕入土中，再施粪肥 2500～3000 千克。萝卜前作收获后，翻地之前施用农家肥、草木灰及磷肥作基肥，施肥量根据土壤肥力状况确定，如果前作是水稻田，则应多施肥；如果前作是较肥沃的蔬菜地，则可适当少施肥。

对于未充分腐熟即将直接施入土壤的有机肥，必须在蔬菜种植前提前施入，并避免与种子、秧苗接触，以免发生烧苗现象。施用有机肥可改善土壤的通气性、排水或保水性、保肥力及微生物活动，但市售的有机质肥料种类繁多，需注意其品质、发酵程度及是否有重金属污染等。针对有机肥料前期有效养分释放缓慢的缺点，可以利用允许使用的某些微生物，如具有固氮、解磷、解钾作用的根瘤菌、芽孢杆菌、光合细菌和溶磷菌等，经过这些有益菌的活动来加速养分释放、养分积累，促进根茎类有机蔬菜对养分的有效利用。

(二) 播种

1. 整地

早深耕、多耕翻、充分冻垡、晒垡、打碎耙平土地、施足基肥等是萝卜丰产的主要环节。肥料撒施于土面后，立即深翻土壤，深度要求 40～50 厘米，而后耙平做畦，做到土壤疏松，畦面平整，土粒细碎均匀。为了排水和加厚耕作层，以做高畦（垄）为宜，但在山地及排水良好的梯土也可做平畦。畦宽与排水条件和栽培习惯有关。萝卜一般按包沟畦宽 1.5～1.7 米，坡地也可不做畦。

2. 种子用量

大型品种每亩用种量为 0.5 千克，中型品种每亩用种量为 0.75～1.0 千克，小型品种每亩用种量为 1.5～2.0 千克。

3. 播种方法

大萝卜按株距 25～30 厘米在垄台上刨坑，每坑 5～6 粒种子，种子在穴中散开。日光温室去掉靠后墙的通道，每亩播种 4000～4400 穴，大、中、小棚可播种 4400～4800 穴。土壤含水量适宜，播完种在种穴上踩一脚，让种子与土壤紧密结合。

（三）田间管理

1. 温度管理

播种后棚室密闭不通风，提高温度，可促使种子吸收水分，出苗迅速整齐。出苗后，适当降温，白天控制在20～25℃，夜间保持10℃左右，不低于5℃。

2. 间苗

早间苗、晚定苗，萝卜不宜移栽，也无法补苗。第一次间苗在子叶充分展开时进行，当萝卜具两三片真叶时，开始第二次间苗；当具五六片真叶时，肉质根破肚时，按规定的株距进行定苗。结合间苗进行中耕除草。中耕时先浅后深，避免伤根。第一、二次间苗要浅耕，锄松表土，最后一次深耕，并把畦沟的土壤培于畦面，以防止倒苗。

3. 水肥管理

浇水应根据作物的生育期、降雨、温度、土质、地下水位、空气和土壤湿度状况而定。

（1）发芽期　播种后要充分灌水，土壤有效含水量宜在80%以上，北方干旱年份，夏秋萝卜采取“三水齐苗”，即播后一水、拱土一水、齐苗一水，以防止高温发生病虫害。

（2）幼苗期　苗期根浅，需水量小。土壤有效含水量宜在60%以上，遵循“少浇勤浇”的原则。

（3）叶生长盛期　此期叶数不断增加，叶面积逐渐增大，肉质根也开始膨大，需水量大，但要适宜灌溉。

（4）肉质根膨大盛期　此期需水量最大，应充分均匀浇水，土壤有效含水量宜为70%～80%。

水萝卜一般不需要追肥，大萝卜生长期长，基肥不足时可结合浇水进行追肥，长势正常不需要追肥。

4. 收获

萝卜栽培应尽量依照蔬菜最佳采收时期（可根据当地的气候条件、品种、播期、栽培目的及市场情况确定）收获，以确保品质及最佳商品价值。萝卜早熟品种收迟了易空心；迟熟和露身品种要在霜冻前及时采收，以免受冻；迟熟而大部分根在土中的品种（也称隐身品种）则尽可能迟收，以提高产量。需要储藏的萝卜更要注意勿受冻害，一旦受冻，储藏时易空心。应配置专门的整理、分级、包装等采后商品化处理场地及必要的设施，长途运输要有预冷处理设施。有条件的地区建立冷链系统，实行商品化处理、预冷、运输、销售全程冷藏保鲜。有机根菜类蔬菜的采后处理、包装标识、运输销售等应符合 GB/T 19630—2011 有机产品标准要求。

5. 生理障碍和病虫害防治

（1）生理障碍

① 糠心　出现糠心的原因主要是水肥不协调，肥、水缺乏或不均匀，以及氮肥偏多等。另外可能是收获过晚出现糠心。

② 肉质根开裂　肉质根开裂的原因是土壤水分供给不均匀或受机械损伤。肉质根膨大期水分不足，表皮已长成，一旦土壤中补充大量水分，肉质根内膨大，把表皮撑破；另外一个原因是肉质根生长期中耕松土，碰伤肉质根。

（2）病虫害防治

① 防治原则　从作物-病虫草害整个生态系统出发，综合运用各种防治措施，创造不利于病虫草害滋生和有利于各类天敌繁衍的环境条件，保持农业生态系统的平衡和生物多样化，减少各类病虫草害所造成的损失。相关的投入品的使用应符合 GB/T 19630.1—2011 中 5.8.2 的规定。

② 防治方法

a. 物理防治

Ⅰ. 利用趋性灭虫，如用糖液诱集夜蛾科害虫，用杨树枝诱杀小菜蛾；利用昆虫的趋光性灭虫，如悬挂 20 厘米×20 厘米的黄板，涂上机油或悬挂黄色粘虫胶纸，诱杀蚜虫、白粉虱、美洲斑潜蝇等。

Ⅱ. 利用防虫网防虫，能有效隔离如小菜蛾、斜纹夜蛾、青虫、蚜虫等多种害虫。

Ⅲ. 人工捕捉，早晨在田间检查，发现被害植株，在茎基部 3 厘米深土壤中查找，捕杀地老虎、蝼蛄等。

Ⅳ. 安装频振式杀虫灯杀灭害虫，可达到杀灭成虫、降低田间落卵量的目的，从而减小虫口密度，控制危害。

b. 生物防治　保护利用自然天敌，或人工繁殖、释放和引进捕食性天敌。捕食性天敌有塔六点蓟马、小黑隐翅甲、小花蝽、中华草蛉、大草蛉、瓢虫和捕食螨等；寄生性天敌有赤眼蜂、茧蜂、土蜂、线虫、平腹小蜂等；亦可以用苏云金杆菌、白僵菌、核型多角体病毒、阿维菌素类抗生素防治病虫害。

c. 药物防治　合理科学使用药剂防治，宜用石灰、硫黄、波尔多液、高锰酸钾等防治蔬菜多种病害；允许有限制性地使用氢氧化铜、硫酸铜等杀真菌剂防治真菌性病害；亦可以用抑制蔬菜真菌病害的肥皂、植物制剂、醋等物质防治真菌性病害。可以有限制地使用鱼藤酮、植物源的除虫菊酯、乳化植物油和硅藻土杀虫。

d. 杂草防治　制备有机肥时，使其完全腐熟，杀死肥源中的杂草种子；采用黑色塑料薄膜覆盖除草；种植绿肥除草；间作除草；作物封行前，结合中耕除草；定期用除草机除去田块周边杂草。

萝卜有机栽培常见主要病虫害防治方法见表 2-4-1。

表 2-4-1　萝卜有机栽培常见主要病虫害防治方法

作物名称	主要病害及防治方法		主要虫害及防治方法	
萝卜	青枯病	SH 土壤添加剂，每分地 120～150 千克，整地时施放田间	黄条叶蚤	苦楝种子抽出液 1000 倍稀释液叶面喷施，利用黄色粘纸诱杀成虫，种植前田间淹水处理
	霜菌病	肉桂油 800～1000 倍稀释液叶面喷施	蚜虫	苏力菌 1000 倍稀释液叶面喷施
	黑腐病	链霉素、薄荷油 400～600 倍稀释液叶面喷施，种子消毒	菜心螟	苏力菌 1000 倍稀释液叶面喷施
	软腐病	链霉素 400～600 倍稀释液叶面喷施拔除病株	小菜蛾	苏力菌 1000 倍稀释液叶面喷施
	黄叶病	SH 土壤添加剂，每分地 120～150 千克，整地时施放田间	银叶粉虱	黄色粘纸，诱杀成虫
	病毒病	防治蚜虫等危害，拔除病株，选用无病种苗		

第二节 胡 萝 卜

胡萝卜（*Daucus carota*）又名红萝卜、黄萝卜、番萝卜、丁香萝卜、赤珊瑚、红根等，是伞形花科胡萝卜属二年生草本植物（图 2-4-2）。原产于中亚细亚一带，栽培历史很长，约在 2000 年以上。胡萝卜是目前世界各地人们普遍食用的蔬菜之一，其适应性强，病虫害少，栽培技术简单，耐储藏。目前，胡萝卜在我国南北各地均有栽培，是北方冬季主要冬储蔬菜之一。

图 2-4-2　胡萝卜

胡萝卜具有极高的营养价值和医疗保健作用。常吃胡萝卜对防治软骨病、夜盲症、干眼症、皮肤角化及呼吸系统感染等病有较好的效果。随着人们生活水平的提高，蔬菜及其他食品的营养与卫生备受重视，有机胡萝卜及其加工制品市场前景广阔，有机胡萝卜的栽培也越来越受到重视。

有机胡萝卜的生产过程中必须严格按照有机生产规程，禁止使用任何化学合成的农药、化肥，也不采用基因工程生物及其产物和离子辐射技术，而是遵循自然规律，采取农业、物理和生物的方法来培肥土壤、防治病虫害，以获得安全的农产品。

一、对环境条件的要求

反季节有机胡萝卜种植环境，大气应符合环境空气质量 GB 3095 二级标准规定要求，水质符合农田灌溉水质标准 GB 5084—2005 规定，土壤符合土壤环境质量 GB 15618—1995 二级标准要求。

（一）温度

胡萝卜为半耐寒蔬菜。种子发芽最低温度为 4～6℃，适温为 20～25℃。叶部生长期有较强的适应性，白天适温为 18～23℃，夜温为13～18℃。肉质根膨大期要求白天为 13～23℃，夜温为 13～18℃。3℃以下停止生长。由于叶丛生长适应性强，而肉质根生长需要冷凉的温度，所以在栽培时，叶丛生育期可安排在温度较高的夏季或早春，使肉质根形成期处于冷凉的秋季或初夏。在温度过高的季节，肉质根发育迟缓，产量低，品质下降。

（二）光照

胡萝卜为长日照蔬菜，在长日照条件下才能完成光照阶段，抽薹开花。胡萝卜在营养生长期适宜中等强度的光照。光照太弱会出现叶柄伸长的徒长现象，影响肉质根的膨大。

胡萝卜根系发达，叶片耐旱，故生育期耐旱。要求土壤湿度为土壤最大持水量的 60％～80％。前期水分过多影响肉质根膨大生长。后期应保持土壤湿润，以促进肉质根旺盛生长膨大。

（三）土壤

胡萝卜要求土层深厚、肥沃、排水良好的沙壤土。在黏土、积水多的和土壤杂物太多的地块栽培，会引起歧根、裂根、烂根等现象增多。适宜的 pH 值为 5～8。

胡萝卜对氮、钾肥吸收量大，磷肥次之。氮肥不宜过多，否则易引起徒长，使肉质根变细，降低产量。施肥应以基肥为主，追肥为辅。每生产1000千克产品约吸收氮3.2千克、磷1.3千克、钾5千克，氮、磷、钾吸收量的比例为2.5∶1∶4。

(四) 生长发育

胡萝卜基本上是一种绿体植物（幼苗期）低温感应型的蔬菜。植株长到一定大小后，遇到低温通过春化阶段才能花芽分化。花芽分化后，在温暖及长日照条件下抽薹开花。这个反应过程，品种间有一定差异。早熟品种当幼苗叶子生长到15片左右时，就可以抽薹；而晚熟品种，要生长到20片叶以上才能抽薹。这种达到早期抽薹的最少叶数，叫做早期抽薹的界限叶数。

但是，胡萝卜中有的品种在种子萌动时期遇到低温也可以通过春化阶段而引起花芽分化。所以在春播夏收栽培中，应适当调节播种期，避开过长的低温时期，防止幼苗通过春化阶段而造成先期抽薹。

胡萝卜在4～10℃的温度条件下，经15天即可通过春化阶段，在10～15℃的条件下则需要更长的时间方能通过春化阶段。

二、茬口安排

(一) 胡萝卜地膜加薄土层覆盖

4月上旬或5月上中旬播种，7月底到10月下旬收获。

(二) 胡萝卜塑料小拱棚

2月中上旬播种，5～9月收获，3月上旬播种，6～9月收获。

(三) 胡萝卜大棚

3月下旬播种，6月中旬收获。

三、品种选择

(一) 潜山红胡萝卜

安徽省潜山地方品种。肉质根长圆锥形，小圆顶，皮肉均为橙红色，肉质致密，髓部细小，汁多，味甜而脆，生长期120天左右。该品种适于制胡萝卜干，于秋季栽培。

(二) 王宗二黄胡萝卜

安徽省肥东县地方品种。肉质根长圆柱形，大圆顶，皮肉均为橙黄色，肉质细，髓部小，汁少，味甜，品质好，产量高，适于秋播，生长期120天左右。

(三) 黄金条胡萝卜

江西省龙南县地方品种。肉质根长圆锥形，表皮光滑，皮、肉均黄色，中心柱细小，肉质细密，脆嫩味甜。主要用于腌制黄金条胡萝卜干，加工产品金黄色，脆嫩可口，有香味。适于秋季栽培，亩产1500千克。

(四) 麦村金笋

广州市郊区地方品种，株高40厘米左右，开展度40厘米。叶较少，具长柄，为2～3回羽状复叶，裂片狭针形或线形，绿色，茸毛少。肉质根圆锥形或长圆形，末端较钝，橙红色，皮光滑，心柱较粗，侧根少。该品种早熟，生长期90～120天，稍耐热，耐旱，抽薹期早，品质中等。适于秋季栽培，一般亩产1500千克左右。

(五) 常州胡萝卜

江苏省常州市地方品种。肉质根可长达66厘米，为上端粗而下部略细的长圆柱形。皮色有金黄及橙红两种，表面光滑。水多，味甘而质细，生、熟食及腌渍皆宜。单根重约0.6千克。

(六) 新红胡萝卜

天津市农科院蔬菜研究所培育的品种。10～12片真叶，叶色浓绿。肉质根长18～20厘米，上部横径4.5厘米。肉质根表面光滑，色橘红，中柱较小，内外颜色一致。该品种中早熟，生长期110天，耐热，生长健壮，适于加工和出口。

(七) 日本鲜红五寸胡萝卜

又名日本五寸人参。由日本引进。肉质根长15～18厘米，外皮与中柱均为橘红色，中柱细，质嫩，味甜。该品种早熟，产量不高，但适于出口和加工。

(八) 扬州红1号胡萝卜

江苏省农学院园艺系从日本引进的“新黑田五寸”杂种后代

中，经多代选育而成的品种。株高约55厘米，叶绿色，7～9片。肉质根长圆柱形，长14～16厘米，横径3.3厘米，单根重95～105克，皮、肉均为深橙红色，色泽均匀。根皮光滑，中柱细，质脆嫩，味甜多汁，胡萝卜素含量5～6毫克/100克鲜重。品质优。该品种中晚熟，生长期100天左右。耐储藏。

四、种植技术

（一）胡萝卜地膜加薄土层覆盖栽培技术

这种栽培技术具有良好的保湿、防涝、控制杂草生长、减轻胡萝卜裂根和软腐病的效果。原因是在保湿和防涝方面，干旱时地膜可减少土壤水分蒸发，缓解旱情；雨天大量雨水会顺畦面流入畦沟中，最终被排出菜田外，减少了雨水下渗。这样无论雨水多少，土壤水分都能保持相对平衡的状态，因此胡萝卜裂根和病虫害都会减轻。在控制杂草方面，由于地膜上的薄土层屏蔽了阳光，地膜下土壤中的杂草种子萌发后得不到阳光照射从而不能进行光合作用，当种子中储藏的营养物质被彻底消耗完后，未出土的杂草因“饥饿”而死亡；处于地膜以上覆土层中的杂草种子，则因地膜阻挡了土壤毛细水管水分的上升，得不到生长所需的足够水分，大多不能萌发和正常生长；只有穴中的杂草种子能够同时获得充足的阳光和水分，因此杂草数量大大减少。此外，在地膜上覆盖一层薄土，还可以防止地膜被风摧毁。

1. 浇水杀虫

胡萝卜出苗期很容易遭到地下害虫的危害，常常导致胡萝卜缺苗或者后期产生叉根和畸形根。因此，于前茬收获后翻地前3～5天灌一次透水，水要淹没畦面，不仅可以杀死菜田中大部分地下害虫，还可以为胡萝卜播种后种子发芽创造一个适宜的土壤水分环境。

2. 覆膜播种

整地前每亩施用腐熟有机肥2500～3000千克。采用高畦或高垄栽培。平整畦面或垄面前。

覆膜一般用0.006～0.008毫米厚的普通地膜，地膜播种孔的孔径以4～5厘米为宜。将种子点播于穴中央，每穴4～6粒。从畦沟中取土覆盖在种子和地膜上，覆土厚度以1.5～2.5厘米为宜，覆土厚度要均一。

（二）胡萝卜塑料小拱棚栽培技术

1. 播期和品种选择

选择早熟、生育期短的耐抽薹品种，如春红五寸人参、新疆胡萝卜1号等。播期比露地提前1个月左右。

2. 整地播种

选择背风、向阳、地势平坦，迎风面有林带、村庄或其他障碍物作为保护的沙壤土地块。顺风向设置拱棚，减少风的阻力及其破坏力。根据设置的拱棚走向，做成宽1～2米的畦面，两畦面间预留0.5米宽的过道。畦内开沟条播，行距25～30厘米，沟深1～1.5厘米，播种后及时覆土、镇压，覆土厚度1厘米。

（三）胡萝卜大棚栽培技术

1. 品种选择

选择适合春播的优良品种。

2. 整地播种

基肥每亩施腐熟有机肥3000～4000千克。深耕整地后，起平畦或高垄播种。播种后覆膜，然后关闭大棚，一般7～10天出苗。

五、田间管理

（一）适时间苗

胡萝卜第一次间苗在1～2片叶或苗高3厘米左右时进行，撒播和条播的各株间保持3～5厘米的距离，穴播的每穴留4～5株。第二次间苗在苗高7～10厘米时进行，株间距离7厘米见方。第三次定苗，撒播的小型品种的株间距离为10～13厘米见方，大型品种13～17厘米见方，条播的按行距17～20厘米、株距13～17厘米的距离定苗，穴播的每穴留3～4株。留株形状以正方形为好，使胡萝卜的四列侧根都能平衡发展。

（二）中耕除草

胡萝卜与小白菜等混合条播的可在幼苗出土前按指示作物的位置除草，苗高3～5厘米时结合间苗进行中耕除草。

（三）水肥管理

胡萝卜追肥应施用速效粪肥，全生长期可分3次追肥。肉质根迅速膨大期进行第一次追肥，以后每隔15天施一次，共施3次，追肥可选择米糠饼、豆饼或菜籽饼的浸出液，经充分腐熟后使用，可兑水10倍做根外追肥，兑水5倍直接浇根追肥。或每次每亩用畜粪尿150千克结合浇水进行，并适当增施生物钾肥。

胡萝卜的叶面积小，蒸腾量少，根系发达，吸水力强，因此抗旱力比萝卜强。但在夏秋干旱时，特别是在根部膨大期间，仍需适量浇水，才能获得高产。如果供水不足，则根瘦小而粗糙；供水不均匀，则容易引起肉质根开裂，生长后期应停止浇水，否则，肉质根中含水量太大，品质变差，味淡，而且不耐储藏。

（四）收获

及时采收，分级上市。

（五）病虫害防治

下面介绍几种反季节有机胡萝卜主要病虫害防治方法。

1. 胡萝卜黑腐病

该病为真菌病害，病菌以菌丝体或分生孢子在病株残体上越冬，亦可在肉质根上越冬。病菌多从伤口侵入。主要症状为肉质根受害，形成不规则或圆形，稍凹陷的黑色病斑，上生黑色霉状物。严重时病斑迅速扩展深入内部，使肉质根变黑腐烂。叶片受害，初呈无光泽的红褐色条斑，发展后叶片变黄枯死，上生黑色绒毛状霉层。可以采用农业防治以及药剂防治。比如无病株上留种，防止种子带菌；清除田间病株残体、深埋或烧毁，减少田间病源；尽量减少机械伤口，去除病残伤者，防止储藏期发病。

2. 胡萝卜黑斑病

该病为真菌病害，病菌以菌丝体或分生孢子随病株残体在土壤中越冬。高温干旱易发病。主要为害叶片，病斑多发生在叶尖或叶缘。病斑不规则形，褐色，周围组织略褪色，病部有微细的黑色霉状物。采取加强田间管理，适当浇水、追肥，防止干旱，可减轻发生，或者及时清洁田园，集中病株残体深埋或烧毁，以减少病源。

3. 胡萝卜灰霉病

该病为真菌性病害，病菌随病株残体在土壤中越冬。低温、潮湿的环境下更易发病，储藏期发生较多。主要在储藏期为害肉质根，使肉质根软腐，其上密生灰色霉状物。防治方法：收获、运输、入窖时尽量避免机械损伤；控制储藏窖温度在 1～3℃，防止高温，并及时通风，降低温度，避免发病条件。

4. 蛴螬

俗称白地蚕、白土蚕等，是各地常见的地下害虫，北方普遍发生。为害多种蔬菜，在地下啃食萌发的种子，咬断幼苗根茎，致使幼苗死亡，或造成胡萝卜主根受伤，致使肉质根形成杈根。其对春播胡萝卜为害较重，尤其是施用未腐熟的有机肥的田块为害更为严重。主要防治方法有以下几种：不施未腐熟的有机肥，防止招引成虫产卵，减少将幼虫或虫卵带入畦土内；人工捕杀，施有机肥时把蛴螬筛出，或发现幼苗被害时挖出根际附近的幼虫；利用成虫的假死性，在其停落的作物上捕杀。

第三节　榨　　菜

榨菜（*Brassica juncea* var. *tumida* Tsen et Lee）学名茎瘤芥，十字花科植物体，常被单毛、分叉毛、星状毛或腺毛。花两性，通常呈总状花序；萼片 4，分离，两轮；花瓣 4，具爪，排成十字形花冠，少数无花瓣（如独行菜、无瓣蔊菜）；雄蕊 6 枚，2 轮，外轮 2 枚较短，内轮 4 枚较长，称为四强雄蕊；心皮 2，合生、子房 1 室，具侧膜胎座，中央具假隔膜，分成 2 室，每室通常具多枚胚珠。果为角果，长宽近相等的称为短角果，长为宽数倍的称为长角果。

成熟的未抽薹以前的茎瘤芥，其地上部分高 60～80 厘米，地下部分主根长 20～30 厘米，整株一般重 2～4 千克。地上部分的下部为肥大的瘤茎，茎上长着十余片大叶；大叶的叶柄基部长着瘤状的肉质茎，明显的瘤状凸起一般 3～5 个（图 2-4-3）。瘤茎表皮青绿而光滑，皮下肉质色白而肥厚，质地嫩脆。瘤茎部分，即青菜头，一般每个重 0.5 千克左右，大者 1～1.5 千克。煮熟的青菜头拌上调料食用十分可口；其煮后的汤有一种鸡汤式的鲜味。用青菜头制成的泡菜，口感嫩脆别致。

图 2-4-3　榨菜

榨菜质地脆嫩，风味鲜美，营养丰富，含丰富的人体所必需的蛋白质、胡萝卜素、膳食纤维、矿物质等，以及谷氨酸、天冬氨酸、丙氨酸等 17 种游离氨基酸。榨菜可以用于佐餐、炒菜和做汤。

一、对环境条件的要求

榨菜喜冷凉湿润气候，不耐严寒和炎热，全生育期 145 天左右，其生长适温为 12～20℃。不可播种过早，以防早期抽薹。榨菜对土壤要求不严，但以有机质高的沙壤土为宜，在施足基肥、适时重施追肥、浇灌及时的情况下能获取较高产量。

反季节有机榨菜种植环境，大气应符合环境空气质量 GB 3095 二级标准规定要求，水质符合农田灌溉水质标准 GB 5084—2005 规定，土壤符合土壤环境质量 GB 15618—1995 二级标准要求。

二、茬口安排

重庆涪陵榨菜主产区的6个乡镇近几年也进行了早熟榨菜的工厂化育苗探索，采用8月中下旬集中育苗，11月出菜上市，设施（连栋塑料大棚）榨菜育苗主要在每年8月中旬到9月中旬的1个月左右时间内。

三、品种选择

选用平阳榨菜、甬榨4号等高适应性优良品种，以适应浙东沿海地区的气候与环境条件，尽量减轻或避免先期抽薹等现象的发生。

四、种植技术

（一）整地施肥

前作收获，一般每亩施腐熟有机肥 2000～3000 千克，过磷酸钙 50 千克，草木灰 150 千克，撒于地面。然后翻耕入土，与土壤充分拌匀。土壤翻耕深度要求达到 20～30 厘米。为了排水及加厚耕作层，以做高畦或起垄为宜。北方一般做成 40 厘米宽的垄，南方常做 2～3 米宽的高垄。

（二）适时播种，培育壮苗

适时播种是榨菜设施栽培成功的关键。设施榨菜的适宜播种期选择范围比较窄，宁波地区一般是9月15～20日。播种过早，幼苗生长速度过快，在苗期容易因过早满足春化作用的条件而通过春化作用，发生先期抽薹现象。播种过迟，则达不到早播早收的目的。在播种期选择上主要考虑以下几个因素。第一，尽可能避开蚜虫高发期，以减轻育苗期间防治蚜虫和病毒病的压力。第二，结合前作的生育期，尽量避免苗等田的情况，否则，榨菜会因苗龄太长而导致定植后缓苗慢、植株抵抗能力下降等问题。第三，播种期的确定要根据当年的气候变化趋势，灵活掌握，如播种季节遇连晴高温天气，就应适当推迟播种。同时，必须尽最大努力培育壮苗，由于9月正值高温期，抗旱是最大问题，故选择具有喷滴灌设备的连栋大棚进行集中育苗是值得推广的方式。

播种时，将种子均匀撒播苗床，用种量每亩0.4～0.5千克。播后覆细土1.5～2厘米，再覆25目防虫网，防蚜虫等传病。苗床：本田＝1：(10～15)。2片真叶时进行第一次间苗，3～4片真叶时再间苗1次，除去劣苗，弱苗和病苗，保持行株距6厘米。幼苗期应适量浇水，保证秧苗健壮生长。为防治病毒病，提倡采用防虫网隔离育苗，即在畦上方用2米长的毛竹片插于畦的两侧，上面用20～25目防虫网覆盖，防止有翅蚜飞入苗床内，以阻断病毒病的传播途径。为保证幼苗正常生长，一般在阴天或小雨天气可以不覆盖，晴天采用早上覆盖、傍晚揭去。采用防虫网覆盖育苗，秧苗一般比较柔嫩，为了提高秧苗素质，并在定植后能快速缓苗，应在定植前5～7天撤去防虫网，以锻炼秧苗。

(三) 定植

当幼苗有5～6片真叶，苗龄30～35天时，定植较为适宜。苗龄过小，不利于提高土地利用率；定植过迟，幼苗挤，容易徒长。每亩栽植4000～5000株，行距40厘米，株距35厘米，为了提高榨菜的加工品质，可适当增加密度。移栽时按行株距开穴、浇水、摆苗、覆土等顺序进行。大小苗应分开栽植，以利均衡生长。

(四) 水肥管理

水分管理上，应注意始终保持土壤湿润状态。基肥每亩施腐熟有机肥3000～4000千克，生长期可分3次追肥。追肥可选择米糠饼、豆饼或菜籽饼的浸出液，经充分腐熟后使用，可兑水10倍作根外追肥，兑水5倍直接浇根追肥。或每次每亩用畜粪尿150千克结合浇水进行，并适当增施生物钾肥。在施足基肥的前提下，一般需追肥3次。第1次在缓苗后至第1叶环形成前，每亩穴施三元复合肥（N、P、K含量均为15%）15～20千克。第2次在第1叶环形成后，茎开始膨大，并逐渐形成第2、3叶环，此时茎叶的生长速度都较快，每亩追三元复合肥40～50千克。第3次在茎生长盛期，每亩随水冲施尿素15～20千克，氯化钾10千克。在中后期植株封垄后，应尽量减少田间活动，以免损伤叶片。采收前1个月停止追肥，以防生长过速而空心。

（五）温度调控

榨菜叶片生长的最适温度在15℃左右，最适于茎膨大的旬平均温度为8～13.6℃，在此范围内，温度越高，生长越快。如采用简易的西瓜棚栽培，应根据植株生长状况、外界气温变化，适时（11月上旬）扣棚，合理打开棚门或卷起边膜进行通风，特别是在阴冷的白天更应注意开门放风，增加光照，为茎叶生长创造适宜环境，以提高品质，增加产量。

（六）病虫害防治

下面介绍几种反季节有机榨菜主要病虫害防治方法。

1. 病害防治

榨菜主要病害有病毒病和根肿病。病毒病主要以综合防治为主。根肿病防治主要做好以下几点。

（1）水旱轮作　实行“榨菜—水稻”水旱轮作，灌水降酸，淹水灭菌。

（2）苗床消毒　选用无病田块育苗，并用石灰进行苗床基质或土壤消毒。

（3）石灰降酸　土壤pH值大于7.5时榨菜根肿病很少发生，因此酸性田块结合整地适当增施石灰调整土壤酸碱度，可以减轻病害的发生。结合整地，每亩施生石灰75～100千克，定植时用生石灰25克/株点穴或15%石灰乳液浇根。

（4）加强管理　采用高畦种植，雨后排水畅通，及时拔除病株深埋，并用石灰消毒病株穴。

2. 虫、草害防治

秋冬季榨菜主要虫害有蚜虫、小菜蛾、菜青虫、小猿叶虫、蜗牛等。可采用防虫网隔离，或使用黄板诱杀害虫，田间可释放瓢虫、赤眼蜂、草蛉等害虫天敌进行防治。田间杂草则采用人工或机械中耕除草。

第四节 大 头 菜

大头菜［*Brassica juncea*（L.）*Czern*. et Coss.］又称根芥，是十字花科芸薹属一年生或二年生草本植物，是中国著名的特产蔬菜，原产中国，为全国各地栽培的常见蔬菜，多分布于长江以南各省。芥菜的主侧根分布在约30厘米的土层内，茎为短缩茎，叶片着生短缩茎上，有椭圆、卵圆、倒卵圆、披针等形状，叶色绿、深绿、浅绿、黄绿、绿色间纹或紫红（图2-4-4）。欧美各国极少栽培。李时珍著《本草纲目》中记载了芥菜的医用价值。

图2-4-4 大头菜

大头菜含有丰富的维生素 A、B 族维生素、维生素 C 和维生素 D。具体功效首先能提神醒脑。芥菜含有大量的抗坏血酸，是活性很强的还原物质，参与机体重要的氧化还原过程，能增加大脑中氧含量，激发大脑对氧的利用，有提神醒脑、解除疲劳的作用。

其次还有解毒消肿之功，能抗感染和预防疾病的发生，抑制细菌毒素的毒性，促进伤口愈合，可用来辅助治疗感染性疾病。还有开胃消食的作用，因为芥菜腌制后有一种特殊的鲜味和香味，能促进胃、肠消化功能，增进食欲，可用来开胃，帮助消化。

最后还能明目利膈、宽肠通便。是因芥菜组织较粗硬，含有胡萝卜素和大量食用纤维素，故有明目与宽肠通便的作用，可作为眼科患者的食疗佳品，还可防治便秘，尤宜于老年人及习惯性便秘者食用。

一、对环境的要求

芥菜喜冷凉湿润，忌炎热、干旱，稍耐霜冻。适于种子萌发的平均温度为 25℃。最适于芥菜叶片生长的平均温度为 15℃，最适于食用器官生长的温度为 8～15℃，但茎用芥菜和包心芥菜食用器官的形成要求较低的温度，一般叶用芥菜对温度要求较不严格。

反季节有机大头菜种植环境，大气应符合环境空气质量 GB 3095 二级标准规定要求，水质符合农田灌溉水质标准 GB 5084—2005 规定，土壤符合土壤环境质量 GB 15618—1995 二级标准要求。

二、茬口安排和品种选择

播种时间 8 月中旬至 9 月中旬，根据茬口时间选择早熟或晚熟的品种。

三、种植技术

(一) 整地施肥

整地前要施足基肥，并适当深翻，一般每公顷施入腐熟厩肥

4.5万千克左右，然后翻耕22厘米后做畦，北方做平畦或高垄，南方做高畦。

（二）播种育苗

1. 苗床准备

播前半个月，深耕土壤25～30厘米并充分进行曝晒。耙前每亩苗床施腐熟农家肥1500～2000千克，再耙细整平，然后起畦，畦高20厘米，宽120厘米。

2. 种子消毒

播种前选择晴天晒种1～2小时后，用1%高锰酸钾500倍液浸种15～20分钟，捞起后洗净晾干。

3. 播种

每亩大田用种30～50克。苗床要淋透水，播种后适当盖上过筛的细土或细碎的腐熟有机肥。

4. 间苗

第一次在1片真叶时、第二次在3～4片真叶时将密苗、病苗、细弱苗除去。

5. 水分

不宜太湿，在干旱时浇水。

6. 追肥

在第二次间苗时，亩用5～7千克液态有机肥淋施。定植前10～15天，亩用10～15千克液态有机肥淋施。

四、移栽

定植时要选苗，选叶色嫩绿、生长健壮、无病虫和机械伤害的幼苗栽植，淘汰病虫弱苗。栽植不宜过深，以不埋住根茎为宜。栽得过深会影响肉质根生长。栽苗后要及时浇水，使幼苗的根能与土壤密切结合，以利根的发育。由于品种不同，植株的开展度有大有小，每亩栽培株数差别较大，多的3000株，少的2500株，各地应根据具体情况灵活掌握。

五、播种后管理

（一）追肥

（1）前期　移植成活后长出新叶时，施1～2次腐熟的稀沼气水或粪水淋施。

（2）中期　施用腐熟的稀沼气水或粪水淋施1～2次。

（3）后期　追施微量元素肥料。

（二）水分

浇水不宜勤，坚持不旱不浇水。后期是根基迅速膨大期，要保持土壤水分，浇水以见湿见干为宜。

（三）中耕除草

从幼苗出土至封垄前一般进行2～3次，结合中耕拔除杂草。

（四）间苗和补苗

大头菜播种后一般3～5天后即可出苗整齐，出苗20天左右时，可见2叶1心，要进行间苗，直播的每穴留3株健壮秧苗，并相互间保持一定距离，再长10～15天，就要进行定苗，每穴只留1株完好无损的健壮苗。定苗时要注意该品种的特征而去杂去劣假留真，并利用间拔出来的壮苗补植缺穴。补穴的秧苗，要带土补进，不能伤根，保证一次补苗成活。育苗定植的，在苗床内出苗20天左右时要进行间苗1～2次，拔掉过密地方的秧苗，保持苗床内的秧苗均匀健壮。

（五）摘心

秋播的大头菜常发现有未熟抽薹现象，如遇这种现象，需把心摘掉，否则任其生长，将影响肉质根的肥大。摘心越早越好，摘心后大头菜肉质根仍然可以膨大。摘心时用锋利的小刀紧靠基部把花薹割掉，使断面略呈斜面，防止积水腐烂。

六、病虫害防治

下面介绍几种反季节有机大头菜主要病虫害防治方法。

（一）清洁田园

清洁栽培地块前茬作物的残体和田间杂草，进行焚烧或深埋，清理周围环境。栽培期间及时清除田间杂草，整枝后的侧蔓、老叶清理出棚室后掩埋，不为病虫提供寄主，成为下一轮发生的侵染源。

（二）日光消毒

秋季栽培前，可利用日光能进行土壤高温消毒。棚室栽培的，利用春夏之交的空茬时期，在天气晴好、气温较高、阳光充足时，将保护地内的土壤深翻30～40厘米，破碎土团后，每亩均匀撒施2～3厘米长的碎稻草和生石灰各300～500千克，再耕翻使稻草和石灰均匀分布于耕作土壤层，并均匀浇透水，待土壤湿透后，覆盖宽幅聚乙烯膜，膜厚0.01毫米，四周和接口处用土封严压实，然后关闭通风口，高温闷棚10～30天，可有效减轻菌核病、枯萎病、软腐病、根结线虫、红蜘蛛及各种杂草的为害。

（三）高温闷棚

霜霉病发生时，可采用高温闷棚抑制病情发展。选择晴天中午密闭棚室，使其内温度迅速上升到44～46℃，维持2小时，然后逐渐加大放风量，使温度恢复正常。为提高闷棚效果，闷棚前一天最好灌水提高植株耐热能力，温度计一定要挂在龙头处，不可接触棚膜。严格掌握闷棚温度和时间。闷棚后要加强肥水管理，增强植株活力。

（四）物理诱杀

1. 张挂捕虫板

利用有特殊色谱的板质，涂抹黏着剂，诱杀棚室内的蚜虫、斑潜蝇、白粉虱等害虫。可在作物的全生长期施用，其规格有25厘米×40厘米、13.5厘米×25厘米、10厘米×13.5厘米三种，每亩用15～20片。也可铺银灰色地膜或张挂银灰膜膜条进行避蚜。

2. 张挂防虫网

在棚室的门口及通风口张挂40目防虫网，防止蚜虫、白粉虱、斑潜蝇、蓟马等进入，从而减少由害虫引起的病害。

3. 安装杀虫灯

可利用频振式杀虫灯诱杀多种害虫。

（五）生物防治

有条件的，可在温室内释放天敌丽蚜小蜂控制白粉虱虫口密度。宜采用病毒、线虫、微生物活体制剂控制病虫害。可采用除虫菊素、苦参碱、印楝素等植物源农药防治虫害。用除虫菊素或氧苦-内酯防治蚜虫。

第五节　马　铃　薯

马铃薯（*Solanum tuberosum*），属茄科多年生草本植物，块茎可供食用，又称地蛋、土豆、洋山芋等（图 2-4-5），与小麦、稻谷、玉米、高粱并称为世界五大作物。马铃薯原产于南美洲安第斯山区，人工栽培历史最早可追溯到公元前 8000～公元前 5000 年的秘鲁南部地区。

图 2-4-5　马铃薯

马铃薯营养价值高。马铃薯块茎含有2%左右的蛋白质，薯干中蛋白质含量为8%～9%。据研究，马铃薯的蛋白质营养价值很高，其品质相当于鸡蛋的蛋白质，容易消化、吸收，优于其他作物的蛋白质。而且马铃薯的蛋白质含有18种氨基酸，包括人体不能合成的各种必需氨基酸。马铃薯块茎含有多种维生素和矿物质。特别是维生素C可防治坏血病，刺激造血机能等，在日常吃的大米、白面中是没有的，而马铃薯可提供大量的维生素C。块茎中还含有维生素A（胡萝卜素）、维生素B_1（硫胺素）、维生素B_2（核黄素）、维生素PP（烟酸）、维生素E（生育酚）、维生素B_3（泛酸）、维生素B_6（吡哆醇）、维生素M（叶酸）和生物素H等，对人体健康都是有益的。此外，块茎中的矿物质如钙、磷、铁、钾、钠、锌、锰等，也是对人的健康和幼儿发育成长不可缺少的元素。马铃薯可作为蔬菜制作佳肴，亦可作为主粮。

一、对环境条件的要求

反季节有机马铃薯种植环境，大气应符合环境空气质量GB 3095二级标准规定要求，水质符合农田灌溉水质标准GB 5084—2005规定，土壤符合土壤环境质量GB 15618—1995二级标准要求。

（一）温度

马铃薯生长发育需要较冷凉的气候条件，块茎播种后，地下10厘米土层的温度达7～8℃时幼芽即可生长，10～12℃时幼芽可茁壮成长并很快出土，特别是早熟品种，如果播种早，马铃薯出苗后常遇晚霜，气温降至0℃时，则幼苗受冷害，严重时会导致死亡。植株生长的最适宜温度为20～22℃，温度达到32～34℃时，茎叶生长缓慢。超过40℃完全停止生长。马铃薯开花期的最适宜温度为15～17℃，低于5℃或高于38℃则不开花。块茎生长发育的最适宜温度为17～19℃，温度低于2℃或高于29℃时停止生长。

（二）光照

马铃薯是喜光作物，其生长发育对光照强度和每天的日照时数反应强烈。马铃薯一生中对光的要求是不同的，在马铃薯生长第一阶段（即发芽期）要求黑暗，光线抑制芽伸长，促进加粗、组织硬化和产生色素。幼苗期和发棵期长日照有利于茎叶生长和匍匐茎发生。结薯期适宜短日照，成薯速度快。强光不仅影响马铃薯植株的生长量，而且影响同化产物的分配和植株的发育。强光下叶面积增加，光合作用增强，植株和块茎的干物重明显增加。短日照有利于结薯，不利于长秧。此外，短日照可以抵消高温的不利影响。高温一般促进茎伸长而不利于叶和块茎的发育。但在短日照下，可使茎矮壮、叶肥大、块茎形成较早。因此，高温短日照条件下块茎产量往往比高温长日照要高。光对马铃薯产量形成的最有利情况是：幼苗期短日照、强光和适当高温，有利于促根、壮苗和提早结薯；发棵期，长日照、强光和较大的昼夜温差，适当高温有利于建立强大的同化系统；结薯期短日照、强光和较大的昼夜温差，有利于同化产物向块茎运转，促使块茎高产。

（三）水分

马铃薯生长过程中要供给充足水分才能获得高产。发芽期所需水分很少，但发芽期需要土壤中含有适当的水分，这样有利于马铃薯刚生出的根生长，否则根不伸长，芽生长也会受到抑制，不易出土。所以在播种前，要求土壤土层上部疏松，而下部保持土层湿润。幼苗期要求适当的土壤湿度，前半期保持适度干旱，然后保持湿润，原则是不旱不涝。

发棵期前期要保持土壤水分充足，占饱和持水量的80%。结薯后期要控制土壤水分不要过多，浇地要注意排水，或实行高垄栽培，以免后期因土壤水分过多造成闷薯、烂薯。

（四）土壤

马铃薯适应性非常强，一般土壤都能生长。最适合马铃薯生长的土壤是沙质壤土，这样马铃薯块茎在土壤中生长，有足够的空气，对块茎和根系生长有利。但由于这一类型土壤保水、保肥能力差，种植时最好采取平作培土，适当深播，不宜浅播垄栽。

如果在黏重的土壤种植马铃薯，最好高垄栽培，有利于排水、透气。由于此类土壤保肥、保水能力强，只要排水通畅，马铃薯产量往往很高。沙质土中生长的马铃薯块茎整洁、表皮光滑、薯形正常、淀粉含量高、便于收获。

马铃薯喜 pH 值为 5.6～6 微酸性土壤，发芽期需土壤疏松透气，土面板结则影响根系发育，推迟出苗时间。第二、第三段生长过程中，要求土壤见干见湿，经常保持土壤疏松透气状态，有利于根系扩展和发棵。如果土壤板结，会引起植株矮化、叶片卷皱和分枝势弱等。对于偏碱性土壤，种植马铃薯要选择抗病品种，并施用酸性肥料。因为在偏碱性土壤中，马铃薯易感染疮痂病。

(五) 肥料

马铃薯一生中需要大量的肥料。在氮、磷、钾三要素中马铃薯需钾肥最多，氮肥次之，磷肥最少。适量施氮，马铃薯枝叶繁茂、叶色浓绿，有利于光合作用和养分的积累，对提高块茎产量和蛋白质含量有很大作用。但氮肥过多，特别是生长后期追施氮肥，易引起植株徒长，延迟结薯而影响产量。枝叶徒长造成枝叶柔嫩，易感染病害。氮肥施用量宁可基肥、种肥少施，苗期追氮，切忌基肥、种肥氮素过多。

磷肥也是马铃薯生长过程中不可缺少的，磷能促进根系的发育，磷肥充足时幼苗发育健壮，还可促进早熟、增进块茎品质和提高耐储性。磷肥不足时，导致马铃薯植株生长缓慢、茎秆矮小、叶面积小，光合作用差，影响马铃薯产量。缺磷时，块茎内薯肉出现褐色锈斑，缺磷越严重，锈斑相应扩大，蒸煮时，锈斑处不烂发脆，影响商品品质。

钾元素是马铃薯生长发育的重要元素，尤其是苗期，钾肥充足，植株健壮，茎秆坚实，叶片增厚，抗病力强。钾对光合作用和淀粉形成具有重要作用。钾元素可以延缓叶片的衰老，促进体内蛋白质、淀粉、纤维素及糖类的合成，虽使成熟期延长，但块茎大，产量高。植株缺钾表现为生长缓慢、节间变短，叶缘向下弯曲，叶面缩小，叶脉下陷，叶尖及叶缘由绿色变为暗绿色，继而变黄，最后呈古铜色。颜色的变化由叶尖的边缘逐渐扩展到全叶，有时叶面出现紫纹，植株基部的叶片同时枯死，而新叶则呈正常状态。植株易受寄主病菌的侵害。块茎变小，品质变劣，块茎内部呈灰色状。

除氮、磷、钾三要素之外，在马铃薯生长发育中还需硼、钙、镁、锌、硫、铜、铁、锰等微量元素。肥料来源可选有机肥，或天然的磷矿石、钾矿石、硼砂、镁矿粉等有机栽培中允许使用的投入品。

二、品种选择

（一）东农 303

东北农业大学育成品种。株型直立，株高 45 厘米，茎绿色，复叶较大，叶色浅绿，生长势强。花冠白色。块茎长圆形，皮肉黄色，表皮光滑，芽眼浅。结薯集中，块茎中等大小而整齐，休眠期 70 天左右，一般每公顷产 22500～30000 千克，高产每公顷可达 52500 千克。品质好，适宜鲜食及加工用。植株抗花叶病毒，易感染晚疫病和卷叶病毒，耐涝，栽培密度以每公顷 60000～67500 株为宜。

（二）超白

辽宁省大连市农业科学研究所育成品种。株高 40 厘米，茎绿色，株型直立，皮肉白色，表皮光滑，芽眼较深，结薯集中，块茎大，一般每公顷产 28500～30000 千克，高产每公顷可达 60000 千克。品质好，适宜鲜食及加工用。耐 X 病毒，较耐 Y 病毒和 M 病毒，栽培密度以每公顷 75000 株为宜。

（三）克新 4 号

黑龙江省农业科学院马铃薯研究所育成品种。株高 65 厘米，分枝较少，茎绿色，株型直立，复叶中等大小，叶色深绿，生长势中等。花冠白色。块茎扁圆形，黄皮有网纹，肉淡黄色，芽眼中等深度，结薯集中，大小中等，休眠期短，耐储藏，一般每公顷产 22500 千克，高产每公顷可达 37500 千克。品质好适宜鲜食用。植株感晚疫病，轻感卷叶病毒，感染 Y 病毒，栽培密度以每公顷 60000～75000 株为宜。

(四) 克新9号

株高55厘米，分枝多，茎绿色带褐色斑纹，株型直立，复叶大，叶色深绿，生长势强，叶片肥大平展，生长势强。花冠白色，天然结果性强。块茎椭圆形，皮肉黄色，表皮光滑，芽眼浅，结薯集中，块茎大，休眠期长，一般每公顷产18000千克。品质好，适宜鲜食及加工用。植株抗X病毒和Y病毒，感晚疫病，栽培密度以每公顷60000～67500株为宜。

三、种植技术

(一) 施用有机肥

有机肥的种类较多，养分含量也各不相同，同时，有机肥的当季利用率也仅为20%～40%，所以在施肥时，首先要确定作物全生育期所需的养分总量，再根据施用的有机肥的养分含量，结合肥料的当季利用率进行配方施肥。基肥的种类与用量因土壤的肥力与品种的产量等不同而异。

马铃薯生育期短，故应以基肥为主，基肥的施用量应占总施肥量的70%左右。适于用作马铃薯基肥的有绿肥（如胡豆茎叶）、猪牛粪、堆肥等有机肥。基肥在整地时一次性施入，要求每亩施腐熟厩肥、粪肥4000～5000千克，草木灰400～500千克，有条件的地区可以施过磷酸钙50千克（与有机肥料混合堆沤后施用），增产效果更为显著。

(二) 整地施肥

种植马铃薯应注意土壤的条件，深耕可以使土壤疏松，提高蓄水、保水能力，协调土壤中水、肥、气、热等因素，为马铃薯根系和匍匐茎、块茎的生长提供舒适的生长环境。马铃薯块茎播种后产生的根系为须根系，穿透能力较差。土壤疏松有利于根系的生长发育，有强大的根系，可以增强吸收土壤中水分、养分的能力，源源不断输入地上部分，使植株生长健壮，光合能力增强，光合产物增多，为高产提供物质基础。因此，深耕是马铃薯高产的基础。

马铃薯的施肥最好播种前一次施足底肥，特别是有机肥和磷、钾肥在播种前施入，效果更好。因为磷、钾肥与有机肥混施，有利于提高磷、钾肥的肥效，减少土壤对磷的固定，以便马铃薯根系充分发育后，土壤能不断提供植株所需的养分。施氮肥要根据土壤肥力情况，不可盲目施用。在土壤肥力水平高的情况下，为避免植株徒长，可将全部氮肥的2/3作为基肥施入，留1/3作追肥用。

马铃薯在整个生育期间，不同的生育阶段需要的养分种类和数量都不同。幼苗期吸肥很少，发棵期陡然上升，到结薯初期达到吸肥量顶峰，然后又急剧下降。

根据马铃薯需肥特点，农户可根据实际状况，包括土壤肥力、投入肥料的资金能力、灌溉条件，来确定使用肥料的种类、施入数量、施肥时间和施肥方法。采用以农家肥、底肥为主，追肥为辅的原则。增施磷肥促早熟高产，缺钾地区施钾肥，增产相当明显。

有机肥要经过充分腐熟。肥料的用量应根据肥料种类、成分、土壤肥力、气候条件、马铃薯对三要素的需求量及当地施肥经验来确定。

（三）温室催芽

3月初，开始催芽。利用温室催芽，提早发育和延长生长是一项炼苗、壮苗、争高产、促早熟的主要技术措施。方法是在播种前20～25天将种薯出窖，在温室内晒种5～7天，晒过的种薯按芽眼切块在温室内催大芽、壮芽。

（四）播种

1. 播种方式

马铃薯提倡小整薯播种，播种时温度较高、湿度较大、雨水较多的地区，不宜切块；必要时，在播前4～7天，选择健康的、生理年龄适当的较大种薯切块；切块大小以30～50克为宜，每个切块带1～2个芽眼。

2. 种子处理

马铃薯播种前15～30天将冷藏或经人工解除休眠的种薯置于15～20℃、黑暗处平铺2～3层，当芽长至0.5～1厘米，将种薯逐渐暴露在散射光下壮芽，每隔5天翻动一次，催芽过程中淘汰病、烂薯和纤细芽；催芽时要避免阳光直射、雨淋和霜冻；切刀每使用10分钟后或在切到病、烂薯时，用5%的高锰酸钾溶液或75%的酒精浸泡1～2分钟或擦洗消毒。

3. 适时播种

种植马铃薯的大棚最好是老棚，而且是秋整地，切勿与茄科、十字花科作物连作，当棚内10厘米土层温度稳定在7℃、棚内温度稳定在5℃时即可播种。马铃薯需肥量大，施肥以基肥为主，尽量不追肥或少追肥，因为棚栽马铃薯生育期短，要求在播种时一次施足底肥。一般每亩施有机肥2000～3000千克、马铃薯专用肥30千克，播种采用播上垄，少覆土，播后立即覆膜。这样土温提高快，有利于早出苗，一般播种时间在3月20～25日。

（五）播种后管理

1. 间苗

当幼苗出齐后，应及时间苗，除去太密的苗、杂苗、劣苗和病苗，以防幼苗拥挤，光照不足。间苗后也可加强通风，减少病害的发生。间苗应坚持早间苗、晚定苗的原则，以保证苗全苗壮。马铃薯苗出齐后要尽早除去弱苗和过多分枝，每穴选留3～4株健壮苗。

2. 除草

杂草与马铃薯争水、争肥、争阳光、争空间，对产量影响很大。而且杂草还是很多害虫的寄主，向马铃薯传播病虫害。除草要坚持除早、除小、除净的原则。

人工除草的优点在于既除草又松土，对提高地温、保墒有利。缺点是费工、费时。人工除草分为苗前铲地、苗后铲地。苗前铲地对早春性杂草和宿根性杂草的铲除效果好，还有利于提高地温，促进出苗。苗后铲地一般待马铃薯出全苗后除草松土，提高地温，促进根系发育，以达到根深叶茂。视田间草情，于发棵期铲两遍，促进植株长成丰产株型。一般铲完地后，结合中耕培土，对杀灭杂草、促植株健壮有利。

3. 追肥

马铃薯视苗情追肥，追肥宜早不宜晚。追肥方法有沟施、点施和喷施生物有机叶面肥。分别于苗期、生长期用“垦易”有机肥300倍液，或喷得利500倍液、或亿安神力500倍液，每隔7～10天喷洒一次，连续喷洒3～4次，不仅明显促进作物生长、早熟、增产，还能预防病毒病、叶斑病等病害发生。

4. 灌溉

马铃薯块茎中含大量水分，平均含水量近80%，茎叶繁茂，蒸腾量大。所以，在整个生育期间，特别是进入结薯期后，需大量吸收水分，土壤水分不足，难以丰产。一般认为每形成1千克干物质，需消耗300～600千克水。没有充足的水分也不能充分发挥肥料的作用，水分和养分提供的水平是判断生产力水平高低的标志。

马铃薯生育期间的需水规律是指导灌溉的标准。播种前土壤墒情较好的情况下，不需灌水，如严重春旱，应先灌水，待水分被土壤吸收后，再播种，切忌播后灌水。出苗后一段时间，需水不多，只要不旱，也不必浇水。团棵以后到开花期，地上部分植株旺盛生长，气温逐渐升高，茎叶生长旺盛，根系也迅速扩大伸长，此期需水量较大。需全发育期总需水量的1/3左右。这一阶段如缺水，植株发育迟缓，发棵不旺，难以丰产。另外，此期匍匐茎顶端已开始膨大，缺水会影响膨大速度与结薯数量。这一阶段要根据天气及土壤水分含量情况，灌1～2次水，使土壤见干见湿。马铃薯现蕾期是由发棵阶段向结薯阶段过渡的转折期，体内养分的分配也从茎叶生长中心转向供应块茎的迅速膨大，茎叶生长变缓，甚至停顿，此期不需过多的水分和养分，否则，易引起徒长。此期10～15天，原则上不灌水。

结薯期是块茎形成和迅速膨大时期，结薯盛期的耗水量占全生育期总需水量的一半以上，要保持土壤含水量达到田间最大持水量的70%左右，即以握起成团而离地1m落地散开为宜。结薯后期，即收获前7～10天，要停止灌溉，利于收获。

马铃薯在整个生长期土壤含水量保持在60%～90%。出苗前不宜灌溉，块茎形成期及时适量浇水，块茎膨大期不能缺水。浇水时忌大水漫灌。

另外，发棵阶段的管理以通风降温为主，棚内温度超过25℃时开始放风，由小到大，使地温保持在16～18℃为宜，控制植株生长。当植株现蕾时揭膜、覆土。整个生长时间的管理以植株生长每天不超过1厘米为宜。

(六) 收获

当植株达到生理成熟，即可开始收获。生理成熟的标志是，大部分茎叶由绿转黄，达到枯萎，块茎停止膨大且易与植株脱离。也可根据栽培目的、商品熟期类型而定，大棚栽培一般所需时间从出苗算起50～60天即可。

收获技术是田间管理的最后环节，关系到提高商品质量问题，所以，必须引起重视。马铃薯成熟时，地上秧棵尚未枯萎，地下块茎的皮相当嫩，稍不注意就会破皮。块茎破皮后，极易感染病菌，同时破皮处变褐，影响商品性。收获前7～10天，应先将秧棵割掉，使块茎在土中后熟，表皮木栓化，收获时不易破皮。另外，收获时，人工捡拾堆放小堆，田间晾晒。人工捡拾时，随时进行分级，把破损薯、病薯单放。晾晒1～2天后，运回储藏地点，储藏地点要干燥、通风、遮阳。有的地方收获后用土埋假储，防止块茎见光变绿。总之，收获时要尽量减少破皮和破损块茎数量，晾晒一下是为了使块茎蒸发一部分水分，减少储藏时的损失。

马铃薯大棚栽培技术的推广应用，解决了棚栽前茬作物不耐低温、生长周期长、病害严重、不易防治、比较效益低、投入大、管理要求严格等问题，为寻求大棚出路提供了一条新途径。棚栽马铃薯与黄瓜、番茄相比较，省工、省时、投资少、易管理，还为大棚提供了理想的换茬作物，对调整和优化棚室种植结构，发展“两高一优”农业生产，振兴和发展农村经济，增加农民收入，实现农民致富奔小康有重要作用。马铃薯大棚栽培技术已成为最受农民欢迎的实用新技术之一。

(七) 马铃薯的储藏

马铃薯储藏的目的主要是保证食用、加工和品质。食用商品薯的储藏，应尽量减少水分损失和营养物质的消耗，避免见光使薯皮变绿，食味变劣，使块茎始终保持新鲜状态。加工用薯的储藏，应防止淀粉转化为糖。种用马铃薯可见散射光，保持良好的出芽繁殖能力是储藏的主要目标。采用科学的方法进行管理，才能避免块茎腐烂、发芽和病害蔓延，保持其商品和种用品质，降低储藏期间的自然损耗。最适宜的储存温度是，商品薯4～5℃，种薯1～3℃，加工用的块茎以7～8℃为宜。环境湿度是影响马铃薯储藏的又一重要因素。保持储藏环境内的适宜湿度，有利于减少块茎失水损耗。但是库（窖）内过于潮湿，块茎上会凝结小水滴，也称“出汗”现象。一方面会促使块茎在储藏中后期发芽并长出须根；另一方面由于湿度大，还会为一些病原菌和腐生菌的侵染创造条件，导致发病和腐烂。相反，如果储藏环境过于干燥，虽可减少腐烂，但极易导致薯块失水皱缩，同样降低块茎的商品性和种用性。马铃薯无论商品薯还是种薯，最适宜的储藏湿度应为空气相对湿度的85％～90％。商品薯储藏应避免见光，光可使薯皮变绿，龙葵素含量增加，降低食用品质。种薯在储藏期间见光，可抑制幼芽的生长，防止出现徒长芽。此外，种薯变绿后有抑制病菌侵染的作用，避免烂薯。另外，储藏期间要注意适量通风，保证块茎有足够氧气进行呼吸，同时排除多余二氧化碳。

四、病虫害防治

下面介绍几种反季节有机马铃薯主要病虫害防治方法。

（一）防治原则

从作物-病虫草害整个生态系统出发，综合运用各种防治措施，创造不利于病虫草害滋生和有利于各类天敌繁衍的环境条件，保持农业生态系统的平衡和生物多样化，减少各类病虫草害所造成的损失。

相关的投入品的使用应符合GB/T 19630.1—2011中5.8.2的规定。

（二）防治方法

1. 环腐病

环腐病多为种薯带毒所致，因此在整个秋马铃薯的栽培过程中都有可能发病。幼苗期间，环腐病会抑制幼苗生长，苗叶卷叶、皱缩，严重时会有死苗的状况发生。开花期，茎叶自上而下萎蔫枯死，切开病薯可发现呈现乳黄色或褐色环状腐烂。环腐病对秋马铃薯的生长损害较大，如大面积发病会导致减产或绝收。因此要从源头上控制环腐病，选择无病种薯，切块时注意消毒刀具，以免交叉感染。

2. 病毒病

病原是一种传染性病毒，患病秋马铃薯主要表现为植株矮小、生长缓慢、叶面卷曲、颜色发暗等。防治可选择抗病毒的马铃薯品种，用整薯或实生薯作为种薯。

3. 蛴螬

蛴螬是一种地下害虫，咬食刚播种的种子和幼苗，危害马铃薯的生长。可采用黑光灯诱杀。

第五章　豆　类

第一节　四　季　豆

四季豆（*Phaseolus vulgaris*）是菜豆的别名，菜豆是豆科菜豆种的栽培品种。又称芸豆、芸扁豆、豆角等，为一年生草本植物，可采用温棚四季生产，周年供应（图 2-5-1）。以嫩荚或种子作鲜菜，也可加工制罐头、腌渍、冷冻与干制。除了露地栽培外，还

图 2-5-1　菜豆（四季豆）

可以利用各种形式的保护地栽培，例如大棚等，随着棚膜蔬菜产业的快速发展，棚室菜豆（四季豆）的栽培面积逐年扩大，菜豆的棚室生产已由零星布局向规模化生产发展。

我国菜豆（四季豆）主要以嫩豆荚食用。它起源于美洲中部和南部，十五世纪由欧洲传入中国，现分布于世界各地，我国南北各地普遍栽培。菜豆可入药治病，具有滋补、解热、利尿、消肿的功效。

近年来，反季节有机四季豆因季节差异、栽培适宜区少、商品紧缺而备受消费者青睐。因地制宜在贫困山区、半山区发展有机反季节四季豆栽培，不失为贫困山区农民致富的一条新路。以下总结出了适宜反季节四季豆生长特性和生长发育规律的有机栽培技术。

一、对环境条件的要求

反季节有机菜豆种植环境，大气应符合环境空气质量 GB 3095 二级标准规定要求，水质符合农田灌溉水质标准 GB 5084—2005 规定，土壤符合土壤环境质量 GB 15618—1995 二级标准要求。

（一）温度

菜豆喜温暖，不耐霜冻。矮生类菜豆耐低温的能力比蔓生类型的强。故作早熟栽培的大都选用矮生类型品种。种子发芽的最适温度为 20～25℃，温度在 35℃以上或者 8℃以下时不易发芽。种子播种后，发芽的地温低限为 8～10℃；温度越低，种子发芽出土所需要的天数越多；发芽后如长期处于低于 11℃低温条件下，则幼根生长缓慢，根粗，而且少，子叶长期不能出土甚至腐烂。

菜豆幼苗对温度的变化非常敏感。幼苗发育的最适气温为18～20℃，短期处于 2～3℃的低温条件下则开始失绿，在 0℃时受冻害。幼苗正常生长的临界低温在 13℃左右，低于 13℃则根部生长不良，不能形成根瘤。

花芽分化的最适气温为 20～25℃，30℃以上的高温干旱会使花粉母细胞的减数分裂发生畸形，减数分裂停留在后期和末期阶段。结果形成多倍和单倍的小孢子体代替正常的四分小孢子，而且小孢子体内出现多核现象，致使花粉丧失活力而落花。气温低于15℃或者高于30℃时，易出现不完全开花现象。

菜豆花粉粒发芽的适宜气温为20～25℃，低限是5～8℃，35℃以上的高温和干旱常使花粉发芽力显著降低。雌蕊对温度的适应范围比花粉稍大，在15～40℃范围内受精能力无太大区别，温度低于10℃或者超过45℃则不易结荚。菜豆开花、结荚的适宜温度为18～25℃；温度过高，则光合同化物质消耗多而积累少，豆荚易变短或畸形，促使荚果的中果皮早期增厚，纤维增多，品质下降；10℃以下时，花粉管的伸长速度减慢，妨碍受精而使结荚数和每荚的种子粒数减少。

（二）光照

菜豆属于短日照植物，在短日照条件下，能提早开花、结实而增加产量。菜豆要求有较强的光照，它喜欢晴朗天气；如果长期处于弱光照条件下，植株容易徒长，叶片数和干物质重都会大大减少；严重遮光时，株高基本不增加。

菜豆的光合强度，因品种、生育期和温度等情况的不同而有差异。据试验说明，菜豆的光合强度为12～13毫克CO_2/(100平方厘米·小时)，饱和光强度为20000～250000米烛光，光补偿点为1500米烛光。

（三）水分

菜豆有较强的抗旱能力，但是怕涝，怕积水沤根；在土壤湿度低于田间最大持水量的60%～70%时，根系生长不良，高于上述指标时则根系容易受涝害；出现涝害的同时，往往会造成土壤缺氧，妨碍根系进行呼吸作用和植株的生长发育，表现为对磷肥的吸收能力减弱，植株基部叶提前黄化脱落，开花减少，结荚率降低，有时茎、叶和荚果变为褐色、腐败而脱落，严重者全株死亡。

菜豆在开花、结荚期对水分的要求尤为严格。据研究报道，在此期间除了土壤水分的影响外，空气相对湿度对菜豆开花、结荚的影响也很大，其适宜的空气相对湿度为80%～90%。

菜豆种子发芽对水分的要求也比较严格。播种后如果土壤干旱，则种子不能萌芽；如果土壤水分过多而缺氧时，则含蛋白质丰富的豆粒会腐败而丧失发芽能力。

（四）施肥

菜豆对土壤条件的要求比较高，它最适宜于腐殖质丰富、土层深厚、排水良好的壤土地上栽培。栽培菜豆的土壤，其pH值以6.2～7.0为好，因为菜豆的根瘤菌适宜在中性到微酸性土壤中活动。

菜豆对肥料的要求，以钾肥为最多，磷肥次之，氮肥最少；它对磷、氮肥的需要量虽然少，但却不可缺乏；如果缺磷，则植株和根瘤菌均生育不良，开花、结荚减少，产量低，而且荚内籽粒少；如果缺氮，则植株矮小，叶片也小，叶色淡黄，不易发秧。不同类型和不同品种的菜豆其需肥量和重点追肥期也有区别。矮生菜豆由于生育期短，发育早，从开花盛期起就进入养分的旺盛吸收期；嫩荚开始伸长时，茎、叶中的无机养分向嫩荚中的转移率为氮24%、磷11%、钾40%；荚果成熟期，对磷的吸收量逐渐增加，而对氮的吸收量则日趋减少。蔓生菜豆，因为它的整个生长发育期比较长，大量吸收养分的开始时间也比较迟，要到嫩荚开始伸长时才旺盛吸收养分；在果荚伸长期中，其茎、叶中无机养分向荚果的转移率比矮生菜豆要低。所以对矮生菜豆宜加强前期追肥，促其早发育和多开花、结荚；对蔓生菜豆则应重视中后期追肥，防止它早衰，以延长其结果收获期而增加产量。

据试验认为，微量元素（如硼等）对菜豆的生长发育和根瘤菌的活动都有良好的促进作用，如果有条件喷适量的微量元素，可以提高菜豆的品质和总产量。

（五）生长发育特性

1. 种子发芽期

播种后种子吸水膨胀，直到子叶露出地面对生单叶展平以前，称为种子发芽期。在种子发芽期幼苗还没有独立生活能力，主要靠种子自身（子叶）储藏养分的分解，供幼苗生长。种子发芽期一般经过5～10天。此期长短主要取决于温度、水分、养分等。在适宜的条件下，种子吸水过程完成后，2～3 天种子开始发根（即发芽），4～5 天后子叶露出地面（即出苗），出土后 1～2 天对生单叶展平。但是，发芽条件不适宜时，发芽期要延长，甚至不能发芽而腐烂。早春播种气温偏低，一般需要 8～10 天出苗；夏播时由于气温较高，4～5 天即可出苗，种子发芽的基本条件是水分、温度、氧气，这三要素缺一不可。

2. 营养生长期

菜豆单纯营养生长期很短，一般只有 15～20 天，这一时期是从对生单叶展平开始，直到花芽开始分化前的幼苗期。菜豆在营养生长的幼苗期，地上部生长缓慢，根系生长迅速，对气候适应性较广泛。幼苗期营养生长速度及生育状况是与环境密切相关的，地上部生长与温度和光的关系密切，根系生长与地温、土壤水分和氧气关系密切，无机盐类状况又直接或间接地影响根系和茎叶的生长发育。

3. 花芽分化及开花期

菜豆幼苗出土后，经过一段营养生长后，就进入了花芽分化期，花芽分化开始后 20 天左右就达到开花期。菜豆进入花芽分化期迟早和开花期迟早，对菜豆的早熟性有明显影响。花芽分化期开花时间长短与品种和环境密切相关。一般矮生品种比蔓生品种短；早熟品种比晚熟品种要短。利用早熟品种，改善环境促进花芽提早分化，从而达到早熟早收的目的，在栽培上具有重要意义。

二、品种选择

反季节有机四季豆以鲜销为主，因此在品种选择上，要求豆荚鲜嫩、具有较好的商品性、抗病虫、抗倒伏、适宜当地栽培。适宜品种主要有“85-1 菜豆”“57 号菜豆”“冀芸 3 号”和“超长四季豆”等。它们的主要特点是：早熟，播种至嫩荚采收约 50 天；植株蔓生；豆荚长且扁圆；结荚率高；耐热抗病；产量高，一般亩产在 1500 千克以上；商品性好。以下对“85-1 菜豆”“57 号菜豆”

“冀芸 3 号”“超长四季豆”进行介绍。

(一) 85-1 菜豆

辽宁省大连市甘井子区农业技术推广中心选育的新品种。植株蔓生，生长势中等。叶绿色，花白色。第一花序着生在 2～3 节上，以主蔓结荚为主。荚白绿色，呈圆棍形，长 20 厘米，宽 1.5 厘米，单荚重 19.2 克。肉厚，耐老熟，缝合线处有筋。粗纤维少，品质优，风味佳。抗炭疽病、锈病。早熟种，适宜温室、大棚反季节栽培。

(二) 57 号菜豆

吉林省蔬菜花卉研究所从吉林地方品种中选出。蔓生型，蔓长 2 米以上，分枝少。花紫色。结荚节位低、集中，嫩荚扁条形，荚面种粒稍凸、绿色、带紫红晕，荚长 12～16 厘米，宽 1.7 厘米，厚约 1 厘米，嫩荚纤维少、耐老，老熟荚黄绿色、带紫纹，品质好。每荚种子 3～5 粒，种子浅棕色，带褐斑纹，近肾形，千粒重 450 克左右。极早熟，吉林省春播 52 天左右可采收嫩荚。

(三) 冀芸 3 号

唐山市农科所育成的早熟、优质、抗病、稳产的菜豆品种。植株蔓生，长势强，耐热抗病，2～4 节着生第一花序，花白色，每序结荚 2～4 个，鲜荚浅绿色，扁条形，长 16～20 厘米，宽 1.5 厘米左右，厚 0.8 厘米，单荚重 15 克左右，荚内 5～9 粒种子。种子乳白色，肾形，有皱褶，千粒重 290 克。采摘期荚整齐，商品性好，鲜荚背腹线纤维少，荚面革质膜薄，肉厚味甜。早熟性好，从播种出苗至采收 50 天，采摘期 35 天左右。该品种耐热性强，越夏栽培枝叶不易衰老、不脱落，但因其种粒皮薄有皱褶，成熟种子遇阴雨天易出芽，所以采种田应避开雨季采收且及时收获。可进行露地、覆膜与保护地栽培。

(四) 超长四季豆

中国农业科学院蔬菜花卉研究所引进选育的优良蔓生菜豆品种。其突出特点是优质、耐老。嫩荚营养丰富，含干物质 11.3%，蛋白质在干物质中占 16.85%。嫩荚肉质肥厚，可炒食，也可烫后凉拌。该品种植株蔓生，生长势强，花冠白色。嫩荚浅绿色，长圆条形，稍有弯曲，横断面近圆形；单荚重约18克，荚长25厘米以上，荚宽1.2厘米，厚1.4厘米，荚肉厚0.3～0.4厘米；每荚有种子7～8粒，种子之间间隔较大，嫩荚纤维极少，口感甜嫩，风味品质好。种子较大，筒形，深褐色。中早熟。华北地区露天春播，65天左右开始采收嫩荚，可持续采收到8月下旬。保护地可提早播种、提早上市。

三、茬口安排

（一）小拱棚短期覆盖茬口安排

春天提早扣小拱棚烤地，当小拱棚内不再出现霜冻时定植。菜豆选矮生品种，提前30天左右在日光温室内育苗。经过短期覆盖，可比露地提早1个月左右采收。

（二）塑料大、中棚茬口安排

春天提早扣棚，土壤化冻后，地温达到10℃以上、夜间最低气温不低于5℃时即可定植。采用蔓生品种，在日光温室利用容器护根育苗，作为春提早栽培。也可于6月下旬至7月下旬直播，进行秋延后栽培，8月末至9月下旬采收。

（三）日光温室茬口安排

1. 秋冬茬

8月下旬直播，10月下旬开始采收。

2. 冬春茬

12月上旬至翌年1月上旬播种育苗，1月上旬至2月上旬定植，3月上旬至4月上旬开始采收。

四、育苗、定植

选用无病斑、虫眼和霉变，粒形显示本品种自然特征，无机械损伤裂痕，粒大饱满，均匀干净，纯度98%的种子。先在太阳下曝晒2～3天，然后用55℃水浸种10～15分钟，再置于室温下浸种24小时，以提高种子的发芽势和发芽率。

(一) 地点选择

四季豆对土壤适应性广，但以土层深厚、有机质含量丰富、疏松、排灌条件良好、pH 值 6.2～7 的壤土或沙壤土为最好。

(二) 精细整地和施足基肥

四季豆侧根发达，入土浅，主要分布在 20～30 厘米土层中，故早翻与深翻土壤，有利于根系生长。种植畦做成宽 1.1 米，沟宽 0.4 米，沟深 0.3 米，并在畦中间条施腐熟烂肥每亩 2000～2500 千克，钙镁磷肥 30～50 千克（也可穴施），硼砂 1 千克，石灰 50～75 千克。石灰可在翻耕前施入，也可在做好畦后撒在畦面，但均要与泥土充分拌匀。

(三) 适期播种

高海拔地块在 5 月中旬至 7 月上旬播种，500 米左右低海拔地块最宜在 6 月底至 7 月中旬播种。

种子宜选粒大、饱满、无虫蛀的进行播种。若土壤干燥，播种前一天要浇足底水，每畦播 2 行，穴距为 30～33 厘米，每穴 2～3 粒种子，亩用种量 2～2.5 千克。播后盖 1～2 厘米厚的焦泥灰。另外培育一部分后备苗用于补缺。

(四) 定植

由于生产设施及栽培茬口不同，定植时期也不同，但总体上看，一般要求日光温室的地温稳定在 15℃以上，夜间不低于 13℃，气温在 25℃以上，夜间不低于 10℃时定植，或直播栽培。塑料棚的 10 厘米地温稳定通过 10℃以上，气温不再出现 0℃以下时定植。

在畦面或垄台上开 10～15 厘米深的沟，脱下营养钵，按 30～40 厘米株距将苗坨摆放沟内，培土后顺沟浇定植水。栽苗深度以苗坨上表面与畦（垄）面相平为宜。不论畦作还是垄作，可以先铺膜后打孔栽植，也可以边栽苗边覆盖薄膜，挖孔引苗。但是膜面要拉紧，两边及膜孔要封严。利用小拱棚栽培菜豆，一般 1 米宽的畦栽 2 行，株距 25～30 厘米；垄作栽植的株距同于畦作。栽完苗后浇足定植水，插好拱架覆盖薄膜，四周封严。日光温室每 667 平方米栽 3000～3200 穴，计 6000～6400 株；塑料大棚每 667 平方米栽

3700 穴，计 7400 株；小拱棚栽 4500～5000 穴，计 9000～10000 株。菜豆定植最好在坏天气刚过、好天气刚开始的晴天上午进行，以利于缓苗。

五、田间管理

（一）苗期管理

1. 温度管理

菜豆属喜温性蔬菜，在温度管理上，既考虑其能正常生长，又要考虑是否有利于根瘤的着生。日光温室冬春茬及塑料大棚春提早栽培的菜豆，在播种后出苗前，要加强保温，以提高苗床温度。一般白天温度为 20～25℃，夜间在 15℃左右，但不低于 8℃，当有 70％左右的幼苗出土时撤掉薄膜，防止高温烤苗。待子叶充分展开时开始降温，白天温度为 15～20℃，夜间 10～15℃，以防秧苗徒长。第一片真叶展开时，适当提高温度，白天温度为 20～25℃，夜间 15～20℃，以利于根、茎、叶的生长及花芽分化。当温度高于 25℃或低于 15℃时，花芽分化不良，高于 28℃进行通风，气温降到 23℃时闭风。定植前 1 周降温炼苗，白天 15～20℃，夜间 10～15℃，后 1～2 天，夜温可降到 5～10℃，以增强幼苗的抗逆性。日光温室秋冬茬及塑料大棚秋延后栽培的菜豆，苗期正处于高温多雨的季节，所以在温度管理上，要加大通风量，延长通风时间，除顶部外，四周都要卷起薄膜通风，使温度保持在 30℃以下，否则要采取遮阴措施。

2. 水分管理

菜豆育苗期间，不需经常浇水，一般根据幼苗长势及容器中营养土的干湿程度确定是否浇水，发现叶片下垂时就要补充水分。采取普遍浇水与个别浇水相结合的方式，促使幼苗生长整齐一致。定植前 2～3 天普遍浇 1 次水，促进“水根”的发生，定植时脱下容器不散坨，缓苗也快。

另外，在育苗过程中，因育苗容器较小或需延长苗龄而出现徒长时，可适当加大苗间距离，调整高矮苗的位置，以保证幼苗的正常生长。壮苗标准是，菜豆利用容器育苗不移植，一次成苗，历时25～30天，其株高10～15厘米，茎粗0.5～0.6厘米，叶片数为4片，色浓绿而有光泽，以植株尚未拔节为宜。

（二）定植（或直播）后的管理

1. 冬春茬及春提早菜豆定植的管理

定植初期以保温为主，密闭棚室以利缓苗。白天温度保持25～30℃，夜间15～20℃。3～5天缓苗后适当降温，白天保持15～20℃，夜间12～15℃，防止秧苗徒长，进行中耕松土，提高地温，促进根系生长。

开始生长时，逐渐升温，但不可过高，白天温度为20～25℃，夜间15～20℃。在此期间仍进行中耕松土，并培垄，以促进根基部发生侧根，一般每隔6～7天进行1次。

植株抽蔓后，要做好插架或吊蔓工作。如果吊蔓栽培，要注意引蔓绳的上端不要绑在棚室的骨架上，而应在定植行的上部另设固定铁丝，距棚面30厘米以上，以防菜豆的茎蔓、叶片封顶部，影响光照，同时还会造成高温危害。

菜豆在开花前，一般不进行追肥、浇水，以免茎叶徒长，发现干旱可少量浇水，进行促根控秧。随着植株的生长，开始进入结荚期，白天温度保持22～25℃，夜间15～20℃。当第一花序上的豆荚达3～5厘米长时开始追肥浇水，结荚期需勤浇水追肥，保持土壤湿润，每采收1次浇1次水，水量可酌情掌握，两水中间追1次肥。

塑料大棚春提早栽培的菜豆，进入结荚期时，外界气温不断升高，可逐渐加大通风量，当外界气温达15℃以上时昼夜通风。

结荚后期，及时打除老叶、黄叶、病叶，使其通风透光良好，促进侧枝萌发和潜伏芽开花结荚。

2. 秋冬茬及秋延后菜豆直播后的管理

日光温室秋冬茬菜豆及塑料大棚秋延后菜豆播种时，正处于高温、强光季节，应加强通风，环境条件适宜时，3天左右幼苗即可出土。幼苗出土后，一般不旱不浇水，抓紧时间松土，促进根系生长发育，防止茎蔓徒长。

当外界最低气温降到12℃以下时，改为白天通风，夜间闭风，以后逐渐减少通风量。只要白天温度不超过25℃就不通风，使温度保持19～23℃，阴天14～16℃，夜间最低不低于15℃。

当夜间室温降到10℃以下时，开始覆盖草苫。初期要早揭晚盖，逐渐过渡到晚揭早盖，保证适宜的温度。

在水、肥管理上，一般开花期以前，保持干湿适度，松土蹲苗。开始现蕾时，结合浇水施加液体有机肥，并做好培土、插架。幼荚迅速伸长时，每5～7天浇1次水，促进嫩荚生长。随着外界气温的下降，尽量减少浇水次数和浇水量，防止温度下降过快和空气湿度过大。最后密闭棚室不通风，直到霜冻出现结束。

3. 小拱棚短期覆盖菜豆管理

小拱棚菜豆定植后，密闭不通风，高温、高湿条件下促进缓苗。由于小拱棚空间小，升温快降温也快，晴天棚内温度可超过30℃，夜间外温下降后棚内温度只比外界高2～3℃，但是因定植时已浇足定植水，棚膜内表面布满水滴，可有效地防止烤伤叶片，10厘米地温下降缓慢，使菜豆生长不受太大影响。

缓苗后选南风天，揭开薄膜进行松土培垄，一般开花前不浇水，但可追肥1次，然后覆盖薄膜。若温度超过25℃，开始通风，20℃时闭风。通风时，先从小拱棚的一侧顺风通风，随着气温的升高，通风量逐渐加大，通风时间逐渐延长，揭开小拱棚的两端通风，若温度还降不下来，再从中间开口通风。当外界温度完全适合菜豆生长发育要求时，选择早晨、傍晚或阴雨天，撤下小拱棚，进入露地常规管理。

因为矮生菜豆结荚早，追肥、浇水应及早进行，所以撤棚前追1次肥后，浇水应及时跟上，促进结荚，提高产量。

六、病虫害防治

以下将详细介绍反季节有机菜豆栽培中常见的几种病害。

(一) 菜豆炭疽病

该病是菜豆栽培中常见的病害，分布广，危害大，多发生在潮湿地区。从幼苗至开花结荚的整个生育期都可能发病，豆荚在储运期间仍能继续受害（图 2-5-2）。

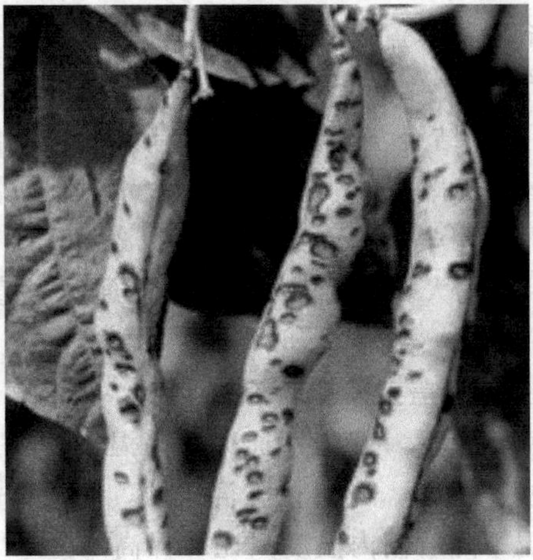

图 2-5-2　菜豆炭疽病（见彩图）

1. 症状

幼苗感病后，首先在叶子上出现红褐色近圆形的病斑。幼茎上最初生成许多锈色小斑点，随着茎的伸长，病斑扩大成锈色斑，凹陷和龟裂，使幼苗折倒枯死。在嫩茎上，病斑由褐色小点扩大后呈长圆形，长 1 厘米左右，病斑中心黑褐色或黑色，边缘淡褐色至粉红色。

成株感病时，在叶片上，病斑多沿叶脉开始发生，呈黑色或黑褐色多角形的小斑点或小条斑。在未成熟的豆荚上，产生褐色小点，扩大后病斑直径可达 1 厘米左右，长圆形至近圆形，中心红褐色，边缘淡褐色至粉红色。豆荚成熟后病斑色泽较淡，边缘隆起，中心凹陷，以至于穿过豆荚而扩展至种子。种子上病斑呈黄褐色至深褐色不规则形。

2. 发病条件

病原菌以菌丝状态在种子上或土壤中病残体组织上越冬。种子上的病菌可存活 2 年以上，播种后可直接为害子叶和幼茎，引起初侵染，在病部表面产生分生孢子进行再侵染。病菌借风、灌溉水、昆虫、农事操作传播，由伤口、植株表皮侵入，潜育期一般 4～7 天。低温、高湿利于发病，发病的最适温度为 17～22℃，相对湿度接近 100%。当温度低于 13℃、或高于 27℃且相对湿度低于 92%时，很少发病。另外低洼、黏重土壤、连作地块、栽培密度过大等都可加重病害的发生。

3. 防治方法

选用抗病品种，建立无病种子田；上茬作物收获后，及时进行田间清理，将杂草、作物残体全部清理干净，防止残留病害传播；播种前进行种子处理，可用 10%盐水浸种 10 分钟，洗净后置于晴天晒种 2～3 天后播种；加强田间管理，控制好温、湿度，增强光照，适时采收；发病初期可用印楝油、低聚糖素进行防控，也可用石硫合剂和波尔多液进行防治；实行合理轮作、间作，对棚室、架材进行高温消毒处理，也是病害防治的重要措施。

(二) 菜豆根腐病

菜豆根腐病又称枯萎病，全国各地发生很普遍，是有机反季节菜豆的主要病害之一。从幼苗期至采收期都可发病。

1. 症状

感病初期症状不明显，仅表现植株矮小，至开花结荚期才逐渐表现出来。开始发病时，病株下部叶片变黄，从叶片边缘开始枯萎，但不脱落。感病植株容易拔起，拔出病株可以看到主根上部及茎下部都呈黑褐色，稍凹陷，切断根茎可见维管束变为暗褐色，侧根很少或已腐烂。当主根大部分腐烂时，植株枯萎死亡。在潮湿的环境下，植株茎部产生粉红色霉状物（图 2-5-3）。

2. 发病条件

病菌以菌丝体和厚垣孢子随病残体在土壤中越冬。腐生性强，可存活多年，因此土壤中的病菌是翌年初侵染的主要来源。种子不

图 2-5-3　菜豆根腐病（见彩图）

带菌。病菌借农具、流水等传播，从伤口侵入。根腐病为土传病害，高温、高湿是诱发该病的主要条件，病菌生长发育的适温为29～32℃，相对湿度为80%。

3. 防治方法

合理轮作倒茬，实行高畦高垄栽培；采用地膜覆盖，膜下浇水，防止大水漫灌；加强田间管理，增施腐熟的优质农家肥，特别应注意增施磷、钾肥；发现病株及时拔掉。同时还要进行药剂防治，发病初期，可用低聚糖素或高锰酸钾进行防控。

（三）菜豆苗期猝倒病

菜豆苗期猝倒病发生在地面的称为“小脚瘟”，不能直立而倒伏，有时发病部位在菜豆子叶以下，称为“卡脖子”病，是反季节有机菜豆育苗期间发生较多的病害之一。

1. 症状

在幼苗基部或子叶下的茎上，初期产生水渍状病斑，接着病部变成褐色，萎缩成线状开始倒伏。发生在子叶下时，很快歪脖。有时子叶刚刚出土，胚茎已经腐烂染病。苗床初发病时，只见几株幼苗发病，几天后即以此为中心向四周扩展蔓延，最后引起幼苗猝倒

（图 2-5-4）。

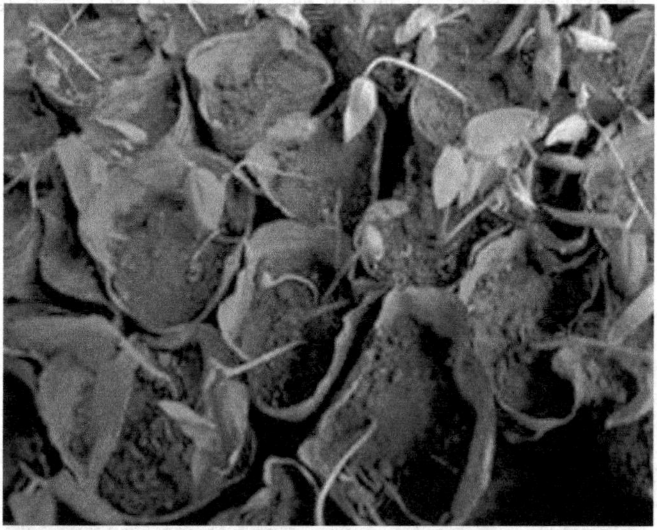

图 2-5-4　菜豆苗期猝倒病（见彩图）

2. 发病条件

病原菌是绵腐菌。在高温、高湿的土壤表面，寄主残体和附近床面上长出白色棉絮状菌丝。春季阳畦和育苗密度过大、通风不良时发病严重。

3. 防治方法

播种前进行床土消毒。播种前 12～14 天，将床土进行高温消毒或高温闷棚处理，晴日高温闭棚 5～7 天，使棚内温度达到 60～70℃达到表层土灭菌效果；施加木霉素、淡紫拟青霉等高活性菌株，通过微生物间的竞争优势产生抑制病原菌生长的物质，创造不利于病害生长条件，抑制土传病害的发生。

（四）菜豆锈病

菜豆锈病是反季节有机菜豆的主要病害之一，主要危害叶片，也能危害茎和豆荚。

1. 症状

发病初期，在叶片上产生苍白色凸起的小斑点，后变成黄褐色，隆起成小疱，扩大到2毫米左右，最后病斑表皮破裂形成夏孢子堆，散出红褐色粉末。后期在叶柄、叶、茎及豆荚上长出黑褐色锈状条斑，表皮破裂后，散出黑褐色冬孢子。严重时，茎、叶提早枯死（图2-5-5）。

图2-5-5　菜豆锈病（见彩图）

2. 发病

病原菌借气流传播。气温较高（20℃左右）和95%以上相对湿度是诱发此病的主要原因。植株上的水滴是病菌萌发、侵入的条件。因此种植过密、土壤过分潮湿时发病较重。

3. 防治方法

选用抗病品种，合理轮作倒茬；加强环境调控，如适时通风，采用膜下灌溉等，以降低空气湿度。

七、采收

蔓生型菜豆是连续开花连续结荚的蔬菜作物，因此采收期的掌握非常重要。采收过早，不但品质达不到最佳商品水平，影响产量，还容易萎蔫；采收过晚，种子发育过程中养分消耗较多，影响上部豆荚发育，植株还容易早衰，品质也随着下降。

（一）采收标准

豆荚长度和粗细达到最大限度，荚内的种子尚未发育，菜豆豆荚刚显示出种子发育痕迹，豇豆豆荚尚未看到种子发育痕迹。此时豆荚充实，质量好，鲜重大。

（二）采收方法

采收豆荚必须注意防止扯断茎蔓，往往因扯下豆荚而将刚开的花和嫩荚震落，应按住豆荚基部轻轻左右扭动后摘下。采收时一定要细致，防止遗漏，以免降低商品质量，影响幼荚生长。菜豆采收后装筐出售。

第二节 豇 豆

豇豆（*Vigna sinensis*）又名带豆、角豆、姜豆、挂豆角（图2-5-6）。豇豆分为长豇豆和饭豇豆两种，属豆科豇豆属一年生植物，在中国栽培历史悠久。豇豆营养价值高，豇豆的鲜豆荚含有丰富的胡萝卜素，在干物质中蛋白质含量约为2.7%，糖类为4.2%，此外，也含有少量B族维生素及维生素C，豇豆可炒食、凉拌或腌泡，老熟豆粒可作粮用，是夏、秋主要蔬菜之一。北方豇豆多于夏、秋季节上市，是调节8～9月淡季的重要蔬菜。

一、对环境条件要求

反季节有机豇豆种植环境，大气应符合环境空气质量GB 3095二级标准规定要求，水质符合农田灌溉水质标准GB 5084—2005规定，土壤符合土壤环境质量GB 15618—1995二级标准要求。

（一）温度

豇豆喜温耐热，不耐霜冻。种子发芽的最低温度10～12℃，适温25～30℃。植株生长适温20～25℃，15℃以下生长缓慢，10℃以下生长停止，5℃以下受寒害，0℃时茎叶受冻枯死。开花结荚适温25～30℃，35℃以上的高温下仍能正常结荚。温室、大棚内通过调节，能够满足豇豆整个生育期对温度的要求。

图 2-5-6　豇豆

(二) 光照

豇豆多数品种属中日性，对日照长短要求不严格。但短日照下能降低第一花序节位，开花结荚增多。少数品种，如江苏的毛芋豇，为短日照型。豇豆喜光，开花结荚期间要求日照充足，光线不足，落花落荚严重。因此，在开花结荚期设施内必须保证良好的透光性。

（三）水分

豇豆根系较深，吸水力强，叶面蒸腾量小，因而比较耐旱。发芽期和幼苗期不宜过湿，以免降低发芽率、徒长或烂根死苗。为确保苗齐、苗壮，设施内播种后至结荚期土壤不宜过湿，需少灌水。结荚期要求适当的土壤湿度和空气湿度。水分过多或干旱缺水常引起落花落荚。

（四）土壤营养

豇豆对土壤适应性广，以中性偏酸（pH 值 6.2～7.0）土壤最好。过于黏重土壤或低洼地，不利于植株生长发育。豇豆植株生长旺盛，生育期长，需肥量较多，但不耐肥。在施足基肥的基础上，还应少量多次追肥，防止脱肥呈“早衰”或“伏歇”现象。幼苗期必须配合施用磷、钾肥及一定数量的氮肥。防止偏施氮肥造成茎叶徒长。伸蔓期和初花期一般不施氮肥。开花结荚后，需肥量大，植株吸收氮、磷、钾元素迅速增加，仍应适量施入氮肥。增施磷肥，可以促进植株生长和根瘤活动，豆荚充实，产量增加。增施钾肥，可提高豆荚产量和品质。

二、品种选择

适合反季节有机栽培的豇豆品种有上海 33-47、之豇 28-2、十八粒、湘豇一号、龙豇 23 号、特长豆角、“901”豇豆、美国无支架矮生豇豆、方选矮豇豆、白籽无架豇豆等。以下将简单介绍上海 33-47、之豇 28-2、湘豇一号、龙豇 23 号。

（一）上海 33-47

由上海市农科院园艺所品资组近年来选育的新品种。具有早熟、耐热、抗病及丰产等优点，出苗快，出苗齐，生长势旺盛。始花期在 7 月 24 日，第一花序着生节位在第五节，始收期为 8 月 7 日。平均荚长为 67.99 厘米。

（二）之豇 28-2

浙江省农业科学院园艺研究所用“红嘴燕”和“杭州青皮”作亲本杂交，于 1980 年育成的。早熟，植株蔓生，蔓长 250～300 厘米，生长势较强。分枝性弱。生育期70～100天。嫩荚淡绿色，荚长50～60厘米，每荚有种子18～22粒，种子肾形，红褐色。荚质嫩，肉厚，纤维少，不易老。每公顷产干籽粒1200～1500千克。春播每公顷产嫩荚37500千克，耐高温、耐干旱，丰产性和适应性强。适宜4月中旬至7月中旬播种，多在田园条件下整畦种植。播种后1个月左右搭架，可引蔓上架。花荚期注意及时追肥、浇水及雨季排水防涝。全国各地春夏秋季均可栽培。

(三) 湘豇一号

湖南省长沙市蔬菜研究所选育。早熟，播种至始收嫩荚春季60～70天，夏秋55～60天；生育期春播95～115天，夏秋播85～110天。植株蔓生，分枝2～4个。始花节位在第二节至第四节，每个花序结荚2～4个。嫩荚浅绿色，长57.5厘米，豆荚外观整齐，肉质肥嫩，商品性好。种子红褐色，单荚粒数19粒，较抗煤霉病和根腐病。肉质肥嫩，品质佳。每公顷产嫩荚30000～45000千克。全国各地均可栽培。

(四) 龙豇23号

河南省淮滨县蔬菜研究所从当地豆角一份突变材料中系统选育而成，该品种早熟、抗病、高产，春夏秋季均可栽培。株高280～310厘米，叶色深绿，以主蔓结荚为主，4～5节以上节位均着生花序，每序结荚2～4条，粗细匀称，肉质嫩，纤维少。

三、茬口安排

豇豆茬口安排与菜豆茬口安排相同，详见第一节相关内容。

四、定植

(一) 整地施基肥

及时清理前茬作物的残株，每667平方米撒施充分腐熟的有机肥5000千克，过磷酸钙10～20千克，草木灰50千克，深翻25～30厘米，使土肥充分混匀，耙细整平，做垄或做畦。垄作，行距50～60厘米，也可大小行定植，大行60～70厘米，小行50厘米。

畦作，宽1～1.2米，每畦栽植两行。

(二) 定植方法与密度

在畦面或垄台上开10～15厘米深的沟，脱下营养钵，按30～40厘米株距将苗坨摆入沟内，培土后顺沟浇定植水。不论畦作还是垄作，可以先铺膜后打孔栽植，也可边栽苗边铺膜，挖孔引苗。利用小拱棚栽培豇豆，一般1米宽的畦栽两行，墩距20～30厘米；垄作栽植的墩距同于畦作。栽完苗浇足定植水，插好拱架覆盖薄膜，四周封严。日光温室每667平方米栽3000～3200穴，计6000～6400株；塑料大棚每667平方米栽3700穴，计7400株；小拱棚栽4500～5000穴，计9000～10000株。

(三) 定植时期

塑料棚及日光温室定植豇豆的温度下限是地温稳定通过15℃以上，气温稳定在12℃以上，夜间气温高于5℃以上。

五、田间管理

(一) 冬春茬及春提早豇豆定植后的管理

定植后3～5天内，密闭保温，以利缓苗，缓苗后适当降低温度，白天保持20～25℃，夜间15℃以上。开花结荚期温度保持25～30℃，35℃时开始通风，29℃时闭棚。对于春提早栽培的豇豆，到了开花结荚期，外界气温逐渐升高，当气温稳定通过20℃时，要逐渐加大通风量，并延长通风时间，直到将薄膜全部撤除。在水肥管理上，除了浇足定植水外，开花前一般不浇水，但要及时中耕松土，促进根系生长。当第一花序坐住了荚果，以后又相继出现几节花序时，开始浇水、追肥，促使豇豆多开花、多结荚。可考虑采用水肥植保一体化系统技术。利用生物有机肥料，采用湿法厌氧发酵制作液态有机肥或将高活性菌株通过人工浇灌随水施入土壤，促进植株健壮和提高开花结荚能力的同时，有效防控土传病害。植株长到30～50厘米时，要及时插架或吊蔓。一般是在垄的上方沿拱架固定一根铁丝，根部插上短竹竿，把塑料绳绑在竹竿与铁丝上，伸蔓后，将蔓盘绕在塑料绳上，每5～7天盘绕1次。吊蔓宜在晴天的中午或下午进行。为促进早熟，主蔓第一花序以下萌生的侧蔓一律打掉，第一花序以上的叶芽及早摘除，以促进花芽生长。如果是主侧蔓同时结荚，第一花序以上的侧枝留 1～2 片叶摘心，促发侧枝上花序的形成。在主蔓长到快接近棚面时摘心，同时对中上部萌生的侧枝也要摘心，以促进主、侧蔓上的花芽发育、开花、结荚。

(二) 秋冬茬及秋延晚豇豆定植后的管理

秋冬茬及秋延晚豇豆定植后的管理与春茬豇豆基本相同，所不同的是在温度管理上，定植初期要加强通风降温，使温度维持在适宜豇豆生长发育的范围内。生育后期，外界气温降低时，要加强保温，尽量使白天温度保持在 30℃，夜间不低于 15℃，同时只要土壤干湿适宜，应尽量减少浇水次数，防止温度下降过多，影响开花结荚。

六、采收

豇豆一般开花后 10～13 天就可采收嫩荚食用。采收标准是当嫩荚已饱满，而种子痕迹尚未显露时，为采收适期。初产期隔 4～5 天采收一次，盛产期隔 1～2 天采收一次。如不及时采收，不但豆荚容易老化，降低品质，而且影响以后的继续开花结荚。采收时不要伤及花序上的其他花蕾。

早熟品种一般在播种后 40～50 天，中晚熟品种在播种后 60～80 天开始采收。每 667 平方米（1 亩）的产量，蔓生种一般为 1500～2000 千克，半蔓生或矮生品种为 800～1250 千克。

七、栽培中易出现的问题

豇豆开花结荚期常出现产量峰谷现象，在第一次产量高峰后，植株早衰，长势减弱，开花结荚很少。因这种现象常出现在伏天，故常称为“伏歇”现象。出现“伏歇”后应加强肥水管理，促发新根和发秧，直至再进入结荚高峰。

（一）“伏歇”产生的原因

在第一个结荚高峰消耗大量营养后，肥水供应不及时，造成脱肥早衰；夏季雨涝严重，根系生理机能下降，甚至沤根，造成严重落叶；整枝摘心不及时，群体郁闭，通风透光不良；病虫危害猖獗，功能叶严重受损，光合产物亏缺。

（二）对策

要施足底肥，防止炎夏多雨季节施肥跟不上造成脱肥，也可防止偏施氮肥造成疯秧；要在结荚盛期多次追肥，一旦发现“早衰”或“伏歇”，应及时加强肥水供应，夏季注意排水防涝；要及时整枝摘心；要加强病虫害的防治工作。

八、常见病虫害

以下将详细介绍三种反季节有机豇豆栽培中常见的病虫害。

（一）豇豆煤霉病

煤霉病又称叶斑病，是棚室豇豆栽培发生严重的一种病害，主要危害叶片，严重时危害蔓、荚。

1. 症状

发病初期，叶片正反两面产生红色或紫褐色小斑点，扩大后呈近圆形病斑，边缘不明显，直径1～2厘米。潮湿条件下，叶背面病斑出现黑色霉层，叶正面病斑有时也有霉层，造成植株早衰，严重时蔓、荚均可发病。

2. 发病条件

病菌以菌丝块附着于病残体上越冬，条件适宜时，菌丝块上产生分生孢子，借气流传播进行侵染。此菌发育适温为7～35℃，以30℃为佳，因此高温、高湿时发病严重。

3. 防治方法

合理密植，增施优质农家肥；及时摘除病叶，减轻病害蔓延；加强环境调控，保持适宜的温度、湿度；施用微生物有机肥防控土传病害；及早喷药，压住病势，每隔5～7天喷1次，连续喷洒2～3次。常用的药剂有1∶1∶200倍波尔多液。

(二) 豇豆花叶病

1. 症状

苗期感病后，幼嫩叶呈花叶和畸形，植株萎缩，甚至死亡。成株发病时，上部嫩叶褪绿成黄绿相间的花叶，其上散生或沿叶脉生有浓绿色斑，叶片扭曲，叶缘下卷，叶形缩小，生长受抑制。

2. 发病条件

豇豆花叶病由花叶病毒侵染所致。毒源主要来源于寄主植物和种子带毒。在生长期主要由蚜虫传播，高温干旱、蚜虫多时发病严重，肥水管理不当、植株长势弱也易诱发此病。蔓生种较矮生种发病重。

3. 防治方法

选用抗病品种，如之豇 28-2；建立无病毒留种田；加强肥水管理，防止植株老化；在发病期喷洒豆浆（0～5 千克黄豆打浆，兑水 50 升），也有一定的防治效果；遇到严重病株、病叶要及时清除干净，防止病害扩散。

(三) 蚜虫

蚜虫俗称腻虫，主要以成蚜和若蚜集中在嫩叶背面、嫩茎、嫩荚、花及豆荚上吸食汁液。叶片受害后形成斑点，造成叶片卷缩。严重时植株死亡或不结荚。高温干旱条件下利于蚜虫发生。温度为22～26℃，空气相对湿度低于75%极易发生。

防治方法是，及时清除杂草，收获后深翻土壤。可采用防虫网或银灰反光膜进行防虫、驱虫，发现蚜虫后可采用带有黏性的特制黄板诱杀，许多害虫特别是蚜虫对黄色敏感且具有强烈趋向特性。保护和利用好瓢虫、蜘蛛、捕食螨等天敌进行蚜虫防控。发现蚜虫时及时喷施微生物农药玫烟色拟青霉、植物农药印楝素、藜芦碱等进行杀灭。

第三节 豌 豆

豌豆（*Pisum sativum* L.）是豆科豌豆属一年生或二年生攀缘

性草本植物，别名荷兰豆、回回豆、青斑豆、麻豆、金豆等（图2-5-7）。全国各地都有栽培。

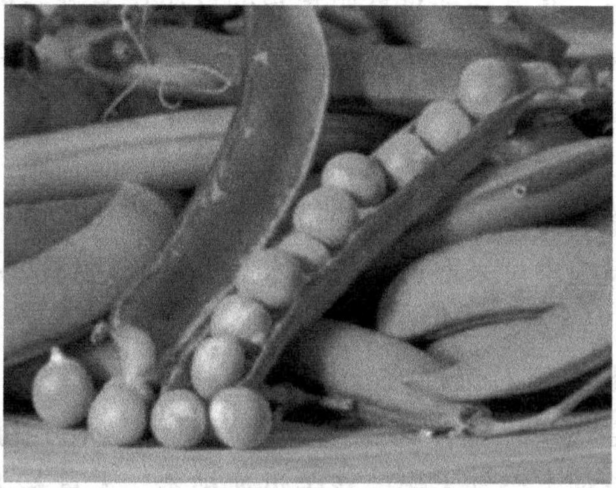

图 2-5-7 豌豆

豌豆每 100 克嫩荚含水 70.1～78.3 克、碳水化合物 14.1～29.8 克、蛋白质 4.4～10.3 克、脂肪 0.1～0.6 克、胡萝卜素 0.15～0.33 毫克，还含有人体必需的氨基酸。豌豆的嫩荚、嫩豆可炒食，嫩豆又是制罐头和速冻蔬菜的主要原料。

一、对环境条件要求

反季节有机豌豆种植环境，大气应符合环境空气质量 GB 3095 二级标准规定要求，水质符合农田灌溉水质标准 GB 5084—2005 规定，土壤符合土壤环境质量 GB 15618—1995 二级标准要求。

（一）温度

豌豆为半耐寒性蔬菜，喜凉爽湿润气候，不耐炎热干燥，耐寒能力较强，种子发芽适温为 18～20℃，幼苗能忍耐零下 4～5℃的低温。苗期温度稍低，可提早花芽分化；温度高，特别是夜温高，花芽分化节位升高。开花期如遇短时间 0℃低温，开花数减少，但已开放的花基本上能结荚。0℃以下的低温时，花和嫩荚易受冻害。25℃高温时，生长不良，结荚少，夜高温影响尤甚。采收期间温度高，成熟快，但产量降低。设施内能满足其温度条件。

(二) 光照

多数品种为长日照植物，但不同品种对日照长短的敏感程度不同。研究表明，北方品种对日照长短的反应比南方品种敏感；红花品种比白花品种敏感；晚熟品种比早中熟品种敏感。南方品种北移多提早开花结实。

豌豆在开花结荚期要求较强的光照和较长的日照，但不需较高的温度，栽培上通过采取合适的措施，以调节长日照与较低温度之间的矛盾。设施中可采取通风、喷水等办法来达到这一要求。

(三) 水分

适宜的土壤相对湿度在70%左右，适宜的空气相对湿度在60%左右。空气干燥，开花就减少。高温干旱最不利于花朵的发育。土壤干旱加上空气干燥，花朵迅速枯萎，大量落花落荚。结荚期如遇高温干旱会导致荚果纤维提早硬化，而使过早成熟，降低品质和产量。豌豆不耐湿。播种后水多，容易烂种；生长期内排水不良，容易烂根，且易发生白粉病。豌豆各生育阶段对水分要求不一。幼苗期控水蹲苗有利于发根壮苗。开花结荚期需水量较多，应保证充足的水分供应，以达高产、优质的栽培目的。设施内可以通过采取一些措施满足豌豆整个生育期对水分的要求。

(四) 土壤

对土壤要求不严，但以保水力强、排水容易、富含有机质的疏松中性土壤为宜。根系和根瘤菌生长的适宜pH值为6.7～7.3。设施内可通过测定来调节土壤酸碱度，使其满足豌豆生长发育的要求。

(五) 矿质营养

豌豆吸收氮素最多，钾次之，磷最少。幼苗期应追施一定量的氮肥，以促使幼苗健壮生长和根瘤形成。磷肥能促进根瘤生长、分枝和籽粒发育。缺磷，植物叶片呈浅蓝绿色，无光泽，植株矮小，主茎下部分枝极少，花少，果荚成熟推迟。豌豆进入开花期对磷素的吸收迅速增加，花后15～16天达到高峰。植株对钾的需求量在开花后迅速增加至花后31～32天达到高峰，后期需钾量下降也比磷慢。钾有壮秆、抗倒伏的作用，还能促进光合产物的运输。缺钾时，植株矮小，节间短，叶缘褪绿，叶卷曲，老叶变褐枯死。设施内土壤应施足基肥，苗期施氮肥，开花结荚期补施磷、钾肥。

二、品种选择

根据市场消费者需求、耐热、抗病等要求，适合反季节栽培的豇豆品种有台湾11号、莲阳双花、浇平大花、松岛三十日、夏滨豌豆等。以下简单介绍台湾11号、莲阳双花、浇平大花三种豌豆品种。

(一) 台湾11号

台湾11号为我国台湾省育成的豌豆新品种。蔓生型，蔓长150厘米以上。分枝性强。花的旗瓣白色，翼瓣粉红色。豆荚扇形稍弯，长6～7厘米，宽约1.5厘米，荚厚0.3～0.6厘米，单荚重1.55克，青绿色。品质脆嫩，纤维少，有甜味，耐储运，鲜销与加工两用。做速冻或加工罐头后，荚形不变，色泽鲜绿。种子粒型较小，黄褐色，略带浅红色，较光滑。北方冬季可用保护地栽培，生长适温为10～20℃。从播种至初收需70～80天，温度低时生长时间延长。

(二) 莲阳双花

植株生长势强，蔓生，蔓长2米以上，分枝多。叶深绿色，15～18节开始抽出花序，单花或双花，白色。荚深绿色，种子圆形，黄白色，嫩荚供食，品质好。抗白粉病能力强，耐储藏。

(三) 浇平大花

从广东引进的品种。植株蔓生，株高2～2.5米，节间10厘米，从10～12节开花结荚，花紫红色。荚长10～12厘米，宽2.5厘米。每株结荚20个左右。嫩荚品质好，稍有弯曲。从播种至始收嫩荚75天，抗白粉病能力强。

三、茬口安排

(一) 日光温室茬口安排

1. 冬春茬

一般在10月末至11月初播种育苗，11月末至12月初定植，翌年1月中下旬开始采收。

2. 秋冬茬

8月下旬至9月上中旬播种，9月中下旬至10月上中旬定植，11月上旬至12月中旬开始收获。

3. 早春茬

一般在12月中下旬浸种催芽、播种育苗，春节前后定植，4月开始收获。

(二) 塑料大棚茬口安排

1. 春提早栽培

大、中棚内的地温稳定在8℃以上。短期内最低气温不低于0℃时定植，一般在3月中下旬，1.5个月可开始采收。

2. 秋延后栽培

7月中下旬播种育苗，20～25天后定植或直接播种，9月中下旬采收，直到霜冻前结束。

(三) 小拱棚短期覆盖栽培

温室育苗，小拱棚内不出现0℃以下的低温时定植，经过通风锻炼后撤棚，较露地栽培采收可提前半个月左右。

四、育苗

(一) 播种前的准备

豌豆的播种前准备工作大体与菜豆、豇豆相同，所不同的是豌豆的种子在播前要进行低温处理，以促进花芽分化，降低花芽节位，提早开花、提早采收，增加产量。其处理方法是，先用15℃温水浸种2小时，浸种期间翻动种子，使种子充分吸水，种子发胀后捞出，放在容器内催芽，温度保持25～28℃，中间每2小时投洗1次，直至露出胚芽，然后在0～2℃低温条件下处理10天以上即可取出播种。一般在20天范围内，处理时间越长，降低花序着生节位，促进早开花的效果越明显。

(二) 播种

基本同于菜豆、豇豆。

(三) 苗期管理

播种后温度管理范围以10～18℃为宜，此时出苗快、出苗齐，而且苗壮。如果温度低，应加强保温；温度过高，白天达到30℃左右时，虽然出苗快，但难保全苗，所以应适当遮阴降温。子叶期温度宜低，以8～10℃为宜，从幼苗期至定植前，温度以10～15℃为宜。定植前5～10天要降低温度炼苗，以利于豌豆完成春化过程，保持2℃左右的低温。豌豆育苗期间一般不间苗，塑料钵育苗应注意及时浇水，防止过于干旱，要干湿适度。

(四) 壮苗标准

豌豆棚室栽培的适龄壮苗要达到4～6片叶，茎粗，节间短，无倒伏现象。

五、定植

(一) 整地施基肥

整地施基肥与菜豆、豇豆相同。

(二) 定植方法

一般设施内土温稳定在8℃以上，短期内最低气温不低于0℃时定植豌豆最佳。在已做好的畦内，按照行距开12～15厘米深的沟，按照划定的株距顺水栽苗，水渗后覆土。1米宽的畦单行密植时，穴距为15～18厘米，每667平方米栽3000～3600穴，如隔畦与耐寒叶菜类间作时，穴距为21～24厘米，每667平方米栽2500～3000穴。

六、田间管理

(一) 冬春茬及早春茬定植后的管理

1. 水肥管理

定植时浇足定植水后，一直到现花蕾前，一般不浇水施肥，以中耕松土为主，促进根系生长，控制地上部生长。现蕾后开始追施肥料，每667平方米追施复合肥15～20千克，表土见干时中耕保墒，具有控秧促蕾作用，以利于多开花。第一花结成小荚，第二花刚凋谢，是豌豆进入盛荚期的标志，此时肥水齐攻，一般每隔10～15 天结合浇水追 1 次肥，每 667 平方米追施三元复合肥 15～20 千克。

2. 温度管理

从定植至现蕾开花前，白天以 25～28℃为宜，温度高时，及时通风调整，夜间不低于 10℃。进入结荚期后，白天以 15～18℃、夜间以 12～14℃为宜，最低不低于 5℃，否则会引起落花落荚。

(二) 立支架或植株调整

当豌豆植株出现卷须时，就要立支架。一般用竹竿插成单排支架，每米立 1 根竹竿，因豌豆蔓多又不能自行缠绕，可在竹竿上每 0.5 米距离拉一道绳子或细铁丝，使植株互相攀缘，再及时用细绳束腰固定。当植株超过 15～16 节时，可在晴天摘心，促进侧枝的发生。为了防止落花，在花期用 30 毫克/升防落素，进行叶面喷肥，以提高开花结荚率。

(三) 秋冬茬豌豆定植或直播后的管理

秋冬茬豌豆种植方法有两种，一种是育苗移植，另一种是直播。秋冬茬苗期正处于高温多雨季节，多数地区秋季幼苗有一段时间露地生长，针对以上特点，在管理上应注意以下几点。

1. 适宜深播

为防止干旱或雨拍，穴播后宜封堆覆盖，使种子上面覆土厚度达 8～9 厘米，待将出苗时或大雨拍后，刮去堆上 3～4 厘米厚的土，以利于出苗。其株、行距参照冬春茬。

2. 注意扣棚膜时间

为使秋冬茬豌豆顺利完成春化阶段，幼苗必须经受低温过程，在 2～5℃条件下处理 5～10 天，扣膜宜在幼苗经过低温后进行。但不宜扣得过晚，以防遇到大寒流冻坏幼苗。扣棚后注意大通风，防止出现 25℃以上的高温，使豌豆幼苗慢慢适应设施内的环境条件。

3. 水肥管理要及时

秋季高温要防止干旱，应及时浇小水，开花前不进行追肥，扣膜开花后，可参照冬春茬、早春茬的管理技术，并灵活进行。

七、采收

一般开花后8～10天，豆荚停止伸长、种子开始发育时是采收适期。采收早了，虽品质鲜嫩，但产量较低；采收晚了，种子发育，不但品质下降，还会使植株早衰。

八、病虫害防治

以下将详细介绍几种反季节有机豌豆栽种中常见的病虫害以及防治方法。

（一）豌豆褐斑病

1. 症状

豌豆褐斑病为真菌性病害，主要危害叶片、叶柄和茎蔓。叶片上初染病时，呈水渍状圆形斑，逐渐变成淡褐色、深褐色轮纹斑，边缘明显。叶柄和茎上，病斑稍隆起，深褐色至黑褐色。各部位病变的病斑均产生黑色小粒点，即分生孢子器（图2-5-8）。

图2-5-8 豌豆褐斑病（见彩图）

2. 发病条件

病原菌主要以菌丝体和分生孢子在种子、病株体上越冬，借气流传播。高温、高湿条件下有利于病害的发生和流行。

3. 防治方法

选择抗病品种，选留无病植株留种；播前种子消毒，防止种子带菌；合理轮作，防止病原菌的再侵染；针对真菌性病害利用微生物高活性菌株进行防控；一般可喷洒印楝油、低聚糖素等天然植物源农药。

(二) 豌豆白粉病

1. 症状

豌豆白粉病是真菌性病害，主要危害叶片，其次是茎蔓，果荚次之。发病初期，在叶的正、反面，幼茎上产生白色近圆形小粉斑，叶正面居多。其后向四周扩展成边缘不明显的连片白粉斑，严重时整个叶片布满白粉，整株枯死（图 2-5-9）。

图 2-5-9　豌豆白粉病（见彩图）

2. 发病条件

白粉病在 10～25℃条件下均可发病，但能否流行主要取决于空气相对湿度和植株的长势。一般湿度大、植株生长势弱时利于白粉病的流行。

3. 防治方法

加强棚室环境调控，加强通风排湿，切忌大水漫灌，特别是结荚期，防止空气湿度过高。

(三) 豌豆潜叶蝇

1. 症状

豌豆潜叶蝇又称叶蛆，以幼虫潜叶为害，在叶内蛀道穿行，潜食叶肉。在叶面上可以看到曲折的蛇形隧道。叶肉被食，使表皮变成灰白色，可使整株叶片枯萎，大规模发生时，严重影响产量和品质。潜叶蝇的为害全国各地都有发生，发生代数由北向南递增。在内蒙古、辽宁和华北地区，1 年发生 4～5 代，长江流域 1 年发生 6～7 代。由于棚室环境受到外界影响较小，可连续多代繁殖，发生较为严重。特别是秋豌豆幼苗，是潜叶蝇发生最多的，应彻底防治，以防在温室内越冬为害（图 2-5-10）。

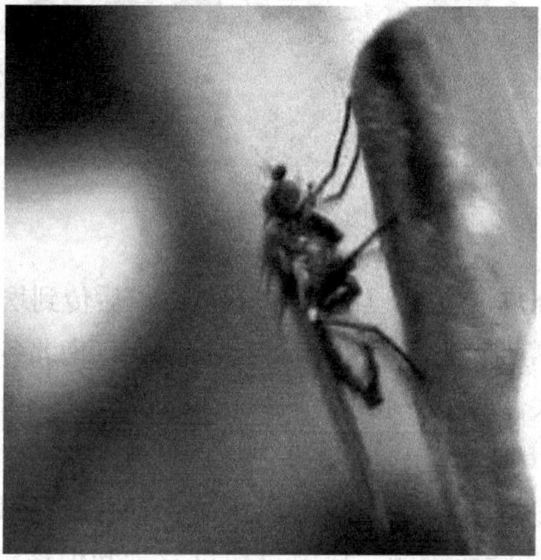

图 2-5-10　豌豆潜叶蝇（见彩图）

2. 防治方法

施用充分腐熟的农家肥料；清除残株落叶，并全面消毒，防止前茬残留虫卵和线虫；抓准时机，在成虫产卵期和幼虫孵化期进行防治，效果明显。

出现潜叶蝇危害时，可用有一定渗透作用的生物杀虫农药进行防治。

第四节　扁　　豆

扁豆（*Dolichos lablab* L.）别名眉豆、沿窝豆、鹊豆（图 2-5-11）。

图 2-5-11　扁豆

原产亚洲和非洲热带地区，印度自古栽培，以后传到埃及和苏丹等地，19 世纪初传入美洲。中国于汉晋时引入扁豆。现南北各地多零星种植，商品生产量不大。西北和东北高寒地区，虽能开花，但结荚少，种子不易成熟。

扁豆以嫩荚为主要食用器官，产品在夏秋蔬菜淡季时收获。嫩荚还可腌制、酱渍或干制。成熟豆粒可煮食和做馅等。扁豆因含有凝集素和溶血素，烹调时间宜长些，使之熟透，以分解其有毒成分。

一、对环境条件的要求

（一）温度

喜温怕寒，遇霜冻即死亡。生长适温 20～30℃，开花结荚最适温度 25～28℃，可耐 35℃高温。在 35～40℃高温下，花粉发芽力下降，容易引起落花落荚。种子发芽适温 22～23℃。昼夜温差大有利于荚果生长。

（二）光照

扁豆比较耐阴，属于短日照作物。短日照有利于花芽形成。所以，在南方春季播种，夏季即可收获。但在北方春播时，一般需延迟到“白露”以后才能始收。有些品种对光周期不敏感，故我国南北各地均能种植。

（三）水分

对水分要求不严格，成株抗旱力极强。

（四）土壤

根系发达，对土壤适应性广，而以排水良好、肥沃的沙质壤土最好。pH 值的适应范围为 5.0～7.5。

反季节有机扁豆种植环境，大气应符合环境空气质量 GB 3095 二级标准规定要求，水质符合农田灌溉水质标准 GB 5084—2005 规定，土壤符合土壤环境质量 GB 15618—1995 二级标准要求。

二、品种选择

适合反季节有机栽种的扁豆品种有以下几种。

（一）寿光猪耳朵扁豆

该品种商品嫩荚长 10～15 厘米，宽 3～4 厘米，每荚含种子 4～5 粒，嫩绿质脆，高产优质。

（二）白花扁豆

该品种茎、叶柄绿色，花白色，荚绿白色，种子褐色或黑色，以嫩荚或种子供食用。常种植的品种如“簇荚白花扁豆”，荚长5～8 厘米，宽 1～1.5 厘米，每荚含种子 3～5 粒。该品种适应性广，结荚性强，产量较高，但嫩荚品质一般。

（三）紫边扁豆

晚熟品种，从播种到嫩荚采收需 80 余天，作日光温室栽培用种，优点是适应性强、抗病、产量高。豆荚菱形，浅绿带紫色，边紫红色。荚长 12 厘米，宽 3.6 厘米，厚 0.4 厘米，平均单荚重 10.2 克，嫩荚纤维少，品质上乘。

三、茬口安排

（一）秋冬茬

8 月上旬直播，10 月下旬至翌年 3 月采收。

(二) 冬春茬

12月下旬至1月上旬播种（育苗），1月下旬至2月上旬定植，3月下旬至4月上旬始收，管理得当，可采至10月。

(三) 越冬茬

9月下旬至10月上旬直播，12月下旬始收，7月拉秧。

(四) 露地栽培

4月下旬至5月上旬直播，7～10月采收。

四、育苗、定植

(一) 整地施肥

一般667平方米施优质农家肥3～5立方米，饼肥100千克，氮磷钾复合肥50～100千克。施肥时，先将2/3的农家肥铺施地面，深翻两遍后搂平。做畦时，将剩余1/3农家肥、饼肥及复合肥沟施，按65厘米等行距起垄栽培，或大小行（75厘米、55厘米）栽培。

(二) 播种及苗期管理

选整齐、饱满的种子，667平方米用种量2.2～2.0千克，放入25～30℃温水中浸泡2小时，沥水后将种子放在20～25℃环境下催芽，经过1～2天，当有1/4的种子胚根露出发芽孔时即可播种（高温季节不需催芽）。

采用直径为10厘米的营养钵，装好营养土，播种时先浇水造足底墒，每钵2～3粒种子，覆土2～3厘米。

播后温度白天保持25～30℃，夜间20℃左右，以促进幼苗出土。幼苗出土后，要降低温度，防止徒长，白天保持22～25℃，夜间14～16℃。定植前7天左右开始通风炼苗。秋冬茬及越冬茬扁豆因播期早，温度高，可不育苗而直播。

(三) 定植

一般在垄上按35～40厘米穴距挖穴，浇水，放苗坨（播种），每个苗坨留2株苗，水渗下后覆土盖地膜。或者定植前先覆盖地膜，按株距打穴后，浇水，放苗，覆土。每667平方米定植2600～

2800穴。

五、田间管理

（一）温度管理

定植后3～5天不通风，闷棚升温，促进缓苗，若温度过高导致幼苗萎蔫，可短时间回苫遮阴降温。缓苗后，气温保持20～30℃。

冬春茬栽培时，春季当外界温度稳定在20℃时，撤除棚膜转入露地生产。

秋冬茬生产进入冬季后，要加强保温，尽量延长采收期。

（二）水分管理

秋冬茬缓苗期连浇2次水；冬春茬和越冬茬分穴浇1～2次水直播出苗期控水。缓苗后浇缓苗水，之后控水蹲苗，若土壤干旱可在现蕾时浇一小水，初花期不浇水，待第一花序坐住荚，浇促荚水，并顺水冲施复合肥50千克/667平方米。茎、叶、荚快速生长期，浇水原则是浇荚不浇花，见干见湿。约每隔10天浇1次水。

（三）追肥

苗期追施一次发酵好的饼肥和磷肥，667平方米用豆饼50千克，磷酸二铵30千克。开花结荚后要保证水肥供应，首先追施50千克腐熟豆饼，以后每隔30天左右顺水冲施一次肥料，每667平方米每次用复合肥15千克，以争取更多的产量。

（四）植株调整

株高（蔓长）35厘米时吊蔓，主蔓生长到架顶后落蔓或摘心，之后侧蔓可反复摘心，促使不断地发生花序，增加产量，必要时及时疏间过密的枝蔓，以保证株间的通透性。

六、病虫害防治

以下将详细介绍几种反季节有机扁豆栽培中常见的病虫害和

防治。

(一) 扁豆灰霉病

1. 症状

灰霉病病苗色浅，叶片、叶柄发病呈灰白色，水渍状，组织软化至腐烂，高湿时表面生有灰霉。幼茎多在叶柄基部初生不规则水浸斑，很快变软腐烂，缢缩或折倒，最后病苗腐烂枯萎病死（图 2-5-12）。

图 2-5-12　扁豆灰霉病（见彩图）

2. 防治方法

做好棚内温度、湿度的管理，注意通风降湿，控制病害流行；同时摘除病叶、病荚，带出棚室销毁；利用高活性菌株进行微生物防治，通过竞争优势抑制病原菌的生长传播；发病初期可用印楝油、低聚糖素或高品质竹醋和木醋液进行防治。

(二) 扁豆细菌性晕疫病

1. 症状

主要为害叶片。发病初期，上部叶片或新生叶上出现不规则水浸状斑，病斑周围有 0.5～10 厘米的晕圈（图 2-5-13）。

2. 发病条件

主要通过种子传播。有报道称，种子带菌率为 0.02%就可造成病害流行，病菌通过气孔或机械伤口侵入。冷凉、潮湿地区易

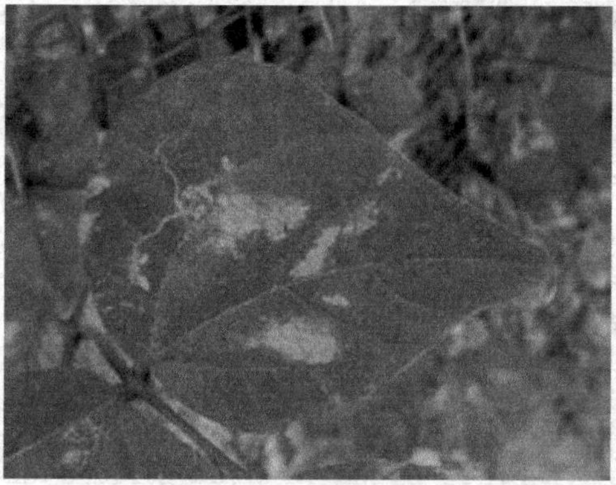

图 2-5-13　扁豆细菌性晕疫病（见彩图）

发病。

3. 防治方法

选择抗病品种，不同品种间具明显抗性差异；严格进行种子消毒，防止种子带菌；利用微生物菌剂可有效防治该病害；发病初期，喷洒低聚糖素、天然醋或波尔多液等可有效防治。

（三）扁豆锈病

1. 症状

主要侵染叶片。发病初期，叶背产生淡黄色的小斑点，后变为锈褐色，隆起，呈小脓包状病斑。发展后，扩大成红褐色夏孢子堆，表皮破裂散出红褐色粉末即夏孢子（图 2-5-14）。

2. 发病条件

夏孢子萌发产生芽管，从气孔侵入形成夏孢子堆，而后散出夏孢子进行再侵染。在地势低洼、排水不良、密度过大、氮肥过多等条件下发病重。

3. 防治方法

避免连作，合理密植，雨后排水，降低田间湿度。清洁田园，减少再侵染菌源及越冬菌量。及时摘除棚内中心病叶，防止病菌扩展蔓延。收获后及时清除病残株，集中棚外销毁或大田栽培就地

图 2-5-14　扁豆锈病（见彩图）

销毁。

七、采收

扁豆嫩荚的成熟标准不严格，适采期幅度较大，一般在谢花后13～17天，荚已充分长大，豆粒初现时方可采收。收获时勿伤花轴，1个月后可继续结荚。

第五节　刀　豆

刀豆（*Canavalia glabiata* DC.）是豆科刀豆属的栽培亚种，一年生缠绕性草本植物（图 2-5-15）。可分为蔓生刀豆和矮生刀豆。秋、冬季采收成熟荚果，晒干，剥取种子备用，或秋季采摘嫩荚果鲜用。刀豆的干燥成熟种子，别名刀豆子、大刀豆。化妆品采用其干燥的种子。刀豆性味甘、温，功效温中下气、益肾补元。治虚寒呃逆、呕吐、腹胀、肾虚腰痛、痰喘。

一、对环境条件的要求

喜温暖，不耐寒霜。对土壤要求不严，在土壤 pH 值 5.0～

图 2-5-15　刀豆

7.5 之间均能正常生长，但以排水良好而疏松的沙壤土栽培为好。

二、品种选择

刀豆品种有两种。一是蔓生刀豆。生长势强，蔓粗壮，长 2～4 米，生长期长，晚熟。成熟荚果长约 30 厘米，宽 4～5 厘米，每荚重约 150 克。种子大，千粒重约 1320 克。目前栽培的多为蔓生刀豆。二是矮生刀豆。茎直立，株高约 1 米。叶、荚果、种子均较小，成熟荚果长 10～20 厘米。熟性较早，但产量较低，较少栽培。

以下将简单介绍几种适合反季节有机栽培的高产刀豆品种。

（一）罗马冠军三号玉豆

该品种具有生长快、长势旺盛、分枝力强、耐老化、抗寒、抗锈病、翻花力强、早熟、高产、品质优良等优点。播种后 45 天开始采收，可持续采收60～70天。豆荚端直粗壮，稍扁圆，荚色浅绿色，盛收期豆长约27厘米，脆嫩，纤维少，味较甜，比一般品种增产40%，是东南亚及我国华南等地南菜北运最优秀的玉豆品种之一。

（二）港优抗病双青35号玉豆

该品种具有生长快、长势旺盛、分枝力强、抗寒、抗锈病、翻花力强、早熟、高产、品质优良等优点。播种后45天开始采收，可持续采收60～70天。荚色浅绿色，盛产期豆长20～27厘米，脆嫩，纤维少，味较甜，是东南亚及我国华南各省南菜北运最优秀的玉豆品种之一。

（三）罗马冠军二号玉豆

该品种具有生长快、长势旺盛、分枝力强、耐老化、抗寒、抗锈病、翻花力强、早熟、高产、品质优良等优点。播种后45天开始采收，可持续采收60～70天。豆荚端直粗壮，稍扁圆，荚色浅绿色，盛收期豆长约27厘米，脆嫩，纤维少，味较甜，比一般品种增产40%，是东南亚及我国华南各省南菜北运最优秀的玉豆品种之一。

（四）罗马38号玉豆王

该品种经多年提纯选育，具有生长快、长势旺盛、分枝力强、耐老化、抗寒、抗锈病、翻花力强、早熟、高产、品质优良等优点。播种后45～50天开始采收，可持续采收60～70天。豆荚端直粗壮，稍扁圆，荚色绿色，盛收期豆长约27厘米，脆嫩，纤维少，味较甜，比一般品种增产40%，是东南亚及我国华南各省南菜北运最优秀的玉豆品种之一。

三、茬口安排

刀豆茬口安排与菜豆茬口安排相同，详见第一节菜豆介绍。

四、育苗、定植

（一）整地做畦

选择土壤深厚，排水、通气良好的田块，深耕冻垡，开春后耙地、做畦，畦宽130～150厘米。结合整地每亩施充分腐熟农家肥2500千克作基肥。

（二）播种育苗与定植

终霜后即可播种。采用直播或育苗移栽两种方式均可。刀豆作为大面积高产栽培则以育苗移栽为好。育苗移栽不仅能提早播种时间，延长生长期，而且比直播高产。刀豆种子发芽最低温度为15℃，根据各地的气候特点，育苗移栽一般在3月下旬至4月上旬，土壤温度稳定在15℃时进行播种。播种前要选种，宜选粒大、饱满、大小均匀、无机械损伤或虫咬伤的籽粒作种，并预先在太阳下晒1～2天。播种采用穴播，行株距15厘米×13厘米左右，每穴点播1粒种子，种子种脐向下，以利吸收水分。播后先盖细土2～3厘米，再盖一层谷糠，以利发芽和子叶出土（低温天气加盖塑料薄膜，保温保湿），并注意勿多浇水，以免烂种。播种后，一般7～10天后出苗，幼苗有2片真叶时即可移栽定植。定植田块先深翻做垄，打穴，每667平方米用腐熟栏肥1300～1500千克，深施穴内，并浇施人粪尿。定植时每穴1株，行距80～90厘米，株距60～70厘米，以利通风透光，防止栽植过密造成落花落荚。

五、田间管理

（一）插杆搭架引蔓

蔓生刀豆在苗高30～40厘米，茎蔓顶端弯曲扭转时，及时搭架插杆引蔓。架高要求在200厘米以上，以便于进出采摘，架材宜用坚固木料，以防倒塌，主架上要另铺竹木杆或用绳子纵横相联。插杆长应在200厘米以上，以便引蔓上架，待茎蔓上架稳定后，可撤去插杆。

（二）肥水管理

刀豆开花前不宜多浇水，要注意中耕保墒，以防落花落荚。4叶期结合中耕除草，每667平方米用复混肥25～30千克进行第1次追肥。坐荚后第2次追肥，以磷钾肥为主，同时注意经常浇水，保证充足的水分。在结荚盛期视情况追施2～3次叶面肥；结荚中后期以菌肥配合追肥 1～2 次，以防早衰，延长结荚期。开花结荚期还应适当摘除侧蔓或进行摘心、疏叶，以利提高结荚率。

六、病虫害防治

刀豆抗逆性强，常见的病虫害主要有根腐病、蚜虫、刀豆白粉病、刀豆细菌性疫病等。以下将详细介绍几种反季节有机刀豆栽培中常见病虫害以及防治。

（一）根腐病

症状、发病条件、防治方法与菜豆根腐病相同，详见菜豆根腐病介绍。

（二）蚜虫

蚜虫发生症状、发病条件、防治方法与豇豆蚜虫害相同，详见豇豆蚜虫害介绍。

（三）刀豆白粉病

通过轮作、合理密植等农业防治措施可得到有效控制；喷施石硫合剂、硫黄等药剂防治（症状、发病条件、防治方法与豌豆白粉病相同，详见豌豆白粉病介绍）。

（四）刀豆细菌性疫病

1. 症状

刀豆叶、茎、荚、种子均可染病，病部先生水渍状小斑点，后逐渐扩展，变为褐色或红褐色，荚染病多为红褐色，病斑圆形或不规则，荚、茎部染病的常溢有菌脓，似黏液层，干后呈干酪状，严重的病斑蔓延到豆粒上，导致豆粒腐败和带菌。

2. 发病条件

病菌主要在种子内或黏附在种子外越冬，播种带菌种子，幼苗长出后即发病，病部渗出的菌脓借风雨或昆虫传播。从气孔、水孔或伤口侵入，经 2～5 天潜育，即引致茎叶发病。病菌在种子内能存活 2～3 年，在土壤中病残体腐烂后即死亡。气温 24～32℃，叶上有水滴是本病发生的重要温湿条件，一般高温多湿、雾大露重或暴风雨后转晴的天气最易诱发本病。此外，栽培管理不当、大水漫灌、肥力不足或偏施氮肥、长势差易加重发病。

3. 防治方法

实行 3 年以上轮作；利用微生物酵素菌剂沤制堆肥；选留无病种子，从无病地采种，并对种子施行高温消毒等措施；加强栽培管理，避免田间湿度过大，减少田间结露的条件；发病初期施用竹醋或木醋液，也可用波尔多液按照一定比例配比后进行喷施防控该病害。

七、采收

为提高商品性，加工用豆荚宜在荚长 10～15 厘米、豆荚尚未鼓粒肥大、荚皮未纤维化之前采摘。留种用豆荚则应选健壮无病、中下部先开花所结的宽大肥厚的豆荚为好，待种荚充分老熟，荚色变枯黄时采摘，采后剥出晾干储藏。

第六章 葱 蒜 类

葱蒜类蔬菜是百合科葱属二年生或多年生草本植物，因具有浓郁的辛辣香味，又称香辛类蔬菜，又因大多数种类的叶鞘基部能形成鳞茎，也称鳞茎类蔬菜，包括韭菜、大蒜、南欧蒜、大葱、洋葱、韭葱、细香葱、胡葱、分葱、楼葱等。在中国，以韭菜、大葱、大蒜、洋葱栽培最为广泛。

葱蒜类蔬菜中的韭菜、大蒜、分葱、细香葱等均可周年生产，大蒜、洋葱、大葱等耐储藏，可以长途运输，进行异地调剂，大蒜、细香葱、分葱、大葱等是重要的调味品，家家户户需用。所以，葱蒜类蔬菜有广泛的群众性，在调剂市场的供应和调节菜肴的口味上都起到了极其重要的作用，成为人民生活中不可缺少的重要副食品。

随着经济的发展，居民生活水平的提高，人们对新鲜葱蒜类蔬菜的需求量也与日俱增，不仅要求周年生产、均衡供应，而且要求蔬菜品种多、质量好。传统栽培方式远远不能满足这一要求，反季节蔬菜栽培便应运而生了。例如，葱蒜类蔬菜塑料大棚栽培在中国应用已久，经验丰富。由于其投资少，见效快，在冬季寒冷季节能生产出鲜嫩味美的产品，颇受广大消费者的欢迎。因此，塑料大棚葱蒜类蔬菜栽培在城乡均较为普遍。

第一节 大 葱

大葱（*Allium fistulosum* ）又称木葱、汉葱、京葱，属百合科葱属二年生或多年生草本植物。主要食用其鲜嫩的叶身和假茎（图 2-6-1）。大葱的叶片和假茎营养丰富，气味芳香，含有较多的糖类、蛋白质、矿物质和维生素，是营养价值较高的一种蔬菜。此外，大葱含有一种辛辣物质，能增进食欲，开胃消食，可杀菌、预防感冒。常吃大葱能减少胆固醇在血管壁上的积累。大葱还具有破坏纤维蛋白、避免或减少血栓发生的医疗功效。每 100 克葱白和嫩叶含水分约 92 克、碳水化合物 4.1～6.1 克、蛋白质 1.0～1.4 克、脂肪 0.2 克、胡萝卜素 1.2～1.6 毫克、硫胺素 0.05～0.08 毫克、核黄素 0.05～0.07 毫克、维生素 C 12～14 毫克，还含有较多的矿物质和挥发性的硫化丙烯，具特殊辛香味，并具有杀菌作用。

图 2-6-1 大葱

大葱除熟食外还可生食，各种菜肴多以大葱为调味品。大葱耐寒耐热，适应性强，高产耐储，适于排开播种均衡供应，是很受欢迎的蔬菜之一，也是常年必备的调味佳品。

一、对环境条件的要求

有机大葱产地的环境质量，大气符合环境空气质量 GB 3095 二级标准规定要求，水质符合农田灌溉水质标准 GB 5084—2005 规定，土壤符合土壤环境质量 GB 15618—1995 二级标准要求，大葱栽培基地环境符合有机食品生产要求。栽培中应掌握土、肥、水、种、密、气、光、温、菌、地上部与地下部、营养生长与生殖生长、设施 12 项平衡管理技术。

有机大葱生产基地与传统生产地块相邻时，需在基地周围种植 8～10 米宽的高秆作物、乔木或设置物理障碍物作为缓冲带，以保证有机大葱种植区不受污染和防止临近常规地块施用的化学物质的漂移。

(一) 温度

大葱对气候条件要求不严，适应性广，因原产地属半寒带地区，所以性喜凉爽，属耐寒蔬菜，不耐炎热。种子在 4～5℃即可开始萌动，发芽适温是 13～20℃。植株生长适温是 20～25℃，10℃以下生长缓慢，25℃以上植株细弱，叶片发黄，易生病害，超过 35℃时，植株呈半休眠状态，部分外叶枯萎。处于休眠状态的植株，耐寒性很强，于－30℃的高寒地区也可以露地越冬。植株在不同生长时期，对温度的反应，有着一定的差异。大葱的幼苗生长到一定大小，在 2～5℃低温下，经过 60～70 天完成春化阶段，分化花芽；一般越冬秧苗株高超过 10 厘米，真叶超过 3 片，即可通过春化阶段，但不同的品种间也存在着差异。所以，在栽培过程中，播种过早，或管理不当，使越冬幼苗生长过大，到翌年会造成先期抽薹。

(二) 水分

大葱耐旱力很强，耐湿性较差，多雨则生长不利，喜干燥的气候条件。由于大葱根系较弱，分布于土壤表层，所以仍需要较高的土壤湿度。尤其是幼苗期和假茎肥大期，适量灌溉是夺取大葱高产的重要措施。整个生长期间，一般适宜的土壤湿度是 70%～

80%。大葱叶片管状，上生蜡粉，叶面水分蒸腾少，所以喜较低的空气湿度，湿度过大，容易发生病害，一般适宜的空气湿度为60%～70%。

（三）光照

大葱对光照要求较低，所以适当密植，可以提高产量。在强光下，组织容易老化，纤维增多，品质变劣，降低食用价值。但光照过弱，光合强度下降，叶片黄化，养分积累减少，造成减产。完成春化阶段的植株，在长日照条件下能抽薹开花。

（四）土壤养分

大葱适于生长在土层深厚、通气、排水良好的沙壤土、黏壤土、腐殖质壤土中。沙土保水、保肥力差，黏土不利于发根和葱白的生长；腐殖质壤土肥力充足，沙壤土通气性好，利于培土，黏壤土易获高产。

大葱适宜生长于中性土壤，pH值适应范围是5.7～7.4，低洼的盐碱土植株生长不良。

二、茬口安排

（一）春季设施提早栽培

春季设施提早栽培一般于9月下旬至10月上旬采用小拱棚多层覆盖育苗，翌年1月下旬大棚三膜覆盖栽培，5～6月收获。

（二）日光温室囤葱栽培

一般利用日光温室或加温温室在靠近温室前沿的边畦及走道、火道等地边囤葱。这些地方比较低矮，温度变化剧烈，或光照条件较差，其他蔬菜生长不好，但可以囤栽秋季露地栽培中生长较差的大葱，以鲜葱供应元旦和春节市场的需要。

（三）冬大葱栽培

冬大葱的适宜播种期为5月下旬至6月中旬。在适播期内，尽量早播为佳。不宜过晚，以免影响沟葱移栽。最好是“小满”葱籽成熟晒干后立即播种，宜用当年的新葱种子。栽植667平方米大葱需用1～1.5千克种子。

(四) 大葱夏季遮阳网覆盖栽培

大葱越夏栽培，主要是供应 7～8 月大葱市场，因此选择在 1 月底至 2 月中上旬播种。

三、品种选择

(一) 春季设施提早栽培

应选用耐低温、低温期生长快、抗春化、晚抽薹、抗病性强、假茎组织紧密、整株色泽亮丽、加工品质好的品种。

(二) 日光温室囤葱栽培

选择假茎短、植株细小、商品价值低的干葱，于春节前 1 个月左右囤栽到温室中。

(三) 冬大葱栽培

栽培冬大葱的品种选择是严格的，应具有极强的耐寒力，不怕霜冻，能忍耐−10℃的低温，并能生长出鲜嫩的叶子来。经长期试验和生产实践，我国目前只有黄岭大葱这一个品种，适宜栽培冬大葱。这个品种，株形高大，叶为粗管状，翠绿色，假茎肥嫩、洁白、味道醇厚，香、辣、甜兼备，品质优良。耐寒力和耐涝力极强，抗霜冻，具有愈冷愈绿愈肥大的特点。连阴雨 30 天，仍能正常生长。从国外引进的耐寒日本大葱，也远远不如黄岭大葱的耐寒性强。

(四) 大葱夏季遮阳网覆盖栽培

选择耐热性强、早熟、品质好、肉质紧密、叶色浓绿、高温季节假茎生长快、增产潜力大的品种。

四、育苗、播种

(一) 春季设施提早栽培

宜采用坐底水、覆盖土的播种方法。一般多采用平畦育苗，畦宽 1.1 米（含埂），畦长度以方便浇水为准。先将第一畦的表土用铁锨起出二指厚土，放在第二畦待用，然后将第一畦整平即可放水，待水渗下去后，将当年的新种子经凉水浸泡 8 小时后均匀地撒于畦面，接着起第二畦待用的细土覆盖种子，盖土厚1.5～2厘米。第二畦同样平整，放水撒种、盖土，以此类推种完为止。播种适期一般为9月下旬至10月上旬。

(二) 日光温室囤葱栽培

在7月左右露地播种。根据计划栽培温室面积确定育苗面积。一般5平方米的葱苗可定植10～15平方米的生产地。

(三) 冬大葱栽培

1. 用坐底水方法播种

先从畦面取出1.5厘米厚的覆土，放入邻畦，将畦整平，浇水，水渗下后，撒播干种子，然后再把取出的土盖回原畦，厚1厘米左右。如此，再向外依次播种。这种方法，土壤水分充足，表土疏松，出苗整齐。

2. 不浇底水播种

土壤墒情好时，可不浇底水而趁墒播种。

3. 条播

用一划沟器按行距5～6厘米开沟，第一沟开完后用壶顺沟浇水，水渗完后播种。然后开第二沟，用从第二沟开出的土覆盖第一沟1厘米厚。整畦播完后，用十字耙梳平畦面。过1～2天用铁锨将畦面拍实。

(四) 大葱夏季遮阳网覆盖栽培

将种子放入65℃左右的温水中烫种20～30分钟。播前造墒，每定植1亩需撒播葱种100克，盖土2厘米厚。

五、田间管理

(一) 施肥

1. 有机肥料准备

应在基地内建有机堆肥场，堆肥场容积应满足本基地蔬菜生产的需要。如有机蔬菜生产基地周围有畜禽养殖场，可在基地建立沼气池，将畜禽粪便转化为沼液、沼渣。

应使用主要源于本基地或有机农场（或畜场）的有机肥料，可使用充分腐熟和无害化处理的动植物的粪便和残体、植物沤制肥、绿肥、草木灰和饼肥等。经认证机构许可可以购入一部分农场外的肥料，外购的商品有机肥，应通过有机认证或经认证机构评估许可。

有机肥料应在施用前 2 个月进行无害化处理，将肥料泼水拌湿、堆积、盖严塑料膜，使其充分发酵腐熟。发酵期堆内温度高达 60℃以上，以有效地杀灭肥料中带有的病菌、虫卵、草种等。

2. 整地施肥

整地施肥时，每亩施腐熟有机肥 3000～4000 千克（或精制有机肥 500～1000 千克，或腐熟大豆饼肥 150 千克，或腐熟花生饼肥 150 千克），另加磷矿粉 40 千克及钾矿粉 20 千克。每 3 年施一次生石灰，每次每亩施 75～100 千克。切忌施用未腐熟的肥料，以免发生地蛆。

(二) 中耕除草

中耕除草可以疏松表土，蓄水保墒，促进根系的发育。

(三) 培土软化

大葱培土有软化葱白和防止倒伏的作用。但培土必须在葱白形成期分次进行，高温高湿季节不能培土，否则容易引起根、茎腐烂。大葱葱白的最终长度取决于品种特性及环境条件的综合作用，加深培土可软化葱白，提高品质，但对葱白长度及重量增加无显著影响。

大葱培土分别在 8 月上旬、8 月下旬、9 月上旬和 9 月下旬进行。培土深度第一次和第二次各为 15 厘米左右，以不埋住功能叶叶身基部为度。一般在 8 月下旬第二次培土后平沟。第三次和第四次培土各为 7.5 厘米左右。将行间土培到定植行上，使原先的垄变成沟，原先的沟变成垄。短葱白类型大葱每次培土深度应减小。

(四) 水分管理

大葱原产地冬季多雪，在春季化雪后，土壤水分充足，但空气比较干燥，形成了大葱叶片比较耐旱而根系喜湿的特性，生长期间要求较高的土壤湿度和较低的空气湿度。定植以后大葱的水分管理可人为分成四个阶段。

第一阶段是缓苗越夏时期。大葱无论采用哪种方法定植都必须浇足定植水。大葱定植后原有的须根很快腐烂，4～5 天后开始萌发新根，新根萌发后心叶开始生长，缓苗期有 20 多天。此期正值高温多雨季节，在水分管理上，宁干勿涝。天不太旱不浇水，同时注意排涝，防止烂根。

第二阶段是发叶盛期。8 月中旬以后，根系基本恢复，进入发叶盛期，需水量增加，要视葱苗生长情况进行浇水，但水量要小。

第三阶段是大葱旺盛生长及葱白形成期。是水分管理的关键时期，灌水掌握勤浇、重浇的原则。此期水分充足的表现为叶色深、蜡粉厚、叶内充满无色透明的黏液，葱白洁白有光泽，平滑细致。

第四阶段是葱白生长后期。10 月下旬以后为葱白生长后期，气温降低，叶面蒸发减少，应逐渐减少灌水。

六、病虫害防治

下面介绍几种反季节有机大葱主要病虫害的防治方法。

(一) 蓟马

该虫属于缨翅目蓟马科。危害大葱和葱蒜类其他蔬菜。不完全变态，虫体很小，善跳跃。若虫和成虫均刺吸葱叶汁液，严重时伤口形成密布灰白色小斑点，使葱叶寿命缩短，光合作用降低。蓟马一年发生 6～10 代，5～9 月均有危害，夏季高温干燥天气危害最重。地面撒施老炕灶土，亦可驱虫，并有追肥作用。

(二) 紫斑病

紫斑病是一种真菌病害。由分生孢子传播侵染葱叶、叶鞘和花薹的上部。病部初呈白色小斑点，很快扩展成纺锤形褐色至暗紫色枯斑。病斑上有同心轮纹状黑色霉层。秋季危害大葱，春季危害种株。实行轮作，减少初侵染源。

(三) 霜霉病

霜霉病是一种真菌病害。春秋季节侵染叶、花薹和花柄。病斑淡黄色，边缘不明显，有白色霉状物。日平均气温 15～17℃，空气湿度大，适合该病流行。除危害大葱外，还危害圆葱、韭菜等葱蒜类蔬菜。防治方法同紫斑病。

（四）菌核病

菌核病是一种真菌病害。侵染叶鞘和花薹近地面处或地下部。病部初呈水浸状，继而发生绒状白色菌丝和黑色粒状菌核，局部组织腐烂。种株发病严重时，全株倒伏死亡，种子绝产。大葱感病较晚时，田间生长期病状不明显，但冬季储藏期间腐烂重、损耗大。实行轮作可减少病源，将发病地与非葱蒜类蔬菜轮作2～3年，避免连年种植；土壤积水有利该病传播发生，应及时加强管理：清沟排水、防止田间积水；合理密植、防止种植过密；及时清除病叶、集中深埋或销毁，可有效地控制危害。

（五）黄萎毒素病

黄萎毒素病是一种专门侵染危害大葱、圆葱和大蒜的病毒病害。由昆虫传播，病株随病毒在体内增殖扩散，症状由轻变重。初呈淡绿色条纹，最后整个叶卷曲皱褶，全株生长停顿。目前尚无有效治疗措施，主要用轮作、治虫预防侵染。

七、采收

（一）收获

用于冬季储藏供应的大葱，要尽量延迟收获时间，收早了气温尚高，储藏损耗大。冬季土地即将封冻前，是抢收冬储大葱的适宜时期。山东各地冬储大葱的收获期在11月中下旬。南方冬季土壤不结冻或只轻微结冻的地区，可随时收获供应，而不必集中收刨和储藏。

短白品种培土浅，收刨方便；长白品种培土深，收刨较费工。如在行间套种小麦或其他越冬蔬菜，需用条镢把葱行一侧的土刨松到葱根，然后抓住地上假茎整株拔出。

收刨后2～3行铺放成一排，原地晾晒半天，然后抖落根部泥土，剔除病伤和不合格的小棵葱，根部放齐，捆成5～10千克大小的葱捆。短白葱在假茎上部捆一道，长白葱要在假茎基部和管状叶基部各捆一道，以便搬运和储藏。

（二）储藏

大葱产品无生理休眠特性，温度在0℃以上，即可进行体内养分运转，呼吸消耗随温度增高而加快。同时，大葱的假茎耐低温，即使处在－10℃葱白结冻，解冻后仍保持原有形态和风味，品质不变。因此大葱适合低温冷冻储藏。

经过整理捆好的大葱，竖立排放在背阴处。在没有进入结冻状态前，不要堆垛过高过厚，以免伤热腐烂。葱捆结冻后，可竖立排放在浅沟中，上部盖草苫，保温、保湿、防雨雪，也可根朝里叶朝外垛起来，用草苫封垛保温保湿。直到上市前的整个储藏过程中，最好始终保持结冻状态。反复解冻，增加损耗。

收刨后储藏1个月左右，绿叶全部干枯只剩下假茎，称为“干葱”。干葱的重量为收刨时鲜葱重的70%左右。以后气温进一步降低，损耗减慢。结冻储藏2个月，可食部分的重量减少20%左右。利用自然低温储藏的大葱，在开春土壤解冻后很快发芽，此后不宜继续储藏。

第二节　韭　　菜

韭菜（*Allium tuberosum*）又名起阳草，属于百合科葱属多年生宿根草本植物。原产中国，距今已有3000多年的栽培历史。韭菜以嫩叶和柔嫩的花茎为主要产品，鲜嫩芳香，营养丰富（图2-6-2）。每100克鲜韭含水分91～93克、碳水化合物3.2～4.0克、蛋白质2.1～2.4克、脂肪0.5克、维生素C 39毫克、胡萝卜素3.2毫克、硫胺素0.03毫克、核黄素0.09毫克，还含有矿物质和挥发性硫化物。在北方广大地区韭菜的销量较大，供应期也比较长，20世纪30年代冬季就有利用土温室生产的韭菜春节期间上市。60年代以来，利用日光温室及塑料大、中、小棚冬季早春生产韭菜发展很快，韭菜已经实现周年生产和周年供应。除了炎热的夏季，由于高温强光的影响，韭菜品质较差，又处在多种蔬菜上市

图 2-6-2　韭菜

旺季，销路不畅外，冬季、早春、新年、春节都是深受欢迎的香辛叶菜类蔬菜。

一、对环境条件的要求

有机韭菜产地的环境质量，大气符合环境空气质量 GB 3095 二级标准规定要求，水质符合农田灌溉水质标准 GB 5084—2005 规定，土壤符合土壤环境质量 GB 15618—1995 二级标准要求，韭菜栽培基地环境符合有机食品生产要求。栽培中应掌握土、肥、水、种、密、气、光、温、菌、地上部与地下部、营养生长与生殖生长、设施 12 项平衡管理技术。

有机韭菜生产基地与传统生产地块相邻时，需在基地周围种植 8～10 米宽的高秆作物、乔木或设置物理障碍物作为缓冲带，以保证有机韭菜种植区不受污染和防止临近常规地块施用的化学物质的漂移。

(一) 温度

韭菜属于耐寒且适应性广的蔬菜。叶片能忍受－5～－4℃的低温，在－7～－6℃甚至－10℃时，叶片才枯萎。根茎含糖量高，生长点位于地面以下，加上受到土壤保护，而使其耐寒能力更强。耐寒韭菜在黑龙江省松花江地区栽培，在极端气温－42.6℃时，冻土层达186厘米，5厘米地温－15℃时，地下根茎仍能安全越冬。但起源于南方的韭菜品种耐寒性较差，叶片虽然能忍受－5℃，但是在北纬41°以北地区露地越冬比较困难。

韭菜生长适温为13～20℃，露地条件下，气温超过25℃时，生长缓慢，尤其在高温、强光、干旱情况下，叶片纤维束增多，叶片粗糙，品质变劣甚至不堪食用，但在温室高湿、弱光和较大昼夜温差条件下，即使气温高达28～30℃，品质也不会受影响。

韭菜在不同生育阶段对温度的要求不一样，种子发芽最低温度为2～3℃，发芽适温为15～18℃。幼苗期生长温度要求在12℃以上。地下鳞茎、根茎中储存的养分在3～5℃时即可供给叶片生长，所以春天萌发较早。

(二) 光照

韭菜不同生长时期对光照的要求不同。在发棵养根和抽薹开花时需要光照充足，但在产品形成期则喜弱光。光照过强时，植株生长受抑制，叶肉组织粗硬，纤维素增多，品质变劣。温室生产中，由于光照弱，日照时间短，韭菜的叶片鲜嫩，品质优良。

韭菜的花芽分化需要有低温长日照的诱导，否则不能抽薹开花。只有低温条件，不遇到长日照，叶片可不断生长。南方型韭菜品种，在冬季日光温室生产，其长势优于北方品种。

(三) 水分

韭菜属于半喜湿蔬菜，叶部表现耐旱，根系表现喜湿。由于韭菜根系弱，吸收能力差，再加上密植，所以要加强水分管理。幼苗出土过程必须有充足的水分。苗期水多易徒长，干旱影响根系发育，以见干见湿，土壤相对含水量70%～80%为宜，在叶片旺盛生长期，土壤相对含水量80%～90%为宜。

韭菜的叶片生长，对空气湿度要求严格。空气湿度大，叶片凝结露水时间长，容易诱发病害。以相对湿度60%～70%为宜。

(四) 土壤营养

韭菜对土壤的适应性较强，无论沙土、壤土、黏土都可栽培。但以土层深厚、富含有机质、保肥保水能力强的壤土为最优。

韭菜的成株对盐碱有一定的忍受能力，在含盐量0.25%的土壤上栽培时，生长也很正常。但韭菜幼苗期对盐碱的适应力就较差，只能适应0.15%的含盐量。所以，盐碱地栽韭菜时，多需先在中性或轻盐碱的地里播种育苗，而后再移栽定植，否则极易伤苗。

每产1000千克韭菜需要吸收氮1.5～1.8千克、磷0.5～0.6千克、钾1.7～2千克。增施农家肥对韭菜的优质高产是不可缺少的。

二、茬口安排

反季节栽培有机韭菜为满足韭菜的生育要求，实现优质高产，必须在保护地内进行。保护地设施韭菜反季节栽培，基本是两种栽培方式，一种是休眠后扣韭菜，另一种是秋冬连续生产韭菜。休眠后扣韭菜可利用日光温室和塑料中、小棚进行，只有时间上的差异，技术措施接近；秋冬连续生产韭菜，只可在日光温室进行。

(一) 休眠后扣韭菜

在秋季不收割，加强肥水管理，使韭菜叶片肥大，假茎加粗，随着温度下降，把养分逐渐回流到地下根茎和鳞茎里储藏起来，地上部枯死时养分已输送完毕，地下部以休眠状态度过严寒冬季，到春天气温回升，土壤解冻，解除休眠萌发生长。扣韭菜是在韭菜休眠后，利用日光温室和塑料中、小棚将韭菜地扣起来，使土壤提前化冻，韭菜解除休眠，萌发生长。由于设施性能不同，生产季节也有差异，日光温室扣韭菜在冬季进行，产品在春节前上市，中、小棚扣韭菜只能在早春进行。

北纬40°以南地区，利用有外覆盖的中棚扣韭菜，可在冬季进行。

（二）秋冬季连续生产韭菜

利用南方型韭菜品种，夏天播种，秋季霜冻前扣上日光温室，创造适合韭菜生长的条件，可连续收割，填补深秋和初冬北方市场韭菜供应的空白。

1. 日光温室生产韭菜的茬口安排

日光温室栽培韭菜，常见的有冬茬、秋冬茬。秋冬茬栽培韭菜，又可以分为两种形式，一是在覆盖棚膜前收割一刀，二是在覆盖棚膜后再收割，这一般要根据市场需求而定。元旦前后收一刀，春节前后再收一刀，根据条件可在元宵节前后收最后一刀。要注意的是，栽培秋冬茬韭菜，要选择浅休眠品种，如杭州雪韭、河南791、西浦韭菜等。

（1）覆盖薄膜　秋天把日光温室的山墙、后墙和后屋面建成（旧温室修补好），前屋面在地面封冻10厘米深时覆盖薄膜。为了提早覆盖薄膜，可在温室前底脚夹起一排障子遮阴，使温室地面提早封冻，覆盖薄膜时撤除。

（2）覆盖薄膜后管理　白天透入太阳辐射能，温度升高，夜间覆盖草苫保温，土壤很快化冻，除掉残株，清洁地面，用四齿耙把韭菜垄台扒开，露出韭菜鳞茎，同时检查有无蛆和蛹。韭菜开始萌发时，用钉耙把地面搂平，当株高10厘米时开始培土，只培起垄帮，垄台上不培土，株高20厘米进行第二次培土，培到叶鞘部。

韭菜不仅可以进行单一连年生产，而且也可与其他蔬菜进行合理的间套复作与倒茬等。

2. 中小棚生产韭菜的茬口安排

目前，利用大棚栽培韭菜的面积数量很少，利用中小棚的则较多，其效果也较好。

北纬40°以南，利用中棚生产韭菜，冬季覆盖草苫保温，可进行越冬连续生产；北纬40°以北，中棚生产韭菜，主要有春提早和秋晚延两种形式。小拱棚生产韭菜主要在晚秋和早春进行。其保温增温性能低于中棚。生产过程中必要时需设置风障、覆盖草苫。小拱棚脊矮跨度小，农事操作只能在其外部进行。

(1) 中棚扣韭菜

① 外覆盖中棚扣韭菜　在北纬40°以南地区，有外覆盖保温的中棚，冬季生产韭菜，与日光温室扣韭菜的技术措施基本一致。提前建好骨架，准备好草苫，韭菜进入休眠后覆盖薄膜，夜间覆盖草苫保温，其他管理与日光温室相同。由于昼夜温差较大，韭菜生长缓慢，越是纬度低的地区收割期越早。

② 普通中棚扣韭菜　没有外覆盖的中棚生产韭菜，只能在早春进行。入冬前建好中棚骨架，早春立春至雨水之间覆盖薄膜，棚内冻土化冻较早，在表土化冻超过15厘米深，即可铲掉残株，扒开垄台，其管理技术可参照日光温室扣韭菜进行。由于春季外温回升快，棚内光照条件较好，升温快，应加强通风，超过25℃通风，降到20℃闭风，注意防止高温灼伤叶片。中棚的管理和收割都在棚内进行，可连续收割2刀韭菜，再转扣到果菜类生产上。

(2) 小拱棚扣韭菜

① 田间布局　小拱棚覆盖韭菜，由于棚的面积小且低矮，农事操作不能在棚内进行。早春风大，小拱棚覆盖的薄膜，四周要用土埋紧，防止被风吹开。棚的两侧占地较多，棚与棚不能连起来，需有一定的间隔。所以在田间布局时，应规划成6～8米长、2米宽的小拱棚直播或移栽培养韭菜植株，棚间相隔2米。在扣韭菜阶段，空地便于韭菜管理，收割一二刀韭菜后，撤下小拱棚，转扣到空地上，定植果菜类蔬菜，既省工方便，又可一棚多用，降低生产成本。

② 扣棚时期　入冬前插好小拱棚骨架，四周用镐开沟，把沟内的土堆放在棚的外侧，以便于埋四周薄膜。

春天尽量提早覆盖薄膜，一般在雨水至惊蛰之间进行。覆盖薄膜后不通风。

③ 覆盖薄膜后管理　小拱棚内土壤化冻10厘米左右时，选晴天上午，揭开小拱棚薄膜，铲掉韭菜残根，清洁地面后，把垄台划松，然后培垄，培垄时要把土块划碎，垄台要疏松平整。然

后再盖上薄膜。因为棚小低矮不便操作，全部揭开薄膜，韭菜突然暴露适应不了外界条件。所以第一刀韭菜收割前，不进行中耕培垄。

小拱棚韭菜萌发前不通风，尽量保持高温，促使提早化冻，解除休眠，萌发后白天超过30℃通风，降到20℃左右时闭风。通风后地表见干时浇水，浇水后加强通风。

三、品种选择

适于保护地栽培的韭菜品种要具备休眠期短、返青快、较耐低温、植株开张度小、叶片宽厚、不易倒伏、抗病高产、品质好等特点。

(一) 汉中冬韭

该种是陕西省汉中地区农家品种，长势壮，分蘖力强。株高40～50厘米，叶宽一般0.6～0.8厘米，叶长30～35厘米，叶簇直立，休眠比较晚，萌发得早，产量高。

(二) 791韭

河南省平顶山农科所以111韭为材料选育而成。该种植株长势壮，分蘖力强。株高45～55厘米，叶丛直立，叶宽0.6～0.9厘米，叶片绿色。在充足的肥水条件下，年生可分株4～7个。抗寒性强，休眠期短，萌发早，抗热耐湿，品质好，产量高。

(三) 大金钩韭

山东省诸城地方品种。该品种株高35～45厘米，叶宽0.6～0.7厘米，叶片绿色，叶片长到一定长度，叶尖向一侧弯曲，反卷成钩状。叶丛较直立，分蘖力中等。耐寒力强，返青比较早，产量高。

(四) 杭州雪韭

浙江省杭州、绍兴等地农家品种。该品种株高50～55厘米，叶宽0.6～0.9厘米，叶色浅绿，直立性强，播种后60～70天开始分蘖，植株地上部分较耐低温，休眠期短。适应秋延后覆盖栽培在北纬40°以北地区，不能露地越冬。

四、播种、育苗

为了合理安排土地，反季节有机韭菜栽培可采用育苗移栽的方式。

(一) 育苗

韭菜种子发芽出土困难，同时苗龄长，苗床土要求细碎平整、松软、肥沃，才能确保苗齐、苗壮。

韭菜育苗的播种期以春播为宜，3 月地温在 10℃以上，即可整地播种。土壤湿润可进行干播，采用条播或撒播均可。条播时按 10～12 厘米的行距，开 1.5～2 厘米深的浅沟，将种子撒于沟内，再整平畦面，覆盖种子，稍加镇压即可。土壤过干时镇压后灌水。每亩地播种量为 5 千克。

(二) 浸种

为了促进种子发芽和幼苗出土，播前多采用浸种催芽。方法是，在播种前 4～5 天，把种子放入 40℃的温水中，除去浮籽，浸泡一昼夜，置于 15～20℃处催芽，经 2～3 天胚根露白后，应及早播种。

五、田间管理

(一) 温度管理

温度调节是首要问题。扣棚初期和每次收割之后，为加速韭菜萌发出土和新株迅速生长，棚温可高一些，达 30℃或稍高，在第一刀韭菜收获前一般不放风。但温度过高也不行，如果长时间维持 30～40℃的高温，韭菜虽然生长速度快，但茎叶细弱，品质差，易腐烂。温度过低也不行，长时间的低温，叶片出现淡紫红或白梢，降低品质。为了防寒保温，中小拱棚韭菜可覆盖草苫，最冷的时候（1～2 月）还可盖双层草苫，大棚韭菜可在棚的四周加盖草苫。日出后将草苫卷起，以利透光增温。在收获第二刀或第三刀韭菜之前的 5～7 天，棚内温度高于 30℃时，要适当通风，可使韭菜的叶片增厚，提高品质。清明节以后，大小拱棚都要加大放风量，并逐步撤销薄膜。

(二) 肥料管理

1. 有机肥料准备

应在基地内建有机堆肥场，堆肥场容积应满足本基地蔬菜生产的需要。如有机蔬菜生产基地周围有畜禽养殖场，可在基地建立沼气池，将畜禽粪便转化为沼液、沼渣。

应使用主要源于本基地或有机农场（或畜场）的有机肥料，可使用充分腐熟和无害化处理的动植物的粪便和残体、植物沤制肥、绿肥、草木灰和饼肥等。经认证机构许可可以购入一部分农场外的肥料，外购的商品有机肥，应通过有机认证或经认证机构评估许可。

有机肥料应在施用前2个月进行无害化处理，将肥料泼水拌湿、堆积、盖严塑料膜，使其充分发酵腐熟。发酵期堆内温度高达60℃以上，以有效地杀灭肥料中带有的病菌、虫卵、草种等。

2. 水肥管理

整地施肥时，每亩施腐熟有机肥3000～4000千克（或精制有机肥500～1000千克，或腐熟大豆饼肥150千克，或腐熟花生饼肥150千克），另加磷矿粉40千克及钾矿粉20千克。每3年施一次生石灰，每次每亩施75～100千克。切忌施用未腐熟的肥料，以免发生地蛆。

韭菜的水分管理就是要求经常保持土壤湿润，既不能干旱发裂，又不能淹水和积水。定植后的当年要根据韭菜的长势和基肥的多少，以苗龄大小追施10%～30%的淡粪水或粪水。定植半个月后第一次追肥，以后每隔10天追肥一次。培土前的一次追肥可加重肥量，冬季严寒前要重施一次浓粪水，开割以后每收割一次后隔2天左右施一次重肥。

(三) 中耕除草

韭菜在定植缓苗后开始注意中耕，防止土壤板结，促进新根的生长，同时进行除草，否则将严重影响韭菜的生长。还要及时清除地上部分的枯叶。

六、病虫害防治

下面介绍几种反季节有机韭菜主要病虫害的防治方法。

(一) 韭菜疫病

韭菜疫病病原属鞭毛菌亚门真菌，以卵孢子在土壤中病残体上越冬。疫病为害韭株的每个部位，尤以假茎、鳞茎和根茎受害严重。假茎受害初期呈水渍状褐色软腐，湿度大时病部长出白色霉状物；鳞茎、根茎染病部位呈褐色水渍状，病斑渐渐扩大并腐烂。上述部位受害后，地上部叶片变黄，严重时全叶变黄，叶片下垂，影响养分制造，根明显减少，植株最后死亡；叶片受害，初期产生暗绿色水渍状病斑，病部失水后明显缢缩，引起叶片变黄并下垂而腐烂。在湿度大时病部产生白色霉状物。

病菌发育温度为12～36℃，生育适温在28℃左右，一般在7～8月高温多雨季节发病。地势低洼且排水不良的地块发病严重。棚室韭菜在高温、高湿条件下，随时都可以发生韭菜疫病。

防治方法为选择地势比较高且排水灌溉方便的地块播种韭菜，种植密度不要过大，以免韭菜植株细嫩，抗病性差；浇水时要小水细浇，严防大水漫灌；棚室生产韭菜防止高温、高湿，如室内湿度过大，温度过高，可降低室内温、湿度；在每次浇水后要及时通风，以降低室内温、湿度，放风要选在晴天中午进行，通风时间为3小时左右为宜。

(二) 韭菜灰霉病

韭菜灰霉病全国各地均有发生，是棚室栽培韭菜的主要病害。该病原属半知菌亚门真菌。病菌主要以菌丝体、分生孢子和菌核随病残体在土壤中越冬。该病主要为害叶片，严重时致植株无商品价值。发病初期叶片上产生白色或白灰色椭圆形或菱形小斑点，湿度大时病斑表面产生灰色霉状物，严重时病斑连成片，病部开始霉烂。有时由收割的刀口处向下部发病，初期水渍状，并有褐色轮纹，病斑多呈半圆形或“V”字形，病斑表面生有灰褐色或灰绿色绒毛状霉层。

灰霉病菌喜冷凉、多湿条件，高湿是诱发染病的主要因素，相对湿度在75%时即可发病，湿度在90%以上时发病重，湿度低于60%时发病轻或不发病。温度在15～20℃时病菌繁殖最快，9～15℃时就可以发病。病菌主要以分生孢子借风雨及农事操作传播。在辽宁南部地区棚室韭菜12月初即可发病。

防治方法为选择抗病品种，收获时清除残株；控制棚室温度，相对湿度控制在70%以下；每次收割后及发病初期，喷洒4%农抗120瓜菜烟草型500～600倍液，可有效控制病害的发生。农抗120属微生物发酵产物，无毒、无残留、无药害，对人体安全，同时，内含17种氨基酸和其他多种营养物质，可促进韭菜生长，提高韭菜产量。

(三) 韭蛆

危害韭菜的韭蛆主要有葱蝇和迟眼蕈蚊的幼虫，蛀入假茎和鳞茎，使韭株地下部分腐烂，地上部分枯黄，植株死亡。葱蝇灰色，比家蝇瘦小，体长6～6.5毫米。幼虫6.5～7.8毫米，体色乳白。以蛹在土壤中越冬。华北地区一年发生3～4代；东北地区一年发生2～3代。成虫趋葱、蒜的气味。成虫将卵成堆产在韭叶、假茎靠地面处，经3～4天，卵孵化出幼虫，很快钻入假茎和鳞茎内为害。

迟眼蕈蚊体黑褐色，成虫为小型蚊类，初看像小蝇，体长2.3～5.5毫米；卵为椭圆形，乳白色，幼虫体长6～7毫米，蛹长2.7～3毫米，初为黄白色，后转为黄褐色，羽化前灰黑色。东北、华北地区一年发生3～4代。以幼虫休眠方式越冬。在保护地内无须休眠，可继续繁殖为害。老熟幼虫体长8～9毫米，头部黑色，无足，腹部乳白色，半透明。每头雌成虫可产卵100～130粒。幼虫孵化后，主要为害韭菜叶鞘基部和鳞茎。

防治方法为对葱蝇可用糖醋酒诱杀，配方是糖醋酒比例为3∶3∶1，加水10份盛于盘中，放在韭菜田间，5～7天更换1次。迟眼蕈蚊防治参照葱蝇防治。

物理防治方法有防虫网纱隔离；田间使用黄色粘虫板、多频式杀虫灯等；施入稻壳、麦壳、豆壳（硅氧化物含量达14.2%～61.4%）等硅含量较多壳类物质可有效避免蛆虫危害。

七、采收

按照常规韭菜的采割方法，是叶片与叶鞘的大部分一齐收割上市。春季采割1～3次，严寒和酷暑期间不采割，秋季以采割1～2次为宜，否则容易早衰和散蔸。要达到周年上市的目的，一定要注意采割方式，即每次采割仅以不散叶为标准，当叶片嫩绿长到20～30厘米时，叶尖稍现枯时，晚春至中秋每20～30天、秋后至早春每30～40天即可在“叉口”下1厘米处下刀收割，留下较长的叶鞘早生快发，每次收割后适时重施追肥和培土，既可达到周年上市，每年可采收10～15茬，又能有效地防止散蔸和早衰，一般到3～4年后用播种育苗方式（或种子直播）换茬，经济效益和社会效益较高。

第三节　大　蒜

大蒜（*Allium sativum*）又称胡蒜、蒜。属百合科葱属一、二年生草本植物，主要以肥大的肉质鳞茎和鲜嫩的花茎器官为产品（图2-6-3）。其肉质鳞茎营养丰富，含有丰富的碳水化合物、维生素等营养物质。每100克蒜头含碳水化合物23.6克、蛋白质4.4克、脂肪0.2克、硫胺素0.24毫克；每100克青蒜含维生素C 77毫克、胡萝卜素0.96毫克、硫胺素0.11毫克、核黄素0.10毫克、蛋白质3.2克、脂肪0.3克。

大蒜自古被当作药用植物栽培，具有较高的药用价值。大蒜味辛、性温，有暖脾健胃、促进食欲、帮助消化、消咳止血、行气消积、解毒杀虫等功效。大蒜对多种细菌有强烈的杀伤力，可用来预防和治疗感冒、头痛、鼻塞等多种疾病，并有防癌、抗癌作用。

大蒜可生食、拌食、炒食，还可加工成蒜酱、黑蒜粉、大蒜蛋黄粉、蒜醋、蒜酒、糖醋蒜和盐蒜等。大蒜产量高，耐储藏，耐运

图 2-6-3　大蒜

输，供应期长，对调剂市场需求、解决淡季供应具有十分重要的意义，同时又是重要的加工原料和出口创汇蔬菜，是主要的辛辣蔬菜之一。

一、对环境条件要求

有机大蒜产地的环境质量，大气符合环境空气质量 GB 3095 二级标准规定要求，水质符合农田灌溉水质标准 GB 5084—2005 规定，土壤符合土壤环境质量 GB 15618—1995 二级标准要求，大蒜栽培基地环境符合有机食品生产要求。栽培中应掌握土、肥、水、种、密、气、光、温、菌、地上部与地下部、营养生长与生殖生长、设施 12 项平衡管理技术。

有机大蒜生产基地与传统生产地块相邻时，需在基地周围种植 8～10 米宽的高秆作物、乔木或设置物理障碍物作为缓冲带，以保证有机大蒜种植区不受污染和防止临近常规地块施用的化学物质的漂移。

（一）温度

大蒜为耐寒性蔬菜。茎叶生长适温为 12～16℃，花茎和鳞茎发育适温为 15～20℃，适宜温度范围最低为－5℃，最高为 26℃。

（二）光照

大蒜为长日照作物，在长日照条件下开始花芽分化和鳞芽分化，并促进鳞茎的形成。但一般早熟种对光周期的要求较不严格，要求的光照时数较短。温度对鳞茎的形成也有影响，如把蒜瓣放在低温下春化处理一段时间，即使生长在短日照下也会形成鳞茎。

（三）土壤

大蒜为浅根性作物，喜湿怕旱，喜有机肥，必须种植在肥沃的土壤才能获得优质高产。

二、茬口安排

（一）夏季凉棚栽培

凉棚蒜生长时间较短，又处在炎热高温干旱的季节，应选择靠近水源的沙性地。施用腐熟的生活垃圾作基肥。凉棚蒜的播种期一般在7月上中旬。播种前要求掰开蒜头，并剥除蒜瓣底部所带的残余茎盘，再根据蒜瓣大小分为大、中、小三级。将蒜瓣放入井水中浸泡一夜，以促进发芽，再按级分开播种。播种方法是，在下午3时后，在已做好的畦上浇足底水，及时抢播。播种一般采用“满天星”的方法，即将蒜瓣一个挨一个栽种，通过高度密植提高凉棚蒜的产量。播种要浅，以利出苗。次日清晨复浇水一次，撒盖1层腐熟肥土，盖上麦秸，搭35～40厘米高的凉棚架，摊上芦帘遮阴。

（二）低温处理早上市栽培

大蒜是冬性较强的作物，蒜种在保湿和低温处理时，由于蒜酶的作用，其内部胶质状态的碳水化合物，能向葡萄糖生理转化，促进蒜种生根发芽；同时也使幼苗通过春化阶段，播种3～7天后，就能出苗，而且生长快，纵向生长优势强，比常规栽培的高3.3～6.6厘米。蒜种低温处理，蒜苗产量比对照提高30%以上，于10月初蒜苗即可上市，比常规提早1个月；收获后，10月中下旬还可以复种一季冬菜，从而提高了土地利用率，增加经济收入。

（三）日光温室栽培

冬季北方地区温度较低，适宜用日光温室栽培大蒜。在抠盘踵时边抠边进行分级，把大小不同的蒜头分为两级或三级。蒜种比较整齐时分为大、小两级，不整齐时可分为大、中、小三级，栽蒜时分别摆在床面上，一头挨一头挤紧，蒜头间的空隙用抠散的蒜瓣填满，用筛过的细沙盖在上面，以不露蒜头为标准，然后浇水，把细沙沉入缝隙中。

每平方米需带辫蒜种 17～18 千克，净蒜种 15 千克左右。

三、品种选择

（一）夏季凉棚栽培

生产凉棚蒜，要选择耐热、休眠期短、蒜头较大的品种，如武汉市郊种植的头广大蒜、上海郊区种植的崇明大蒜。凉棚蒜的前茬一般是夏熟的叶菜、瓜类、豆类等。其中瓜地较湿润，蒜头播种后出苗较快；豆地较干燥，播种后出苗晚，但出苗后生长比较好。

（二）低温处理早上市栽培

选发芽、生长快，叶片长而直立，纵向生长优势强，苞衣为紫红色或淡紫红色的早熟品种，并选择长形、芽顶尖而突出的蒜瓣为蒜种。

（三）日光温室栽培

需要早熟、高产的品种，如蒲棵、洋白蒜、北京紫皮蒜。

四、育苗、播种

（一）夏季凉棚播种

凉棚蒜的播种期一般在 7 月上中旬。播种前要求掰开蒜头，并剥除蒜瓣底部所带的残余茎盘，再根据蒜瓣大小分为大、中、小三级。将蒜瓣放入井水中浸泡一夜，以促进发芽，再按级分开播种。播种方法是，在下午 3 时后，在已做好的畦上浇足底水，及时抢播。播种一般采用“满天星”的方法，即将蒜瓣一个挨一个栽种，通过高度密植提高凉棚蒜的产量。播种要浅，以利出苗。次日清晨复浇水一次，撒盖一层腐熟肥土，盖上麦秸，搭 35～40 厘米高的凉棚架，摊上芦帘遮阴。

(二) 低温处理播种

7月下旬至8月上旬初，将蒜种装入塑料编织袋，每袋20千克左右，不宜装得太满，否则袋内外温度、湿度不均匀，出现袋心生根、袋外缘无根现象，影响出苗。在入冷库处理的当日，早晨将蒜种浸入凉水3～5分钟，捞出沥干水，随即立放冷库，注意不能堆压。冷库温度保持3～5℃，处理中每天要查库，以防止因库温过高或过低引起霉变或冻伤；若种子干燥，要淋水保湿，并将种子袋上下翻动几次，以利温湿均匀，促进生根发芽。低温处理15～20天即可播种。

(三) 日光温室播种

要选择整齐均匀、头大紧实的蒜头，需要度过休眠期（一般收获后60余天）。剔去蒜根发褐、肉色发黄的蒜瓣和病残蒜头，剪掉蒜须，拔掉一部分老薹梗，以便泡蒜和收割时不挡刀。取掉蒜头外的老干皮，使小瓣外露但不散瓣。然后用凉水浸泡12小时，泡至蒜皮手摸时有柔软感即可。也可用45℃温水先泡2～3小时，再换凉水继续泡至表皮柔软。泡蒜可缩短生产周期，促进蒜苗（黄）生长。泡好的蒜头捞出控去水分，再用麻袋等盖闷蒜堆8～10小时后，挖掉干枯薹梗和茎盘，保持蒜头完整不散。也可随栽随把蒜头掰开，剔去老根和蒜薹梗，再合并后栽下去。不论采用哪种方法，都是为促进出苗和多发根。

五、田间管理

(一) 施肥

1. 有机肥料准备

应在基地内建有机堆肥场，堆肥场容积应满足本基地蔬菜生产的需要。如有机蔬菜生产基地周围有畜禽养殖场，可在基地建立沼气池，将畜禽粪便转化为沼液、沼渣。

应使用主要源于本基地或有机农场（或畜场）的有机肥料，可使用充分腐熟和无害化处理的动植物的粪便和残体、植物沤制肥、绿肥、草木灰和饼肥等。经认证机构许可可以购入一部分农场外的肥料，外购的商品有机肥，应通过有机认证或经认证机构评估许可。

有机肥料应在施用前2个月进行无害化处理，将肥料泼水拌湿、堆积、盖严塑料膜，使其充分发酵腐熟。发酵期堆内温度高达60℃以上，以有效地杀灭肥料中带有的病菌、虫卵、草种等。

2. 整地施肥

生产青蒜要多施肥效长的有机肥料。堆肥或厩肥等有机肥料，除可以逐渐供应养分给根部吸收外，还可以改良土壤的物理性质，对于酸性土壤有缓冲作用，使土壤变为疏松、多孔性及有适当保水力，有利于根部发育成长，增加产量和提高品质。

大蒜忌连作，选择地势高燥，土壤质地疏松肥沃、有机质含量高的地块。前茬收获后深翻晒垡，浅耕1～2次。整地前，每667平方米施入腐熟土杂肥5000千克以上，播种沟中可拌入100～150千克饼肥、草木灰50千克，浅翻细耙，使土肥充分混合后作畦。

（二）水分管理

青蒜播种后，要保持土壤湿润，以促进生长，如果土壤干燥，则发芽缓慢且不整齐。如土壤较干旱，播后要多覆盖些禾草或芒箕，可起降温和保湿作用。

山区夏季栽培青蒜，一般在上半年降雨较多，湿度也大，青蒜根部较不耐湿，田间积水时根部易腐烂，生长受抑制，严重时蒜叶变黄枯萎，因此在5～6月栽种青蒜，应注意田间排水工作。

灌水在栽培初期很重要，可促进发根和根群发育。天气干燥时，视土壤性质宜5～7天灌水1次，灌水方式，如较平坦的蒜田，用畦沟灌溉较为方便且省工，或用喷灌方法。

（三）除草

蒜田因栽植株行距很密，人工除草相当费工，可采用养草灭草的方法，在大蒜播种前15～30天，前茬收获整地后灌水，保证田间杂草萌发所需的湿度，诱发杂草出苗。在大蒜播种前机械浅松除草，松土深度5～6厘米，通过养草灭草—浅松，可消灭多数一年生杂草。

六、病虫害防治

下面介绍几种反季节有机大蒜主要病虫害的防治方法。

（一）病毒病

感病植株叶片有黄色条斑且萎缩弯曲，发育不正常，植株矮小，影响大蒜肥大和产量。

防治方法为选用蒜种无病毒病和蒜瓣较大者栽植。感染的病株及早拔除，并注意防除蚜虫和蓟马，以免传染病毒。

（二）软腐病

遇长期降雨，尤其是山区，5～6 月雨水较多，排水不良或灌水过多时均易引起发生。大蒜染病后，先从叶缘或中脉发病，沿叶缘或中脉形成黄白色条斑，可贯穿整个叶片，湿度大时，病部呈黄褐色软腐状。一般脚叶先发病，后逐渐向上部叶片扩展，致全株枯黄或死亡。该病病原菌为细菌。

防治方法为轮作倒茬；做成小高畦，防止雨水直接浸泡到大蒜的根部；施用腐熟的有机肥，防止地下害虫造成伤口引起软腐病的发生。

（三）锈病

在山区阴雨寒冷时容易发生，患病时，叶片上有赤色的粉末小斑点，叶片早枯，植株停止生长。

防治方法为选用抗病品种，避免葱蒜混种。

（四）蓟马、蚜虫

蓟马、蚜虫虫体较小，成虫和幼虫常栖息在大蒜心叶的叶鞘内，吸食叶部营养液。被害后叶色变淡且无光泽，危害严重时植株枯萎。大蒜生育末期和高温干燥时易发生，能传播病毒病，应注意及早和彻底防治。

防治方法为采用防虫网隔离，或使用黄板诱杀害虫，田间可释放瓢虫、赤眼蜂、草蛉等害虫天敌进行防治。

七、采收

蒜苗的收割应在产量达到最高峰时进行，收割过早或过晚都会影响产量。

产量高峰的标志是叶片达到40厘米以上，叶尖部已不能直立，由于密度大，最大叶片长到最大限度时就倒伏，有部分大叶片要倒伏，挤压附近叶片打旋，如再不收割就要相继倒伏，这是收割产量最高时期。收割前一天下午要浇水，既可使水充足，蒜苗产量、品质都得到提高，又为第二刀生长保证了水分需要。因刚收割完不宜浇水。

收割方法是从畦的一端用韭菜镰贴蒜头割下，200～300克用马蔺捆成扎，紧紧捆住假茎部分，装筐上市。筐内用薄膜衬在底部和四周，上面盖严，防止萎蔫。为防止受冻，在薄膜外还可加上牛皮纸防寒。

收割时为防止踩伤蒜头，影响第二刀生长，最好用木板铺在割下蒜苗的畦面上，边割边移动木板，操作人员脚踏板上。

蒜苗的产量与蒜种质量、栽蒜密度和生长快慢有关，一般每平方米第一刀11～12千克，如果蒜种质量好，栽得紧密，温度控制稍低，生长较慢，光照条件较好，叶绿素含量高，蒜苗长得挺实，可达到14～15千克。

第一刀收割后用耙搂平地面，清除遗落的小叶片，适当提高温度，很快发出第二茬蒜苗。第二茬蒜苗发出后，叶片黄绿色，适当降低温度。处在外温最低季节，夜间可把小拱棚薄膜覆盖上，白天揭开见光。第二茬蒜苗长到10厘米高，叶缘转绿后，开始浇水。

第二刀蒜苗产量只在第一刀的50%左右，在施底肥的情况下产量也稍有提高。

过去蒜苗生产都是在冬季进行，以供应新年、春节为目标进行栽培，近年栽培季节逐渐向前移，深秋就开始栽蒜，初冬上市很受欢迎。但是，蒜头尚未充分解除休眠，萌发比较迟缓，出苗也不整齐，必须增加浸泡时间，栽后浇水充足，才能出苗整齐。

第一茬蒜苗在深秋至初冬生产，温室覆盖薄膜后，温度过高，应该注意放风，白天控制在20～25℃，夜间15～18℃，必须早放风、晚闭风。夜间保持不到15℃时再加盖草苫。

第四节 洋葱

洋葱（*Allium cepa*）又名圆葱、葱头，百合科葱属蔬菜。洋葱原产于中亚和地中海沿岸，约在20世纪初传入中国，现南北各地普遍栽培，而且种植面积还在不断扩大，已经超过2.5万公顷，是目前我国主栽蔬菜之一。我国已成为洋葱生产量较大的四个国家（中国、美国、印度、日本）之一。洋葱以肥大的肉质鳞茎为产品，营养丰富，含有较多的蛋白质、糖类、维生素以及磷、硫、铁等多种矿物质（图2-6-4）。并有特殊的辛辣味，可炒食，也可用于调味，还可加工成脱水菜。此外，洋葱还是很好的食疗食品，可增进食欲，开胃消食，对高血压、血栓病、糖尿病有较好的辅助治疗作用，可滋补身体，增强体力。

图2-6-4 洋葱

洋葱除熟食外，还可生食。产量高、耐储藏、耐运输、供应期长，对调剂市场需求、解决淡季供应具有十分重要的意义，是主要的夏菜之一。

一、对环境条件的要求

有机洋葱产地的环境质量，大气符合环境空气质量 GB 3095 二级标准规定要求，水质符合农田灌溉水质标准 GB 5084—2005 规定，土壤符合土壤环境质量 GB 15618—1995 二级标准要求，洋葱栽培基地环境符合有机食品生产要求。栽培中应掌握土、肥、水、种、密、气、光、温、菌、地上部与地下部、营养生长与生殖生长、设施 12 项平衡管理技术。

有机洋葱生产基地与传统生产地块相邻时需在基地周围种植 8～10 米宽的高秆作物、乔木或设置物理障碍物作为缓冲带，以保证有机洋葱的种植区不受污染和防止临近常规地块施用的化学物质的漂移。

(一) 温度

洋葱是耐寒性植物，幼苗对温度的适应性最强，健壮幼苗能耐 －7～－6℃的低温，鳞茎在－4℃时就会受冻。种子和鳞茎在 3～5℃下开始发芽，12℃以上发芽迅速，发芽适温为 18～20℃。生长最适宜温度为 12～26℃，苗期为 12～20℃。较高的温度是鳞茎膨大的重要条件，鳞茎膨大适温为 20～26℃，洋葱不耐热，26℃以上，鳞茎膨大受阻，全株生长衰退，进入休眠状态。收获的鳞茎对温度的适应性较强，有一定的抗寒和耐热能力，在夏季可以较好地储藏，洋葱抽薹开花期的适宜温度为 15～20℃，洋葱根系生长要求温度较低，地温 4～6℃时，根系生长速度超过叶片，地温 10℃时，叶片生长速度超过根系。

洋葱是以“绿体”通过春化阶段的蔬菜，即只有当植株长到一定大小以后，才可对低温发生感应而通过春化阶段，花芽才开始分化。对一般品种而言，在幼苗茎粗大于 0.6 厘米或鳞茎直径大于 2.5 厘米时，在 2～5℃条件下，经 60～70 天，可以通过春化阶段。虽然温度低于 10℃就可起到春化作用，但以 2～5℃效果最好。品种之间通过春化所需的时间差异较大，南方品种所需时间短，北方品种所需时间长。洋葱对低温的反应也因营养状况的不同而不同，在相同低温条件下，营养状况差的幼苗更易通过春化，发生花芽分化，营养状况好的幼苗发生分蘖现象，而不发生花芽分化。对于同一品种而言，受低温影响后，大苗更易抽薹。同一品种的不同个体之间，抽薹的难易程度仍有差别。

(二) 光照

洋葱对光照较为敏感。对光照强度变化的反应属于中间型，低于果菜类，高于叶菜类。对光照时间长短变化的反应是随着光照时间的延长而加速生长发育，加快鳞茎的形成，加速抽薹开花。此外，与光质也有关系，远红外光对鳞茎形成有明显的促进作用。

洋葱抽薹开花和鳞茎形成都需要长日照条件。光周期对鳞茎形成起决定性作用，日照时间越长，鳞茎形成越早、越迅速。但不同品种对日照时数的需求有一定的差异，有些品种（多为北方品种）在 15 小时左右的日照条件下形成鳞茎，有些品种（多为南方品种）则在较短的日照条件（13 小时）下，鳞茎就能开始膨大，有些中间类型品种，鳞茎的形成对日照时数要求不甚严格。所以，在引种时，应考虑品种特性是否符合本地的日照条件，否则，会造成减产，甚至绝收。例如，把北方的长日照品种盲目引种到南方，易因南方日照时数不能满足要求而延迟鳞茎的形成和成熟，甚至不能形成鳞茎；相反，如果盲目把南方的短日照型品种引种到北方，常在地上部分未长成以前就形成了鳞茎，会由于没有强大的营养基础而降低产量和品质。

洋葱要求中等强度光照，特别是鳞茎形成期，要有充足的光照，光照过弱，植株易徒长，鳞茎难以形成。

(三) 水分

洋葱根系分布较浅，发芽期、幼苗生长旺盛期和鳞茎膨大期，需供给充足的水分。幼苗越冬前，应控制水分，防止徒长和生长过于粗壮。鳞茎临近成熟前 1～2 周，应逐渐减少浇水，以利鳞茎组织充实，提高品质和耐储性。洋葱叶片管状，上有蜡粉，蒸腾作用小，比较耐旱，空气相对湿度不宜过大，适宜的空气相对湿度为 60%～70%，而且空气湿度过大，容易发生病害。鳞茎休眠期，适应能力强，对高温干旱或低温干旱都有较大的耐性。但是，在高温干旱的条件下，鳞茎内水分含量少，干物质含量多，体内挥发性硫的含量高，葱头的辛辣味较浓。

（四）土壤营养

洋葱要求肥沃、疏松、保水力强的沙壤土，适宜的土壤酸碱度pH值为6～8。洋葱喜肥，对土壤营养要求较高，但绝对量要适中。

二、茬口安排

（一）洋葱早熟栽培

通常露地栽培是9月中下旬播种育苗，11月中旬至12月上旬定植，翌年5月采收。为使洋葱早熟，赶在春淡季期间上市，栽培季节要相应提前，9月上旬播种，11月上中旬定植，采用地膜覆盖栽培，4月中下旬始收。

（二）高寒地区冬季温室栽培

冬季保护地越冬仍不安全的高寒地区，可在温室内进行冬季播种育苗。育苗期应在当地的定植前60～70天，温室日平均气温应保持在13～20℃，育成苗后，立即定植在露地。

三、品种选择

根据鳞茎色泽可分三个类型。

（一）红皮种

外皮紫红色，肉稍带红色，颈细，直径8～10厘米，有扁圆形及圆形两种。前者品质佳，外观美，早熟，如铅山红皮洋葱；后者产量高，耐储运，多为中晚熟品种，如上海红皮。

（二）黄皮种

皮黄褐色，肉白黄色，组织致密，辣味较浓，品质较好，但产量较低，宜脱水加工，如南京黄皮。

（三）白皮种

外皮厚、白色，肉白色，柔软细致，品质优良，辣味淡，水分多，抗病性弱，产量低，不耐储运，秋播易先抽薹，为脱水加工品种，如武汉白皮。

四、育苗、播种

洋葱早熟栽培必须正确掌握播种期，不能过迟，否则，幼苗生长缓慢，成熟晚，影响产量和效益。播种过早则先期抽薹，更影响产量和品质。提前至白露间播种虽易先期抽薹，但在控苗摘薹等有关技术措施配合下，有利提早上市，在生产上正逐步推广应用。一般每亩大田用种 250 克，需苗床 30 平方米。必须选用当年采收的新种（隔年陈种发芽慢，出苗率低，生长弱）。齐苗后浇 1～2 次稀粪水；1～2 片及 3～4 片真叶时分别间苗，保持苗距 3 厘米，间苗后浇清水一次，促进根系生长。

东北和西北的高寒地区，秋季播种，对幼苗进行保护越冬，春季定植。

五、田间管理

(一) 施肥

1. 有机肥料准备

应在基地内建有机堆肥场，堆肥场容积应满足本基地蔬菜生产的需要。如有机蔬菜生产基地周围有畜禽养殖场，可在基地建立沼气池，将畜禽粪便转化为沼液、沼渣。

应使用主要源于本基地或有机农场（或畜场）的有机肥料，可使用充分腐熟和无害化处理的动植物的粪便和残体、植物沤制肥、绿肥、草木灰和饼肥等。经认证机构许可可以购入一部分农场外的肥料，外购的商品有机肥，应通过有机认证或经认证机构评估许可。

有机肥料应在施用前 2 个月进行无害化处理，将肥料泼水拌湿、堆积、盖严塑料膜，使其充分发酵腐熟。发酵期堆内温度高达 60℃以上，以有效地杀灭肥料中带有的病菌、虫卵、草种等。

2. 肥料管理

整地施肥时，每亩施腐熟有机肥 3000～4000 千克（或精制有机肥 500～1000 千克，或腐熟大豆饼肥 150 千克，或腐熟花生饼肥 150 千克），另加磷矿粉 40 千克及钾矿粉 20 千克。每 3 年施一次生石灰，每次每亩施 75～100 千克。切忌施用未腐熟的肥料，以免发生地蛆。

洋葱定植后至缓苗前一般不追肥，缓苗以后至鳞茎膨大前一般追肥 2 次，鳞茎膨大以后一般追肥 2～3 次。洋葱的分期追肥是十分重要的，是获得洋葱丰产的重要措施之一。

春季定植的在缓苗以后、冬前定植的在返青以后要进行第 1 次追肥，目的是为根系的生长补充营养，同时为以后地上部分的旺盛生长打下基础。施肥要以充分腐熟的农家有机肥为主，每亩施 1000 千克。

(二) 水分管理

洋葱定植以后约 20 天为缓苗期，无论是春栽或秋栽，定植时的气温都比较低。因此，缓苗期间主要的任务是促进根系的发育，此期需水量有限，不能大量浇水，要小水勤浇，浇水量过大会降低地温而不利于根系的生长，使活棵缓苗慢。另外，刚定植的秧苗，新根尚未萌发，根系还不能正常地吸收水分，因此土壤供水又必不可少，否则幼苗萎蔫而不能成活，一般掌握的原则是不使秧苗萎蔫，不使地面干燥，以促进幼苗迅速发根成活。

(三) 中耕松土

不覆盖地膜的，应及时中耕，尤其在蹲苗以前，必须进行中耕。中耕松土对洋葱根系的发育和鳞茎的膨大都有利。一般苗期要进行 3～4 次，结合每次浇水后进行，茎叶生长期进行 2～3 次，到植株封垄时要停止中耕。中耕次数要根据土质而决定，疏松的沙土，可减少中耕次数；黏重的土壤要增加中耕次数。中耕深度以 3 厘米左右为宜，靠近植株处浅，远离植株处宜加深。另外，在中耕的同时，可进行适量培土。

（四）除薹

对于早期抽薹的洋葱，在花球形成前，从花苞的下部剪除，或从花薹尖端分开，由上而下一撕两片，防止开花消耗养分，促使侧芽生长，形成较充实的鳞茎。实践证明，对于先期抽薹的植株，采取除薹措施后，仍可获得一定的产量。

六、病虫害防治

下面介绍几种反季节有机洋葱主要病虫害的防治方法。

（一）霜霉病

危害叶片与花梗，由洋葱的外叶从下到上发展，最初叶子上产生稍凹陷的长圆形或带状病斑。病斑中央深黄色，边缘为不明显的淡黄色。在空气湿度较大时，病斑处发生白色霉状的孢子囊和分生孢子。高温下发病植株长势衰弱，叶色黄绿色，病斑淡紫色，叶身从病斑处折曲，最后干枯，严重时全株枯死。

病原菌是真菌类的藻状菌，主要以卵孢子在土壤中和病株残体上越冬或越夏，也可以菌丝体在鳞茎内越冬或越夏。休眠的菌丝体在适温下随着新叶的生长点生长菌丝，从叶面气孔表面形成分生孢子；休眠的卵孢子在适温下形成分生孢子。分生孢子借助雨、露及昆虫传播。

注意田间清洁，收获后清除残株病叶；避免与其他葱蒜类蔬菜连作，实行轮作换茬；施用充分腐熟的有机肥料，避免病菌从肥料中进行传播；加强田间管理，促使植株生长健壮，增强抗病力。

（二）紫斑病

主要危害洋葱叶、花梗，也可危害鳞茎。发病初期病部周围红色、中间呈淡紫色的小斑点，以后逐渐形成淡紫色到褐紫色椭圆形或纺锤形的病斑，长1～3厘米，后期形成明显的同心轮纹，病斑上产生黑霉状的分生孢子，所以又称黑斑病。严重时在病斑处折卷枯死，留种植株花梗被害后，使花梗折倒枯死。葱头收获时葱头部会发生水渍状的病斑。

病原菌是真菌类的子囊菌，它主要以子囊壳在土壤中或病残体上越冬。翌年在田间病株上产生分生孢子，借助风、雨传播，从伤口或气孔侵入，潜伏期1～4天。

适宜发病的温度为25～27℃，12～13℃以下不发病。在低洼潮湿田块及梅雨期最易发生。

洋葱紫斑病的防治，目前还无特效药剂，所以防治方法还是以农业防治为主；实行轮作，防止连作；清洁田园，收获时收集被害残株，用火烧毁或集中深埋；及时防治害虫，减少害虫造成的伤口。

（三）萎缩病

从洋葱幼苗开始危害，叶片、花梗、鳞茎均可发病。发病叶片呈现淡黄色至淡黄绿色纵状条斑，黄绿相嵌，叶身扁平、波状弯曲，直至萎缩、倒伏、植株消失。幼苗发病后逐渐停止生长，直至萎缩死亡。花梗发病后出现条斑、萎缩、畸形，开花数减少，严重影响种子生产。发病植株影响鳞茎的肥大，鳞茎发生软化腐败。

洋葱萎缩病的病原是病毒，由种子和土壤传染，通过蚜虫传播病毒汁液。蚜虫传播后，有4～5天潜伏期，经10～14天后可以看到明显病症。还能危害大葱、大蒜、薤等葱蒜类蔬菜。在冬季温暖、天气干燥、梅雨不多的年份，发病严重。

防治方法为实行轮作；留种田块进行严格的隔离，防止蚜虫传播病毒，生产无病种子；在无病的土壤里育苗；发现病株及时拔除，防止传播。

（四）软腐病

洋葱的软腐病不仅危害洋葱，而且危害白菜、甘蓝、芹菜等蔬菜。在田间及储藏期间都可发生此病。生长期间染病，第1～2片叶下部出现灰白色半透明病斑，叶鞘基部软化以后，外叶倒伏，病斑向下发展，鳞茎的颈部呈现水浸状凹陷，不久鳞茎的内部腐烂，汁液外溢，有恶臭味。储藏期多从颈部开始发病，鳞茎呈水浸状崩溃，流出白色汁液。

此病的病原是细菌胡萝卜软腐欧氏杆菌侵染所致。病菌在病残体及土壤中长期腐生或在鳞茎上越冬。通过雨水、灌溉水或葱蓟马等昆虫传播，从伤口侵入。植株营养不良、管理粗放、栽培地势低洼及连作地发病严重，收获时遇雨，鳞茎上带土，易引起储藏及运输期间发病。

防治方法为与葱蒜类蔬菜实行2～3年轮作；培育壮苗，小水勤浇，雨后排水；及时防治葱蓟马等害虫，减少伤口侵染；施用腐熟的有机肥，防止地下害虫造成伤口引起软腐病的发生。

(五) 黑粉病

在较寒冷的地区发生，一旦发生，就会年年发病。可危害洋葱叶片、叶鞘及鳞片，病苗受害后叶片微黄，稍萎缩，局部膨胀而扭曲，严重时病株显著矮化，并逐渐死亡。成长植株受害后，在叶片、叶鞘及鳞片上产生银灰色的条斑，后膨胀成疱状，内充满黑褐色至黑色粉末，最后病疱破裂，散出黑粉。

病原菌属于担子菌亚门条黑粉菌属，称为洋葱条黑粉菌。病原菌的厚垣孢子可在土壤中长期存活，是初次侵染的来源，种子发芽以后20天内，病菌可从子叶基部等处侵入，以后产生的厚垣孢子，可借风雨传播。播种以后气温在10～25℃时发病，20℃为发病的适宜温度，超过29℃不发病。

防治方法为实行2～3年轮作；定植时选用无病的大苗。

(六) 瘟病

瘟病在洋葱生长期间发生，以危害叶片为主。叶片发病初期，产生许多白色的小点，多时1个叶片上可产生几百个小白点。条件适于发病时，几天之内，叶片均变成褐色，腐烂，并长有灰色霉层，最后死亡。

洋葱瘟病是多种葡萄球菌属的真菌所引起，以菌丝体或菌核在土壤中越冬。

防治方法与防治霜霉病相同。

七、采收

当洋葱叶片由下而上逐渐开始变黄，假茎变软并开始倒伏；鳞茎停止膨大，外皮革质，进入休眠阶段时，标志着鳞茎已经成熟，就应及时收获。鳞茎成熟期的早晚，与品种特性、定植时间和气候条件等有关。休眠期短，耐储性较差的品种，应适当提早收获，当有一半植株倒伏时，即可开始收获；而中晚熟品种的收获期偏晚，以 70%植株倒伏时收获为宜。一般来讲，采收适宜时期的标志是鳞茎充分膨大，外层的鳞片干燥并半革质化，基部第 1 片、第 2 片叶枯黄，第 3 片、第 4 片叶尚带绿色，假茎失水变软，植株的地上部分倒伏。采收过早，鳞茎尚未充分肥大，产量低，同时鳞茎的含水量高，易腐烂，易萌芽，储藏难度大；采收过迟，易裂球，如果收迟遇雨，鳞茎不易晾晒，难于干燥，容易腐烂。

采收应在晴天进行，并且在收获以后有几个连续的晴天最好。采收时要轻刨、轻运，避免葱头受伤，提高储藏性能。收获时将整株拔出，放在地头，晒 2～3 天，晾晒时，鳞茎要用叶遮住，“只晒叶，不晒头”，可促进鳞茎的后熟，并使外皮干燥。而后剪掉须根、枯叶，除去泥土，即可储藏。也有的在收获后不除去叶片，以后编辫或扎捆储藏。

为了减少洋葱采收后储藏期间发生腐烂，收获前 7～8 天要停止浇水。收获前叶片尚未枯黄时，约采收前 2 周，用 2500 毫克/千克青鲜素（MH）喷洒叶面，每亩喷液 120 千克左右，能破坏植株的生长点，使鳞茎顶芽不发芽，这样，就能防止洋葱在储藏期间抽芽。但留种用的葱头，就不可用青鲜素处理。

第五节　蒜　薹

蒜薹又称蒜毫。它是从抽薹大蒜（*Allium sativum*）中抽出的花茎（图 2-6-5）。蒜薹的营养成分很高，有蛋白质、脂肪、碳水化合物、膳食纤维、维生素 A、维生素 C、维生素 E、胡萝卜素、硫胺素、核黄素、烟酸、尼克酸、钙、磷、钾、钠、镁、铁、锌、硒、铜、锰等人体所需营养成分，以及大蒜素、大蒜新素等成分，具有杀菌、健胃、降压的功能。蒜薹的辛辣味比大蒜要轻，加之它所具有的蒜香能增加菜肴的香味，因此更易被人们所接受，是人们喜爱的蔬菜之一。蒜薹在我国分布广泛，南北各地均有种植，是我国目前蔬菜冷藏业中储量最大、储期最长的蔬菜品种之一。蒜薹是很好的功能保健蔬菜，具有多种营养功效。

图 2-6-5　蒜薹

一、对环境条件的要求

有机蒜薹产地的环境质量，大气符合环境空气质量 GB 3095 二级标准规定要求，水质符合农田灌溉水质标准 GB 5084—2005 规定，土壤符合土壤环境质量 GB 15618—1995 二级标准要求，蒜薹栽培基地环境符合有机食品生产要求。栽培中应掌握土、肥、水、种、密、气、光、温、菌、地上部与地下部、营养生长与生殖生长、设施 12 项平衡管理技术。

有机蒜薹生产基地与传统生产地块相邻时，需在基地周围种植 8～10 米宽的高秆作物、乔木或设置物理障碍物作为缓冲带，以保证有机蒜薹种植区不受污染和防止临近常规地块施用的化学物质的漂移。

二、茬口安排

蒜薹设施栽培与大蒜（头）设施栽培总体生产情况类似，多以地膜覆盖栽培，生产上少有日光温室、钢架大棚及简易棚等设施栽培。

（一）春早熟蒜薹栽培

早蒜薹适宜播期是 7 月 28 日～8 月 3 日。适时早播，可使年前生长时间加长，叶片数增加，薹瓣提前分化，蒜薹能提前上市 3～5 天。

（二）简易大棚早蒜薹栽培

大棚早薹蒜适宜播种期为 9 月下旬，播种期过晚易导致产量下降、抽薹过晚，而且独头蒜多，二次生长严重，影响商品价值。

扣棚适宜时间为 12 月中下旬。过早，春化过程不能完成；过晚，影响早熟。在晴朗无风天气进行，以免损坏棚膜，尽量选择无滴膜。为提高大棚内温度，可加盖草帘，以利蒜苗生长。

三、品种选择

（一）春早熟蒜薹栽培

春早熟蒜薹的品种选择很严格，必须选适应性强、抗病、耐热、耐寒、丰产、不早衰、品质好的早熟或极早熟品种。适宜春早熟蒜薹栽培的品种有二水早、云顶早、百花早（雨水早）。除二水早 3 月 24 日开始上市外，其他两个品种，均比二水早上市早 5～10 天。但产量相差甚大。多年的实践证明，二水早为最佳品种。但一代种比原种蒜薹晚上市 3～5 天，二代种比原种晚上市 5～7 天，代数越多，比原种上市时间越晚，但单产有所上升。最好用原种栽培早蒜薹，其次是一代种。

（二）简易大棚早蒜薹栽培

选用薹瓣兼用，且植株长势旺、抽薹早的品种。如早蒜薹 2 号、四六瓣等红皮品种。

四、育苗、播种

(一) 春早熟蒜薹栽培

平畦或垄作均可，行距 20 厘米，株距 5 厘米，深度 5 厘米，667 平方米种植 6.5 万～8 万株为宜。播种前，选择具有成都二水早蒜薹特征特性的，饱满、充实、无病斑和无虫蛀的原种蒜瓣。也可用一代种。按大、中、小三级分别进行浸种和消毒处理。先用凉水浸泡 24 小时，再用 0.3%的磷酸二氢钾溶液浸种 6 小时，然后用灭菌成 1000 倍液浸种 40 分钟消毒即可播种。

(二) 简易大棚早蒜薹栽培

采用平畦，畦宽 1.5 米，每畦 8 行，株距 8～10 厘米。播种时，将大蒜瓣的弓背朝向畦面，使大蒜叶片在田间均匀分布，采光性能良好，播后覆土 2 厘米，浇透水。每亩播种 35000～40000 株。播种后 3～5 天，每亩喷洒 33%除草通乳油 150 克，然后覆盖地膜。

五、田间管理

(一) 施肥

1. 有机肥料准备

应在基地内建有机堆肥场，堆肥场容积应满足本基地蔬菜生产的需要。如有机蔬菜生产基地周围有畜禽养殖场，可在基地建立沼气池，将畜禽粪便转化为沼液、沼渣。

应使用主要源于本基地或有机农场（或畜场）的有机肥料，可使用充分腐熟和无害化处理的动植物的粪便和残体、植物沤制肥、绿肥、草木灰和饼肥等。经认证机构许可可以购入一部分农场外的肥料，外购的商品有机肥，应通过有机认证或经认证机构评估许可。

有机肥料应在施用前 2 个月进行无害化处理，将肥料泼水拌湿、堆积、盖严塑料膜，使其充分发酵腐熟。发酵期堆内温度高达 60℃以上，以有效地杀灭肥料中带有的病菌、虫卵、草种等。

2. 肥料管理

整地施肥时，每亩施腐熟有机肥 3000～4000 千克（或精制有机肥 500～1000 千克，或腐熟大豆饼肥 150 千克，或腐熟花生饼肥 150 千克），另加磷矿粉 40 千克及钾矿粉 20 千克。每 3 年施一次生石灰，每次每亩施 75～100 千克。切忌施用未腐熟的肥料，以免发生地蛆。

（二）春早熟蒜薹栽培管理

早蒜薹播种完覆盖麦秸后，随即在傍晚或早晨用井水浇透一次，隔 5～7 天，再浇透一次井水。连浇两次井水以促进快扎根，快出苗、出齐苗。在第二次浇水时，每 667 平方米用苦参碱 500～1000 克撒施，顺水均匀浇施到田中，可防蝼蛄、蛴螬、金针虫等地下害虫。9 月上、中旬浇水时，每 667 平方米用灭菌成 120～160 克均匀地顺水浇施到田中，防病效果良好，以后不旱不浇水。封冻前再浇一水过冬。翌年 2 月下旬，随浇水再施入地力生生物复合肥 50 千克或 40 千克的三元素复合肥。方法是先将复合肥化成水溶液，均匀地顺水施入田中。3 月上旬再浇一次透水，并顺水施入 100 千克的草木灰。进入抽薹期，以水肥齐攻，以水肥促薹，争取早抽薹，快抽薹，抽肥薹。保持土壤湿润，“黑墒”为佳。抽薹前 6 天停止浇水。

（三）简易大棚早蒜薹栽培管理

扣棚后应及时浇水追肥 1 次。天气晴好、棚内温度高于 25℃时应适当放风，以防大蒜徒长，蒜薹细小。蒜苗返青后，植株进入旺盛生长期。此时，对肥水的需求显著增加，以后每隔 6～7 天浇水 1 次。当新蒜瓣、花芽形成后，需要钾肥量增加，每亩追施钾肥 15 千克。采薹前 5～7 天停止浇水，利于采收，以免蒜薹脆嫩折断。蒜薹全部采收完后，及时浇水，保持土壤湿润，以供给鳞茎膨大所需要的水分，降低地温，避免叶片早衰。大蒜采收前 5～7 天停止浇水。

六、病虫害防治

反季节有机蒜薹主要病虫害的防治方法同本章第三节大蒜。

七、采收

(一) 收获

当蒜薹露出叶鞘 7～10 厘米时，花苞未开裂，略呈扁垂状时，是蒜薹的采收适期。采收前 3～5 天应停止浇水，且要在晴天的中午、下午进行，目的是减少蒜薹中的水分，使蒜薹发软，增强韧性，减少上部断薹的发生。

蒜薹采收的方法有抽薹法、铲薹法、夹薹法和穿刺抽薹法四种。

1. 抽薹法

该法是基本方法，抽薹时上手抓住总苞处，下手抓住顶叶出叶孔处，双手均匀用力向斜上方缓缓拔出。

2. 铲薹法

该法用专门采薹的小铲进行，小铲可用竹片或铁片制作，其顶端为内凹的月牙形，口大小稍大于蒜薹直径。采收时左手提薹，右手拿铲，顺着蒜薹向下铲削，并用力挤压蒜薹，右手同时上提，即可取出蒜薹。

3. 夹薹法

用两条木棍，一端用绳固定做成夹子。采收时，左手提薹，右手拿夹子在蒜薹基部轻夹一下，即可将蒜薹取出。此法要求技术较高，夹时力量要轻，防止夹断假茎或植株倒伏。

4. 穿刺抽薹法

将竹筷一头削尖，采收时左手扶住蒜薹中部，右手拿竹筷在离地面 5～7 厘米的假茎处穿断蒜薹，左手把蒜薹慢慢拔起。

(二) 储藏

蒜薹采收后中断了来自植株的水和无机物的供应，但仍继续进行着生长。主要表现为脱水老化，薹苞膨大，这是因为蒜薹利用自身的养分，供给生长旺盛的薹苞的分生组织进行细胞分裂。同时，蒸腾作用仍在进行，而失掉的水分得不到补充，所以容易脱水。

蒜薹生长和脱水的速度与温度的关系十分密切，采收后在20～25℃下存放1个月后就失去食用价值。而在0℃条件下，通过气调储藏，储存时间可达8个月以上，并可保持较好的品质。

蒜薹储藏最适温度为0℃，因为在0℃条件下，呼吸作用受到一定程度的抑制，新陈代谢缓慢，营养物质消耗少，蒜薹的质量较好。但要注意在储藏过程中保持恒温，上下不差0.5℃，若温度低于－1℃，蒜薹会受冻，过大的温差还会影响储藏的效果。

参 考 文 献

[1] 高中强，丁习武．茄果类蔬菜．北京：中国农业大学出版社，2006.

[2] 怀凤涛，刘宏宇，郭庆勋．蔬菜采后处理与保鲜加工．哈尔滨：黑龙江科学技术出版社，2008.

[3] 李丁仁．无公害蔬菜栽培与采后处理技术．银川：宁夏人民出版社，2006.

[4] 李建伟．安全优质蔬菜生产与采后处理技术．北京：中国农业出版社，2005.

[5] 陆帼一．茄果类蔬菜周年生产技术．北京：金盾出版社，2003.

[6] 马新立．有机蔬菜优质高效栽培．北京：金盾出版社，2015.

[7] 苗锦山，沈火林．番茄高效栽培．北京：机械工业出版社，2015.

[8] 申爱民，赵香梅．茄子四季高效栽培．北京：金盾出版社，2015.

[9] 申爱民．辣椒四季高效栽培．北京：金盾出版社，2015.

[10] 宋元林，宋洪平，付道领．萝卜、胡萝卜、牛蒡．北京：科学技术文献出版社，1998.

[11] 王迪轩，何咏梅．有机蔬菜栽培关键技术．北京：化学工业出版社，2016.

[12] 王长林，眭晓蕾，任中华．茄果类蔬菜高产优质栽培技术．北京：中国林业出版社，2000.

[13] 吴国兴，陈杏禹．名优蔬菜反季节栽培．北京：金盾出版社，2007.

[14] 吴焕章，郭赵娟，陈焕丽．胡萝卜四季高效栽培．北京：金盾出版社，2015.

[15] 应芳卿．番茄四季高效栽培．北京：金盾出版社，2014.

[16] 于广建．蔬菜栽培．北京：中国农业科学技术出版社，2009.

[17] 张建军．南方瓜类蔬菜反季节栽培．北京：金盾出版社，2003.

[18] 周绪元．无公害蔬菜栽培及商品化处理技术．济南：山东科学技术出版社，2002.